民航专业融媒体系列教材

# 民航概论

杨　超　霍连才　主　编
台伟力　杨晓康　副主编

清华大学出版社
北京

## 内容简介

本书紧紧围绕职业教育培养目标，遵循高等教育教学规律，内容编排以满足民航业发展对高素质技能型人才的需求为出发点，做到"实用、适用、够用"。全书共分为走进民用航空、民用航空器、飞机的飞行环境与飞行原理、空中交通管理、民用航空机场、民航运输企业与运营以及通用航空七个模块。

本书可作为本科院校航空服务艺术与管理，职业院校空中乘务、民航运输、民航安全技术管理等专业的教材，也可作为民航科普读物。

本书封面贴有清华大学出版社防伪标签，无标签者不得销售。
版权所有，侵权必究。举报：010-62782989，beiqinquan@tup.tsinghua.edu.cn。

图书在版编目（CIP）数据

民航概论/杨超，霍连才主编.—北京：清华大学出版社，2022.1（2024.8重印）
民航专业融媒体系列教材
ISBN 978-7-302-58577-0

Ⅰ.①民… Ⅱ.①杨…②霍… Ⅲ.①民用航空–教材 Ⅳ.①V2②F56

中国版本图书馆CIP数据核字（2021）第132859号

责任编辑：杜　晓
封面设计：常雪影
责任校对：赵琳爽
责任印制：刘海龙

出版发行：清华大学出版社
网　　址：https://www.tup.com.cn，https://www.wqxuetang.com
地　　址：北京清华大学学研大厦A座　　　　邮　编：100084
社 总 机：010-83470000　　　　　　　　　　邮　购：010-62786544
投稿与读者服务：010-62776969，c-service@tup.tsinghua.edu.cn
质量反馈：010-62772015，zhiliang@tup.tsinghua.edu.cn
课件下载：https://www.tup.com.cn，010-83470410

印 装 者：三河市少明印务有限公司
经　　销：全国新华书店
开　　本：185mm×260mm　　　印　张：16.5　　　字　数：325千字
版　　次：2022年1月第1版　　　　　　　　　　印　次：2024年8月第4次印刷
定　　价：49.00元

产品编号：092763-01

# 前言

交通运输是基础性、先导性、战略性产业，是经济社会发展的重要支撑和强力保障。民航运输具有快速、远程、舒适、安全的特点，在现代交通运输体系中具有不可替代的优势，在政治建设、经济建设、文化建设、社会建设中发挥着越来越重要的作用。经过半个多世纪特别是改革开放40多年来的发展，中国民航运输量已跃居世界第二位，并与第一位的差距进一步缩小，中国正从民航大国逐步向民航强国转变。

行业的快速发展，也带动了国内民航相关专业的快速发展，航空服务艺术与管理、空中乘务、民航运输、民航安全技术管理等专业，如雨后春笋般应运而生。民航概论作为民航类专业的基础课，是学生进入大学后接触的第一门专业课程，其对激发学生的专业热忱和树立航空报国远大志向有着至关重要的作用。本书遵循学生学习规律，做到实用、适用和够用。

教材编写组在充分研究民航业发展规律和现状，并在近二十年教学实践的基础上编写了本书。在编写过程中，我们力图在教材的科学性、前瞻性和实用性方面有所创新，使本书在未来的专业建设与人才培养方面发挥更大的作用。全书共分为七个模块，分别是模块一走进民用航空、模块二民用航空器、模块三飞机的飞行环境与飞行原理、模块四空中交通管理、模块五民用航空机场、模块六民航运输企业与运营、模块七通用航空。每一个模块里面穿插展现中国故事、中国智慧和中国方案的典型案例，激发学生的民航热情和文化自信。每一个模块后有配套习题，帮助读者进一步巩固所学知识。

本书由山东外贸职业学院杨超和霍连才任主编；台伟力和杨晓康任副主编；中国民航管理干部学院于爱慧担任本书的主审；杨超负责全书的统稿工作。本书在编写过程中得到了中国国际航空公司王远尘、青岛国际机场货运部总经理郝振东、山东航空公司邢杨阳和李莹等诸多民航行业专家的热情指导和帮助，在此表示衷心的感谢。由于编者水平有限，书中难免有不当之处，敬请各位业内人士及广大读者提出宝贵意见。

教材编写组<br>2021年9月

# 目录

## 模块一 走进民用航空 ...... 1
### 单元一 民用航空概述 ...... 1
一、民用航空在航空业中的位置 ...... 1
二、民用航空的定义和分类 ...... 3
三、民航系统的组成 ...... 4
### 单元二 世界民航的发展历史 ...... 6
一、飞行探索及气球和飞艇时期 ...... 6
二、活塞发动机飞机时期 ...... 7
三、喷气式飞机时期 ...... 9
四、全球化、大众化发展时期 ...... 10
### 单元三 中国民航的发展历史 ...... 12
一、初创阶段 ...... 12
二、起步阶段 ...... 15
三、成长阶段 ...... 16
四、起飞阶段 ...... 16
五、高速发展时期 ...... 17
思考与练习 ...... 18

## 模块二 民用航空器 ...... 21
### 单元一 民用航空器概述 ...... 21
一、民用航空器的定义 ...... 21
二、民用航空器的分类 ...... 21
三、民用飞机的分类 ...... 25
四、民用航空器注册号 ...... 28
### 单元二 飞机的基本结构 ...... 28

一、机身 ·········································· 29
二、机翼 ·········································· 30
三、尾翼 ·········································· 34
四、起落架 ········································ 35
五、动力装置 ······································ 41
六、其他系统 ······································ 54
单元三 世界主要飞机制造商与机型 ···················· 64
一、波音公司 ······································ 64
二、空中客车公司 ·································· 66
三、庞巴迪宇航公司 ································ 67
四、巴西航空工业公司 ·····························68
单元四 我国主要飞机制造商与机型 ····················69
一、中国航空工业集团有限公司 ·····················69
二、中国商用飞机有限责任公司 ·····················71
思考与练习 ·········································· 73

## 模块三 飞机的飞行环境与飞行原理 ··················· 75

单元一 飞机的飞行环境 ······························ 75
一、大气层的构造 ·································· 75
二、大气的物理参数 ································ 77
三、大气对飞行的影响 ······························ 78
单元二 飞机的飞行原理 ······························ 82
一、飞机升力原理 ·································· 82
二、飞机上的作用力 ································ 86
单元三 飞机的平衡、稳定和操纵 ······················ 90
一、飞机的平衡 ···································· 90
二、飞机的稳定性 ·································· 91
三、飞机的操纵性 ·································· 95
单元四 飞机的飞行过程 ······························ 96
一、滑行阶段 ······································ 97
二、起飞阶段 ······································ 97
三、爬升阶段 ······································ 98

四、巡航阶段 …………………………………………………………… 98
　　五、下降阶段 …………………………………………………………… 99
　　六、进近和着陆阶段 …………………………………………………… 99
　思考与练习 ………………………………………………………………… 99

## 模块四　空中交通管理 ……………………………………………… 102
### 单元一　空中交通管理概述 …………………………………………… 102
　　一、空中交通管理的定义 …………………………………………… 102
　　二、空中交通管理的发展历程 ……………………………………… 102
　　三、空中交通管理的任务 …………………………………………… 106
　　四、空中交通管理的组成 …………………………………………… 106
### 单元二　空中交通服务 ………………………………………………… 107
　　一、空中交通服务的定义 …………………………………………… 107
　　二、空中交通服务的目标 …………………………………………… 107
　　三、空中交通服务的特点 …………………………………………… 107
　　四、空中交通服务的组成 …………………………………………… 108
　　五、间隔标准 ………………………………………………………… 108
　　六、空中规则 ………………………………………………………… 111
　　七、空中交通管制服务 ……………………………………………… 112
### 单元三　空域管理与空中交通流量管理 ……………………………… 116
　　一、空域管理 ………………………………………………………… 116
　　二、空中交通流量管理 ……………………………………………… 117
### 单元四　空中交通管制设施与新航行系统 …………………………… 118
　　一、通信系统 ………………………………………………………… 119
　　二、导航系统 ………………………………………………………… 119
　　三、监视系统 ………………………………………………………… 121
　　四、新航行系统 ……………………………………………………… 122
　思考与练习 ………………………………………………………………… 126

## 模块五　民用航空机场 ……………………………………………… 129
### 单元一　民用机场概述 ………………………………………………… 129
　　一、民用机场定义及其发展历史 …………………………………… 129

二、世界航空港布局 ·················································································· 131
三、中国民用航空港发展概况 ································································ 131
四、民用机场分类 ················································································· 132
五、航空港在经济发展中的作用 ···························································· 134
六、航空港的选址 ················································································· 135

单元二 民用机场的功能分区 ············································································ 135
一、飞行区 ···························································································· 135
二、航站区 ···························································································· 144
三、地面运输区 ····················································································· 147

单元三 民用机场运营 ······················································································ 148
一、世界机场的管理模式 ······································································· 148
二、中国机场的管理模式 ······································································· 149
三、机场的运行 ····················································································· 150
四、民用机场与航空公司的关系 ···························································· 158

单元四 世界主要机场概述 ··············································································· 160
一、美国亚特兰大国际机场 ··································································· 160
二、迪拜国际机场 ················································································· 160
三、日本东京国际机场 ·········································································· 161
四、英国伦敦希思罗国际机场 ······························································· 161
五、法国巴黎戴高乐国际机场 ······························································· 162
六、荷兰阿姆斯特丹国际机场 ······························································· 162
七、韩国仁川国际机场 ·········································································· 163
八、德国法兰克福国际机场 ··································································· 163
九、新加坡樟宜国际机场 ······································································· 163
十、印度德里国际机场 ·········································································· 164

单元五 中国主要机场概述 ··············································································· 164
一、北京首都国际机场 ·········································································· 164
二、北京大兴国际机场 ·········································································· 165
三、上海浦东国际机场 ·········································································· 166
四、广州白云国际机场 ·········································································· 166
五、成都双流国际机场 ·········································································· 167
六、深圳宝安国际机场 ·········································································· 167

七、昆明长水国际机场 …… 168
　　八、西安咸阳国际机场 …… 168
　　九、重庆江北国际机场 …… 169
　　十、杭州萧山国际机场 …… 169
　　十一、香港国际机场 …… 170
　　十二、澳门国际机场 …… 170
　思考与练习 …… 170

## 模块六　民航运输企业与运营　173
### 单元一　民航运输企业概述 …… 173
　　一、交通运输业的概念 …… 173
　　二、交通运输业的性质 …… 173
　　三、交通运输业的特点 …… 174
　　四、民航运输的特点 …… 175
　　五、航线的分类与设立 …… 176
　　六、航空公司运输质量与经济技术指标 …… 177
### 单元二　民航运输企业运营 …… 181
　　一、航空公司的组织结构 …… 181
　　二、航班组织 …… 186
　　三、民航运输企业的经济运行 …… 190
### 单元三　民航客运业务 …… 192
　　一、售票 …… 192
　　二、值机 …… 196
　　三、行李运输 …… 197
　　四、安全检查 …… 198
　　五、载重平衡 …… 201
### 单元四　民航货运业务 …… 205
　　一、民航货物运输概述 …… 205
　　二、民航货物的托运 …… 206
　　三、民航货物的运输 …… 209
　　四、民航货物的交付 …… 210
### 单元五　世界主要民航运输企业概述 …… 211

一、英国航空公司 ·········································· 211
　　二、法国航空公司 ·········································· 211
　　三、德国汉莎航空股份公司 ·································· 211
　　四、新加坡航空有限公司 ···································· 212
　　五、美国航空公司 ·········································· 212
　　六、日本航空公司 ·········································· 213
　　七、卡塔尔航空公司 ········································ 213
　　八、阿联酋航空公司 ········································ 213
　　九、新西兰航空公司 ········································ 214
　　十、韩国大韩航空公司 ······································ 214
　单元六　中国主要民航运输企业概述 ······························ 214
　　一、中国国际航空股份有限公司 ······························ 215
　　二、中国南方航空股份有限公司 ······························ 216
　　三、中国东方航空集团有限公司 ······························ 216
　　四、海南航空股份有限公司 ·································· 217
　　五、深圳航空有限责任公司 ·································· 217
　　六、厦门航空有限公司 ······································ 218
　　七、上海航空股份有限公司 ·································· 218
　　八、四川航空股份有限公司 ·································· 219
　　九、山东航空股份有限公司 ·································· 219
　　十、春秋航空股份有限公司 ·································· 220
　　十一、国泰航空有限公司 ···································· 220
　　十二、澳门航空股份有限公司 ································ 221
　单元七　航空公司联盟 ·········································· 221
　　一、三大航空联盟 ·········································· 221
　　二、航空联盟的意义 ········································ 222
　思考与练习 ···················································· 223

## 模块七　通用航空 ·············································· 225
　单元一　通用航空概述 ·········································· 225
　　一、通用航空的概况 ········································ 225
　　二、通用航空的发展历程 ···································· 226

三、通用航空的组织形式 ································································· 229
　　四、通用航空对相关产业的作用 ······················································ 230
单元二　农业航空 ·········································································· 232
　　一、农业航空的定义 ······································································ 232
　　二、国内外农用飞机的发展概况 ······················································ 232
　　三、农业航空的优点 ······································································ 233
　　四、农业航空的服务项目 ································································ 233
单元三　工业航空 ·········································································· 234
　　一、工业航空的定义和分类 ····························································· 234
　　二、工业航空的发展概况 ································································ 235
　　三、航空观察和探测 ······································································ 235
　　四、航空作业 ··············································································· 236
单元四　驾驶员培训 ······································································· 240
　　一、概况 ····················································································· 240
　　二、民航驾驶员的分级和培训要求 ···················································· 240
　　三、驾驶员训练的进展 ··································································· 242
单元五　无人机 ············································································· 243
　　一、无人机的定义 ········································································· 243
　　二、无人机的发展概况 ··································································· 243
　　三、无人机的特点 ········································································· 244
　　四、无人机的分类 ········································································· 244
　　五、无人机的用途 ········································································· 246
　　六、无人机行业发展趋势 ································································ 247
思考与练习 ···················································································· 248

参考文献 ······················································································· 251

# 模块一 走进民用航空

人类为了扩大社会生产,必然要开拓新的活动空间。从陆地到海洋,从海洋到大气层,再到宇宙空间,这就是人类逐渐扩展活动范围的过程。航空航天是人类拓展大气层和宇宙空间的产物。经过近百年来的快速发展,航空已经成为21世纪最活跃和最有影响的科学技术领域,该领域取得的重大成就标志着人类文明的发展高度,也象征着一个国家科学技术的先进水平。

## 单元一 民用航空概述

### 一、民用航空在航空业中的位置

人类为了实现腾空飞行的理想,曾经历了一段艰难曲折的道路。中国西汉时期的飞人试验、中世纪欧洲人的跳塔扑翼飞行和其他先驱者的勇敢尝试屡遭失败,使人们认识到简单仿照鸟类动物的做法并不能使人升空。飞行探究遂转向研究轻于空气的航空器,进而研究重于空气的航空器。人类从仿照鸟类飞行,进展到能比任何鸟类飞得更高、更快、更远。

**知识链接**

**航　天**

航天是指载人或不载人的航天器在地球大气层之外的航行活动,又称空间飞行或宇宙航行。航天的实现必须使航天器克服或摆脱地球的引力,如想飞出太阳系,还要摆脱太阳引力。从地球表面发射的飞行器环绕地球、脱离地球和飞出太阳系所需要的最小速度,分别称为第一、第二和第三宇宙速度,是航天所需的三个特征速度。我国著名科学家钱学森认为人类飞行活动可以分为三个阶段,即航空、航天和航宇,他认为航空是在大气层中活动,航天是飞出地球大气层在太阳系内活动,而航宇则是飞出太阳系到广袤无垠的宇宙中去航行。

（一）航空的定义

航空是指载人或不载人的飞行器在地球大气层中的航行活动。航空必须具备空气介质和克服航空器自身重力的升力，大部分航空器还要有产生相对于空气运动所需的推力。翱翔天空是人类很久以来的梦想，但直到18世纪后期热气球在欧洲成功升空，这一愿望才得以实现。20世纪初期飞机的出现，开创了现代航空的新篇章。空气动力学是航空技术的科学基础，航空技术的每一项成就都离不开空气动力学的进展。

（二）航空业的分类

随着航空制造技术的不断进步，航空应用到各个领域，到20世纪30年代，航空业形成了三个相对独立而又紧密联系的行业，它们分别是：航空制造业、军用航空和民用航空。

1．航空制造业

航空制造业是指航空器制造的工业，作为国防工业的重要组成部分，是航空业的基础，是一个国家工业技术能力的集大成者，其发展水平整体反映了一个国家技术、经济、国防和现代工业的综合实力，有"工业科技之花"之称，其发展水平直接关系到国防安全和民航运输。大力发展航空制造业，对于保障国防战略安全和推进国民经济建设至关重要，也是推动我国产业结构调整升级、促进高端制造业发展、提升综合国力的重要手段。

### 中 国 智 慧

我国航空制造业自1951年创建以来，先后经历了艰难起步、自主发展、全面改革和自主创新等发展阶段，可谓从无到有、从弱到强，从对国际领先水平"望尘莫及"到与航空强国"同台竞技"。

目前，我国已基本掌握航空产品设计、试制、试验和批量生产的关键技术，并已形成具有自主研制能力、相关产品配套比较齐全的工业体系，为航空制造业未来可持续发展奠定坚实基础。

我国现已基本建立了专业门类齐全、科研、试验及生产相配套的航空制造业体系，并形成以中航工业和中国商飞这两大国有企业为龙头，以国家新型工业产业示范基地为依托，众多地方企业、外资企业、合资合营企业、航空高校和科研院所广泛参与的航空制造业产业格局，基本具备了大型客机、支线飞机、直升机和通用飞机的设计、试验和生产条件，并已研制出一批具有自主知识产权的航空装备。

2．军用航空

军用航空泛指用于军事目的的一切航空活动，主要包括作战、侦察、运输、警戒、训练和联络救生等。在现代高技术战争中，夺取制空权是取得战争胜利的重要手段，也是军用航空的主要活动。军用航空活动主要由军用飞机来完成，军用飞机可分为作战飞机和作战支援飞机两大类。典型的作战飞机有战斗机（又称歼击机）、攻击机（又称强击机）、战斗轰炸机、反潜机、战术和战略轰炸机等。作战支援飞机包括军用运输机、预警指挥机、电子战飞机、空中加油机、侦察机、通信联络机和军用教练机等。除固定翼飞机外，直升机在对地攻击、侦察、运输、通信联络、搜索救援以及反潜等方面也发挥着巨大作用，已成为现代军队，特别是陆军的重要武器装备。

3．民用航空

民用航空是指使用航空器从事民间性质活动。第二次世界大战后，民用航空迅速发展成为一个庞大的行业，它是交通运输业的重要组成部分，对国民经济的发展起着至关重要的作用。

民用航空的发展大大改变了交通运输的结构，飞机为人们提供了一种快速、方便、经济、安全、舒服的运输手段，国际航班差不多代替了远洋客轮，成为人们洲际往来的重要工具，紧密了世界各国的交往。国内航班在一些国家更多地代替了铁路客运，加快了边远地区的开发。在工业的服务业方面，飞机还广泛用于空中摄影、大地测绘、地质勘探和资源调查；在农林方面，飞机用于播种施肥、除草灭虫、森林防火以及环境保护。

**二、民用航空的定义和分类**

（一）民用航空的定义

民用航空是指利用各类航空器从事军事性质（包括国防、警察和海关）以外的所有航空活动，简称民航。

（二）民航的分类

根据不同的飞行目的，民航分为商业航空和通用航空两大类。

1．商业航空

商业航空是指使用航空器从事定期或不定期的运送旅客、货物、邮件的航空活动。现代航空运输主要使用飞机，其次是直升机，其他航空器也有少量应用。它是国民经济中交通运输业的重要组成部分。其主要优点有：快速，喷气飞机速度是船舶的20~30倍，是火车、汽车的10倍左右；机动，不受地形限制，不受中途地面上各种人为或自然因素的影响；安全，由于航空技术的进步和严格的管理，据统计自20世纪80年代以来航空运输的每亿客千米死亡人数在海运、铁路、公路等各种运输方式中是最低的。

2．通用航空

通用航空是指用于公务、工业、农林牧副渔业、地质勘探、遥感遥测、公安、气象、环保、救护、通勤、体育和观光游览等方面的飞行活动。通用飞机主要有公务机、农业机、林业机、轻型多用途飞机、巡逻救护机、体育运动机、私人飞机及无人机等。直升机在近海石油勘探、海陆紧急救援、短途交通运输和空中起吊作业中也发挥着独特的作用。

### 三、民航系统的组成

从组织结构来看，民航由政府部门、民航企业、民航机场以及参与通用航空活动的企事业单位和个人四大部分组成。

1．政府部门

政府部门负责国家民航业的整体管理、协调和调度，我国民航业由中国民用航空局负责管理。中国民用航空局（Civil Aviation Administration of China）英文缩写为CAAC，简称民航局，是中华人民共和国国务院主管民用航空事业的、由部委管理的国家局，归交通运输部管理，其标识如图1-1所示。其前身为中国民用航空总局，于2008年3月改为中国民用航空局。其主要职责如下。

图1-1 中国民用航空局标识

（1）提出民航行业发展战略和中长期规划、与综合运输体系相关的专项规划建议，按规定拟订民航有关规划和年度计划并组织实施和监督检查。起草相关法律法规草案、规章草案、政策和标准，推进民航行业体制改革工作。

（2）承担民航飞行安全和地面安全监管责任。负责民用航空器运营人、航空人员训练机构、民用航空产品及维修单位的审定和监督检查，负责危险品航空运输监管、民用航空器国籍登记和运行评审工作，负责机场飞行程序和运行最低标准监督管理工作，承担民航航空人员资格和民用航空卫生监督管理工作。

（3）负责民航空中交通管理工作。编制民航空域规划，负责民航航路的建设和管理，负责民航通信导航监视、航行情报、航空气象的监督管理。

（4）承担民航空防安全监管责任。负责民航安全保卫的监督管理，承担处置劫机、炸机及其他非法干扰民航事件相关工作，负责民航安全检查、机场公安及消防救援的监督管理。

（5）拟订民用航空器事故及事故征候标准，按规定调查处理民用航空器事故。组织协调民航突发事件应急处置，组织协调重大航空运输和通用航空任务，承担国防动员有关工作。

（6）负责民航机场建设和安全运行的监督管理。负责民用机场的场址、总体规划、工程设计审批和使用许可管理工作，承担民用机场的环境保护、土地使用、净空保护有关管理工作，负责民航专业工程质量的监督管理。

（7）承担航空运输和通用航空市场监管责任。监督检查民航运输服务标准及质量，维护航空消费者权益，负责航空运输和通用航空活动有关许可管理工作。

（8）拟订民航行业价格、收费政策并监督实施，提出民航行业财税等政策建议。按规定权限负责民航建设项目的投资和管理，审核（审批）购租民用航空器的申请。监测民航行业经济效益和运行情况，负责民航行业统计工作。

（9）组织民航重大科技项目开发与应用，推进信息化建设。指导民航行业人力资源开发、科技、教育培训和节能减排工作。

（10）负责民航国际合作与外事工作，维护国家航空权益，开展与港澳台的交流与合作。

（11）管理民航地区行政机构、直属公安机构和空中警察队伍。

（12）承办国务院及交通运输部交办的其他事项。

2．民航企业

民航企业是指从事和民航业有关的各类企业，其中最主要的是航空运输企业，即我们常说的航空公司。它们使用航空器从事生产运输，是民航业生产收入的主要来源。其他类型的航空企业如油料、航材、销售等，都是围绕着运输企业开展活动的。航空公司的业务主要分为两个部分：一部分是航空器的使用（飞行）维修和管理，另一部分是公司的经营和销售。

3．民航机场

民航机场是指专供民用航空器起飞、降落、滑行、停放以及进行其他活动使用的划定区域，包括附属的建筑物、装置和设施。机场是民用航空和整个社会的结合点，也是一个地区的公众服务设施，机场既带有赢利的企业性质，同时也带有为地区公众服务的事业性质，因而世界上大多数机场是地方政府管辖下的半企业性质的机构。主要为航空运输服务的机场称为航空港，简称空港，使用空港的一般是较大的运输飞机，空港要有为旅客服务的地区建筑（候机楼）和相应设施。

4．参与通用航空活动的企事业单位和个人

它是指从事通用航空活动的各类企业和事业单位，包括学校、通用航空公司、为通用航空服务的各类企业、航空研究单位、航空体育活动单位以及拥有飞机的个人和企事业单位。

民航是一个庞大复杂的系统，其中有事业性质的政府机构，有企业性质的航空公司，还有半企业性质的空港和参与通用航空活动的企事业单位和个人，各个部分协调运行才能保证民航事业的快速发展。

# 单元二　世界民航的发展历史

航空是 20 世纪发展迅速、对人类社会影响巨大的科学技术领域之一。人类经过长期的探索和实践，终于实现了自古以来就有的翱翔蓝天的理想。航空发展的历史是一部人类以自己的聪明才智征服天空的历史。航空又是现代科学技术和现代交通运输业的结晶，它的发展充分体现了科学技术的强大威力。

回顾世界民航发展的历程，大致可以分为四个阶段：20 世纪以前的飞行探索及气球和飞艇时期，20 世纪初至 20 世纪 40 年代中期的活塞发动机飞机时期，20 世纪 40 年代中期至 20 世纪 70 年代中期的喷气式飞机时期，20 世纪 70 年代中期至今的全球化、大众化发展时期。

## 一、飞行探索及气球和飞艇时期

人类自古就有飞行的理想，但在生产力不发达的古代，只能在神话和传说中寄托自己的渴望。世界上最早的航空器——风筝就诞生在中国，风筝向人类证明了重于空气的物体飞上天空的可能性，如图 1-2 所示。

从中世纪以来，不断有人对飞行做过勇敢的试验，他们用羽毛做成翅膀，从高处跳下，试图模仿鸟的飞行，但都未能成功。17 世纪后期，意大利的博雷利（Boalli）探讨了人类肌肉与飞行的关系后得

图 1-2　世界上最早的航空器——风筝

出结论："人类靠自己的体力做灵巧的飞行是绝对不可能的"。在 18 世纪产业革命的推动下，法国蒙哥尔费（Montgolfier）兄弟于 1783 年 6 月 4 日首次进行了热气球放飞表演，轰动一时，标志着人类航空史上的第一次重大突破，如图 1-3 所示。同年 11 月 21 日，法国人罗齐埃和达尔朗德乘热气球升到约 1000m 的高度，用 25min 飞行了约 12km。这是人类乘坐航空器的第一次空中航行。只有在发明了气球和飞艇后，才开始逐步实现空中飞行的理想。

1785 年 1 月 7 日，法国著名飞行员布莱利奥（Louis Bleriot）乘氢气球从英国多佛尔顺风飞越英吉利海峡到达法国加莱，这是人类乘航空器首次飞越这个海峡，实现了最初的国际航空飞行。18 世纪末到 19 世纪初，气球主要用于军事、体育运动和科学试验。

图 1-3 蒙哥尔费兄弟和他们发明的热气球

气球随风飘流，不能控制前进方向。人们就开始研究在气球下面的吊篮中安装动力装置和方向舵，于是飞艇诞生了。最早的飞艇是法国人吉法尔（Gifal）于 1852 年制成的蒸汽气球，其气囊形如雪茄，下悬吊舱，装有蒸汽机，带动三叶螺旋桨，并装有方向舵。同年 9 月 24 日，吉法尔驾驶这艘飞艇由巴黎飞到特拉普斯，航程约 28km，速度约 10km/h。在飞艇方面，德国的齐柏林（Zeppelin）伯爵获得最大成就，1894 年他完成硬式飞艇的设计，1900 年制成 LZ-1 号飞艇，长 128m，容积约 11300m$^3$。1909 年，齐柏林创建了德国航空运输有限公司，用飞艇载客在法兰克福、巴登和杜塞多夫之间做定期飞行，这是最早的空中定期航线。第一次世界大战前后是飞艇发展的鼎盛时期，德国建立了齐柏林飞艇队，用于海上巡逻、远程轰炸和空运等军事活动。第一次世界大战后，齐柏林公司又造了两艘巨型飞艇"齐柏林伯爵"号和"兴登堡"号，在欧洲到南美和美国的商业航线上飞行。"兴登堡"号是当时最大的飞艇，长 245m，容积达 200000m$^3$，内部设备豪华，可载 75 名旅客，速度为 130km/h。1937 年 5 月 6 日，"兴登堡"号从德国飞往美国时起火烧毁，36 人遇难，从此结束了飞艇的商业飞行。

## 二、活塞发动机飞机时期

人类在利用轻于空气的航空器气球和飞艇进行飞行成功的同时，许多航空先驱者也在进行重于空气的航空器的探索和试验。19 世纪初，英国的乔治·凯利（G.Cayley）首先提出了利用固定翼产生升力和利用不同的翼面控制和推进飞机的设计概念。1853 年，他制造的滑翔机装上了灵巧的刹车杠杆，进行了历史上第一次有人乘坐的重于空气的航空器升空自由飞行，是飞机走向成功的第一步，如图 1-4 所示。他的航空学理论为飞机的发明奠定了重要理论基础，因此他被人们誉为"空气

图 1-4 空气动力学之父乔治·凯利

动力学之父"。由于当时没有一种动力装置具有足够大的推力重量比,所以不能实现动力飞行。这一时期,还有许多人先后进行了飞机的研究,但都未获得成功。

美国莱特兄弟(Wright Brothers)继承了前人的研究成果,制造了滑翔机,进行了飞行操纵试验,又自行设计和制造了风洞,进行了大量气动力试验,在试验的基础上又制造新的滑翔机,进行了近千次飞行,获得完全成功。1903年,莱特兄弟设计和制造了带活塞发动机的"飞行者"1号飞机,并于12月17日成功地进行了四次动力飞行。其中第四次飞得最远,约260m,留空59s,实现了人类首次持续的、有动力的、可操纵的飞行,开创了现代航空的新纪元,如图1-5所示。后来,莱特兄弟又制造了"飞行者"2号和3号,后者是第一架实用飞机。1906年莱特飞机获得专利,1908年与美国陆军签订了制造军用飞机的合同。在20世纪初,欧洲其他国家如法国、俄国等也相继研制飞机成功。

图1-5　莱特兄弟和他们发明的"飞行者"1号飞机

飞机在军事上的最早应用是1911—1912年的意大利侵略土耳其之战。在第一次世界大战中,飞机开始大规模用于军事目的,并出现了侦察机、轰炸机、驱逐机、强击机、教练机等不同机种。飞机性能也有了很大提升。到第一次世界大战结束时,飞机时速已由80~115km提高到180~220km,升限由3000~5000m提高到8000m,航程增大到440km。飞机的研究、设计、制造有了明确分工,航空已由个人的活动发展到有组织的集体活动。许多国家建立了专门的航空研究机构和航空工业,世界上已有200多个飞机制造厂和80多个发动机制造厂,共生产了近18.4万架飞机和24万台发动机。

从1911年起,就有人尝试用飞机进行运输和邮递服务。第一次世界大战后,剩余军用飞机和大量退役飞行员也被转为民用运输。1919年2月,德国建立国内航线,同年8月,英法建立国际定期航线。与此同时,各国开始研制专门运输旅客的飞机。1919年,德国容克斯公司设计制造出全金属下单翼客机G-13,可载乘客4人和空勤人员2人。后来,越来越先进的客机也相继问世。20世纪30年代为提高飞行速度,客机开始采用流线型的空气动力外形,改善了座舱内的舒适性。首先体现这些特点的是波音247旅客机,如图1-6所示。

图 1-6　波音 247 旅客机

从 20 世纪初到第二次世界大战前这段时期，航空科学技术研究在改善飞机空气动力学外形、降低飞机阻力和提高发动机功率等方面都取得了重大进展，其成果很快反映到飞机设计上。20 世纪 20 年代后期，双翼机逐渐向单翼机过渡，1933 年以后，双翼机逐渐被淘汰。1930 年前后，飞机的起落架由固定式改为收放式；座舱由开敞式改为封闭式；发动机加整流罩，散热器改放到特殊风道内；飞机采用气密结构；机翼上采用襟翼。飞机结构材料也由第一次世界大战时的木材、层板、亚麻布或棉布，改进为铝合金应力蒙皮，从而提高了强度、降低了阻力。

直升机和旋翼机研究在这一时期也获得了很大进展。1936 年，德国人福克试飞成功第一架得到公认的直升机。此后，直升机在军用和民用方面都逐步得到广泛应用。

第二次世界大战期间的作战需要，又大大刺激了飞机的研制和发展，飞机性能迅速提高，参战飞机数量大、种类多，空军成为重要的军种。飞机的产量到达高峰，美、英等盟国生产了约 40 万架飞机，全世界共生产了约 100 万架飞机。

## 三、喷气式飞机时期

20 世纪 30 年代后期，活塞发动机螺旋桨飞机的最大飞行速度已接近音速。在这种情况下，飞机开始出现剧烈抖振、操纵不稳定甚至发生破坏。当时人们把它称为"音障"，涡轮喷气发动机的出现和喷气式飞机的诞生，为突破音障开辟了道路。

1937 年德国研制成功轴流式喷气发动机，1939 年第一架装有此种发动机的喷气式飞机试飞成功。喷气式飞机的诞生和突破音障，是航空发展史上第三次重大突破，从此飞机进入超音速飞行的领域。

第二次世界大战后，歼击机、轰炸机和其他军用飞机都先后喷气化。中国人民志愿军在抗美援朝中曾用米格 15 与美国 F-86 飞机作战，这是喷气战斗机最早应用于空战。

20 世纪 50 年代，喷气战斗机的速度提高到音速的两倍，20 世纪 60 年代发展了 3 倍音速的军用飞机，同时出现了两项航空新技术，即后掠机翼和垂直起落技术，它们在飞机上的成功应用，为提高飞机的综合性能开辟了新途径。

第二次世界大战时大型机场遍布世界各地，为战后民航运输的迅速发展提供了良好的条件。民用飞机的喷气化比军用飞机稍晚，经过了一个大型活塞发动机式飞机的过渡阶段，但在喷气民航机问世后不久就被淘汰了。最初使用的喷气式民用飞机是英国的"子爵号"，此后，又出现了苏联的图-104，美国的波音707(见图1-7)等。

图1-7 波音707

它们被称为第一代喷气民航机。1956年以后，喷气民航机数量剧增，逐渐成为民航运输的主力。

20世纪60年代，由于喷气发动机技术的改进，出现了第二代喷气民航机。它的特点是耗油率低和噪声小，使喷气民航机变得更加经济和舒适。这一类飞机包括美国的波音727、波音737、DC-9，法国的"快帆"，英国的"三叉戟"和苏联的伊尔62等。

20世纪70年代开始投入使用的宽体客机称为第三代喷气民航机。如美国的波音747、DC-10，欧洲的A300B，苏联的伊尔86等。其主要特点是采用大涵道比涡扇发动机和双过道宽体机身，载客量可达300～500人，通过降低耗油量和加大载客量降低直接成本，主要用于中远程国际航线和客流密集的国内航线，缓解客流拥挤问题。

喷气民航机的发展改变了交通运输的结构，飞机已成为与国民经济和人们生活息息相关的重要交通工具。航空运输规模迅速扩大，形成了遍及全世界的航线网。

### 四、全球化、大众化发展时期

喷气式飞机的使用，带来整个民航运输系统的巨大变化，使得全球化、大众化的民航运输成为可能。

第一，航空公司的大量出现和快速发展。先进的喷气式飞机、巨大的市场需求和可能出现的高额利润造成航空公司迅速增加，在发达国家先后出现了大量的航空公司，通过合并重组发展成数十个大型航空公司，如德国汉莎航空公司、法国航空公司、美国联合航空公司、美国达美航空公司、英国航空公司、阿联酋航空公司等。而发展中国家则把参与国际航空市场作为国家尊严和地位的象征，全力支持国家航空公司的成立与发展，至今几乎每个国家都有自己或与他国合作的航空公司，全世界民航业一片繁荣。

第二，机场建设的数量、保障设备和性能不断增加和提高。由于喷气式飞机日渐大型化、载重量增加及起飞滑跑距离的增长，旧的机场设施已满足不了需求，于是改建、扩建、新建机场以适应和满足飞机性能及客货运输量增加的需要。

第三，加强航行管理系统的设施设备建设。从航行管制手段到航路建设、航行情报服务和通信导航设施等都在进行更新改造，以满足喷气式飞机时代的飞行速度和日益增加的空中容量的要求，以及提高指挥调配效益和保证飞行安全。

第四，大型、高速、大航程、安全舒适的现代喷气民用飞机陆续投入市场。在提高飞机飞行速度方面，1969年英法合作生产的超音速客机"协和号"投入运营，时速达2150km，由于飞行速度快，从伦敦飞往纽约只需要3.5h，是飞机高速化的重要标志。1970年最大载客量达到400多人的美国波音747（见图1-8）宽体客机投入航线则是飞机大型化的重要标志。之后，飞机制造不

图1-8　波音747

断采用新材料、新技术和人性化设计与座舱布局，先后又面向市场推出了单通道新飞机波音737、波音757、空客320等，双通道飞机波音767、波音777、空客A340等。民航运输的快速、经济、安全、舒适的优势在世界范围内得到充分发挥。

20世纪80年代，针对20世纪70年代出现的石油危机而研制的第四代喷气民航机，更多地采用了航空新技术、新材料，进一步降低直接成本，提高运营效益。这一代飞机有波音757、波音767、欧洲的A310、苏联的图-204等为代表的一批200座级的客货运输机。

20世纪90年代，以美国波音777、欧洲A320/A340及俄罗斯的伊尔-96为代表的第五代喷气民航机陆续投入航线使用。除增加载客量外，集中采用了现代空气动力学、航空材料和电子控制新技术。

图1-9　空客A380

2005年，A380首飞成功，它是欧洲空中客车公司生产的全球最大的宽体客机，如图1-9所示。2009年，波音787"梦幻飞机"首飞成功，它是一款航空史上首架超远程中型客机，是美国著名飞机制造商波音公司推出的全新型号，其变体机型中典型的三层座位设计能容纳242～335名乘客。2013年，A350首飞成功，它是欧洲空中客车公司研制的双发远程宽体客机，是空中客车的新世代中大型、超长程宽体客机系列，以取代较早期推出的空中客车A330及A340系列机种。

在航空运输管理上，国际民用航空组织（ICAO）、国际航空运输协会（IATA）和其他有关国际航空运输的国际组织成员不断增加，在组织、协调、保障国际航空运输方面的作用得到进一步加强。随着国际民航运输的发展，一些发达国家如美国在国内实行"放松管制法"，并于1979年通过了"国际航空运输竞争法"，在国际航空领域中推行"开放天空"的政策，在客观上也推进了国际航空运输的发展。

进入21世纪，国与国之间通过谈判，相互交换"空中自由权"，实行代码共享，相互

代理航空运输业务，不断拓宽新的国际运输联盟与合作，使全球化的航空运输进入新的繁荣发展阶段。

## 单元三　中国民航的发展历史

我国是发明飞行器最早的国家。在春秋战国时代，鲁班和学者墨翟曾制造出能飞的木鸢，开始了征服天空的探索。据考证，风筝在我国从出现至今已有2000多年的历史，公元7世纪传到日本，以后传遍世界各国。我国在10世纪就发明了火箭。在当今美国华盛顿国家航空和空间博物馆内，就立着这样的字牌："最早的飞行器是中国的风筝和火箭"。

### 一、初创阶段

1840年鸦片战争后，以英国为首的西方列强侵入中国，伴随其对中国的军事、政治、经济侵略的同时，西方近代航空知识、器械也逐渐传入中国。1894—1899年，旅澳华侨谢缵泰在香港研究设计出"中国"号铝质蒙皮电动飞艇图样。1905年，湖广总督张之洞从日本购进侦察用气球2个，于1908年在湖北成立了气球队，主要用于军事活动。

继1903年莱特兄弟发明第一架飞机后，1909年9月21日，旅美华侨冯如驾驶自己设计制造的飞机，在美国奥克兰试飞成功。1911年1月，冯如携带助手人员及2架飞机回国，准备在国内生产制造飞机，由于清政府不支持而未能实现愿望。1911年10月辛亥革命后，广东军政府成立，并组织了飞机队，冯如被任命为广东军政府飞机队队长。1912年8月25日，冯如在广州燕塘驾机试飞，由于飞机操纵系统故障，飞机坠地，冯如重伤不治去世，葬于广州黄花岗七十二烈士陵墓，其碑文尊为"中国始创飞行大家"，如图1-10所示。

图1-10　冯如和他发明的飞行者一号

在此期间，广东开平人谭根成功制造出水上飞机，并在1910年美国芝加哥举行的万国飞机制造大会上获得水上飞机组第一名的成绩。福建永安人刘佐成、李宝俊于1910年在北京南苑开办了我国第一个飞机制造的工厂，先后制造飞机2架。1910年，福建永安人李宝俊在第12期《东方杂志》上发表了中国第一篇航空论文《研究飞行机报告》。1911年

4月，留学法国学习飞行的湖北咸宁人秦国镛回国，后成为北京南苑航空学校的首任校长。1913年10月，由北京南苑航空学院修理厂厂长潘世忠设计、制造的飞机在南苑试飞成功，这是中国自行设计制造的第一架飞机。

第一次世界大战结束，欧美各资本主义国家积极支持民用航空发展，受其影响，中国开始兴办民用航空。1920年开通了北京至天津航线，这是我国第一条航线。1929年5月，沪蓉航线管理处正式成立，随后购买美国史汀生型上单翼客机4架，聘用外籍飞行员2名、机械员1名，中国飞行员3名、机械员9名，开通上海至南京航线。

1929年5月，美国航空开拓公司联合美国泛美航空公司派代表与南京国民政府谈判，愿意提供资金发展中国的商业航空，额定资本1000万美元，中美双方各占40%和60%的股份。就此，中国航空公司宣布正式成立，并于同年10月21日开辟了上海至汉口航线。1930年8月1日，沪蓉航线管理处、原中国航空公司和中国飞运公司合并组建成一个新的航空机构，并沿用"中国航空公司"名称，史称"新中航"。新的中国航空公司为中美合资经营，资本总额为1000万美元，中方股份占55%，美方股份占45%。

新中航成立之后，公司购进了较大型客机DC-2。飞行员队伍有美籍正驾驶员11人、中国正驾驶员4人，先后开通沪蓉、沪平、沪粤三条主要航线：沪蓉线由上海经南京、九江、汉口、宜昌、万县、重庆至成都，沪平线由上海经南京、徐州、济南/青岛、天津至北平，沪粤线由上海经温州、福州、厦门、汕头至广州，1936年后又延伸到香港。另有重庆经贵州至昆明的航线。至1936年年底，新中航航线里程已达5151km，乘客、货物、邮件的运量分别比1931年开办初期增加近7.3倍、3.8倍和2.3倍。与同期国内开办的其他航空公司相比，新中航在技术设施和业务经营方面均处于领先地位。

1930年2月，国民政府与德国汉莎航空公司签订了《欧亚航空邮运合同》，合同规定中德双方共同组建欧亚航空公司。1931年2月1日，欧亚航空公司正式成立。先后开辟了由北平经太原、洛阳、汉口、长沙至广州航线，后延伸到香港；兰州至银川航线，后又延伸到包头、北平；西安至成都航线，后延伸到昆明。到1936年年底，欧亚航空公司经营的航线里程已达7600km。1933年，广东、广西两地方政府和商界联合云南、贵州、福建省政府兴办了西南航空公司，于1936年开通广州至河内（越南）的国际航线，这是我国的第一条国际航线。

据统计，1931—1937年，新中航和欧亚航空公司经营的航线里程超过13600km，形成了以南京、上海、北平、广州为中心的航空线，共载运乘客9000多人次、货物787.21t、邮件525.68t。

抗日战争爆发，中国民航遇到了极大的困难，遭受重大损失。先是公司总部不断搬迁，中国航空公司1937年8月从上海搬至汉口，次年1月又搬至重庆；欧亚航空公司则在1937年8月从上海搬至西安，同年10月又搬至昆明。其次是航线被迫关闭，特别是北平、上海、南京、天津等城市失守，使得航班不能正常运营，即使是正常的航班飞行，也经常遭到日本飞机的攻击，"两航"的飞机不断被击落、击伤，损失很大。1941年12月8日，日本在空袭珍珠港美军的同时，派机轰炸了香港启德机场，中国航空公司和欧亚航空公司损失惨重，两公司的空运业务几乎全部瘫痪。

1939年在迪化（今乌鲁木齐）成立的中苏航空公司开辟了重庆到莫斯科的航线，为苏联支援中国抗日所提供的人员、物资开辟了通道。欧亚航空公司因德国为日本的同盟国，1941年中方收回股权并于1943年改组为中央航空公司。1942年4月，中国航空公司和中央航空公司以及美国空运总队印联中队，在日本切断了中国陆上国际通道——中缅公路后，为确保中国抗战所需的大批物资的供应，担负着从云南昆明西行穿越喜马拉雅山的支脉——横断山脉直达印度的飞行任务。由于这条航线沿途多是崇山峻岭，海拔高，气象条件恶劣，飞机升限达不到飞越山峰的高度，只能在狭窄陡峭的山谷中穿行，且地形复杂多变，又无导航设施保障，还时常遭到日本飞机的袭击，但就在这种极其艰难的条件下，民航人员克服了重重困难，将大批盟国支援的物资、人员源源不断地送到前线，这就是著名的"驼峰航线"。至1944年，中国航空公司共往返飞行43600多架次，运送乘客37400多人次、物资74800t。有100多架飞机坠毁在这条航线上，如图1-11所示。他们为中国抗日战争的胜利做出了重要贡献与牺牲。

图1-11 驼峰航线

抗日战争胜利后，中国航空公司迅速将其总部和基地从中国重庆和印度加尔各答搬迁到中国上海，筹备复航。自1945年9月至12月短短三个月就新开重庆—汉口—南京—上海、上海—南京—济南—北平、重庆—汉口—郑州—北平、上海—福州—厦门—广州—香港、重庆—广州—香港、昆明—河内及上海—福州—台北七条复员航线。中央航空公司总部于1946年2月由昆明搬至上海龙华机场（原欧亚航空公司旧址）。在"复员运输"的前期因飞机极少而未受重视，每月仅能载运乘客100人。自1946年5月后客运量剧增至1000人以上。客运人次增长16.7倍，货运量增长145倍、邮运量增长8倍。在整个"复员运输"期间，中央航空公司共运送乘客18300人、货物1720t，邮件980t。据统计，自1945年8月至1946年8月，两公司共运输乘客150300余人次、货物1865t、邮件1820多吨，较战前两公司业务最好的1936年有大幅增长。

1948年，两公司达到了其发展顶峰。据统计，中国航空公司经营的航线由战争结束前的8条增至41条，中央航空公司经营的航线由抗战胜利前的6条增至18条。至

1948年年底，中国航空公司共有员工4808人，其中飞行人员242人，各类技术人员1688名；共有运输飞机60架，国内外航线27条，连接38个城市，通航里程约45868km；年运输乘客409961人次、货物33326t、邮件2041t；运输总周转量在国际民航运输协会各成员国航空公司中排名第8位。中央航空公司也成为亚洲实力较强的航空公司。至1948年年底，中央航空公司拥有各型飞机42架，经营航线18条，通航城市27个；有员工2764人，比1945年的602人增加了3倍多；1948年完成旅客运输量236238人次、货物运输量17390t、邮件运输量1237t，分别比1946年增长了3.8倍、5倍和12.6%。

## 二、起步阶段

1949年10月1日新中国成立。同年11月9日，当时总部设在香港的中国航空公司、中央航空公司的总经理刘敬宜、陈卓林宣布起义，率领12架飞机飞抵北京、天津，受到总理周恩来、天津市政府的热烈欢迎，史称"两航起义"，如图1-12所示。两航起义回归的人员和飞机技术设备为新中国民航事业的发展奠定了基础。1954年11月10日，国务院决定将民用航空局划归国务院领导，更名为中国民用航空局（简称民航局）。民航局作为政府的一个部门，对民航的机场、飞机、经营、航路各方面进行统一的垂直领导，在业务上民航局仍然从属于空军的领导，是一个半军事化的企业，主要服务于各项政治和军事目的。从1949年到1956年，随着国家经济建设的发展，我国的民航事业有了一定进展，购买了一批伊尔-14飞机。至1957年年底，形成了以伊尔-14、里-2为主，拥有46架飞机的机队。之后中国民航又先后购进苏联的伊尔-18型、伊尔-62型，英国的子爵、三叉戟等飞机。

图1-12 两航起义

在此时期国家扩建和新建了一批机场。1958年，北京首都机场投入使用，1964年上海虹桥机场和广州白云机场扩建后投入使用，之后，天津、武汉、南宁、昆明、贵阳、兰州等机场相继投入运营，并建立起以北京为辐射中心的航线网络。但由于当时的国内国际形势和计划经济的体制，在这一时期内国内航空业发展的重点是航空制造业和军用航空，民用航空是军事航空的从属单位，它的首要任务是保障政府和军事人员的交通和国际交往的需要，以及一些紧急事件的处理。

20世纪60年代末，随着国际民航业的快速发展，喷气式客机取代螺旋桨客机的时代已经来临。1970年8月，研制我国首架大型民用飞机的项目正式启动，上海飞机制造厂负责四台发动机大型喷气式客机运-10飞机的制造。经过十年的艰苦奋斗，1980年9月

26日，中国人自主研制的第一架大型喷气式客机运-10首飞成功，如图1-13所示。这是我国首次自行研制、自行制造的大型喷气式客机。但是由于经费原因，后期研制工作难以继续进行，1982年起运-10飞机研制基本停顿。1986年，运-10飞机研制计划彻底终止。

图1-13　运-10飞机

### 三、成长阶段

1978年12月，党的十一届三中全会召开，决定把全党全国的工作重点转移到经济建设上来，并制定了经济改革和对外开放的政策，从此，民航开始从计划经济向市场经济转变，为民航事业发展提供了新的机遇。1980年，按照邓小平"民航一定要企业化"的指示，中国民航正式脱离军队建制，改为国务院直属机构。为促进民航事业发展和发挥地方政府兴办航空运输的积极性，中国政府鼓励地方政府兴办航空公司。自1984年3月始，厦门、新疆、中国联合、上海航空、武汉、江苏、浙江、中原等航空公司相继成立并投入运营，促进了民航运输业的发展。至1987年，我国拥有各型运输飞机402架，通航里程7102km，比1978年增长1.6倍，运输总周转量达20.2亿吨千米，在世界上的排名由第37位上升到第17位，年均增长率为22%，旅客运输和货邮运输量分别比1978年增长4.6倍和3.6倍。通用航空也有较快发展，至1987年，飞行作业45749h，比1978年增长1.8倍。

1987年始，民航系统全面实现企业化改革。实施政企分开，主管民航事务的民航局和地区管理局不再直接经营航空运输活动，将原民航北京、上海、广州、西安、成都、沈阳六个地区管理局的航空运输和通用航空相关业务、资产和人员分离出来，组建了六个国家骨干航空公司，即中国国际航空公司、中国东方航空公司、中国南方航空公司、中国西南航空公司、中国西北航空公司、中国北方航空公司，实行自主经营、自负盈亏、平等竞争机制。此外，以经营通用航空业务为主并兼营航空运输业务的中国通用航空公司也于1989年7月成立。同时，在原民航北京管理局、上海管理局、广州管理局、成都管理局、西安管理局和沈阳管理局所在地的机场基础上，组建了民航华北、华东、中南、西南、西北和东北六个地区管理局以及北京首都机场、上海虹桥机场、广州白云机场、成都双流机场、西安西关机场（现名为西安咸阳机场）和沈阳桃仙机场。六个地区管理局，是管理地区民航事务的政府部门，领导管理各民航省（区、市）局和机场。

### 四、起飞阶段

20世纪80年代，国民经济持续、快速增长，民航业进行以企业化为中心的全面改革，20世纪90年代后改革进一步深化，对外开放有新的进展，中国民航客货运输和各项基础设施建设获得飞速发展。1990年相继组建了专门从事航空油料供应保障业务的中国航空油料总公司；从事航空器材（飞机、发动机等）进出口业务的中国航空器材公司；从事航空运输旅游信息服务与开发的中国民航计算机信息中心；为各航空公司提供航空运输国际结算服务的航空结算中心；以及飞机维修公司、航空食品公司等。随着我国国民经济的迅速发展，我国的民航事业继续以超常规的速度快速发展。

为加快民航业发展，提高运营效益，增强国际竞争力，民航的体制改革力度进一步加大。2002年3月，中国政府决定对中国民航业再次进行重组。民航总局直属航空公司及服务保障企业合并后于2002年10月11日正式挂牌成立，组成六大集团公司，分别是：中国航空集团公司、东方航空集团公司、南方航空集团公司、中国民航信息集团公司、中国航空油料集团公司、中国航空器材进出口集团公司。成立后的集团公司与民航总局脱钩，交由中央管理。民航总局下属7个地区管理局（华北地区管理局、东北地区管理局、华东地区管理局、中南地区管理局、西南地区管理局、西北地区管理局、新疆管理局）和26个省级安全监督管理办公室（天津、河北、山西、内蒙古、大连、吉林、黑龙江、江苏、浙江、安徽、福建、江西、山东、青岛、河南、湖北、湖南、海南、广西、深圳、重庆、贵州、云南、甘肃、青海、宁夏），对民航事务实施监管。

国家按照政企分开、属地管理的原则，对90个机场进行了属地化管理改革。由民航总局直接管理的机场下放所在省（区、市）管理，民航总局与地方政府联合管理的民用机场和军民合用机场，将属民航总局管理的资产、负债及相关人员一并划转所在省（区、市）管理。首都机场、西藏自治区区内的民用机场继续由民航总局管理。2004年7月8日，随着甘肃机场移交地方，机场属地化管理改革全面完成，也标志着民航体制改革的全面完成。

### 五、高速发展时期

随着民航体制改革的进一步深化，从2004年开始，民营资本进入航空业渐成风起云涌之势。2005年8月15日，民航总局宣布的《国内投资民用航空业规定（试行）》开始实施，规定放宽了民航业的投资准入标准及投资范围，一批民营航空企业相继成立，先后有奥凯、鹰联、春秋、吉祥、深圳东海等国家民营公司成立。中国民航发展又跃上一个新的台阶。

2008年11月28日，中国首架具有完全自主知识产权的新支线飞机ARJ21-700在上海首飞成功，标志着中国飞机正式飞入世界新型民用客机的行列，如图1-14所示。

图1-14　国产支线客机ARJ21-700

2017年5月5日，我国具有完全自主知识产权的新一代大型喷气式客机C919（见图1-15）惊艳起飞，经历1h20min的飞行后完美落地。这是我国民航史上具有划时代意义的一刻，标志着国产大飞机技术历经磨难取得了突破。

图1-15 国产大型喷气式客机C919

2011—2020年，中国民航航运输规模连续10年稳居世界第二位，并逐年缩小与第一位的差距。根据中国民用航空局统计数据，十年间，中国民用运输飞机由2011年年底的1597架增加到2019年年底的3818架，净增2221架。截至2019年年底，我国共有颁证运输机场238个，按飞行区指标分类：4F级机场13个，4E级机场38个，4D级机场38个，4C级机场143个，3C级机场5个，3C级以下机场1个；具有独立法人资格的运输航空公司62家，开辟的定期航线总数为5521条，其中，国内航线4568条（包括港澳台航线111条），国际航线953条，形成了国内四通八达、国际联结世界主要国家和地区的航空运输网络。

新中国民航70年的发展历程证明：发展是硬道理。不断深化改革，扩大开放，是加快民航发展的必由之路。七十载波澜壮阔，九万里风鹏正举。中国民航在70年的改革发展中，泼洒出盛世华章的浓墨重彩，展现出世人瞩目的傲人成就，正在为实现从民航大国到民航强国的历史性跨越而努力奋斗！

## 思考与练习

### 一、不定项选择题

1. ____使用航空器从事民间性质的活动，现在已成为交通运输的重要组成部分。
   A. 军事航空　　B. 民用航空　　C. 航空制造业　　D. 航空设计

2. ____是进行经营性的客货运输的航空活动。
   A. 商业航空　　B. 民用航空　　C. 军事航空　　D. 通用航空

3. 民航系统的组成部门有____。
   A. 企业、机场、参与通用航空的企事业单位
   B. 政府、企业
   C. 政府、企业、机场、参与通用航空的企事业单位
   D. 政府、机场

4. 民航____部门负责民航安全、国家主权和交往任务。
   A. 政府部门　　B. 民航企业　　C. 民航机场　　D. 航空公司

5. 1970年后，民航机的发展呈现____的特点，典型的如B747和协和飞机。
   A．大型化　　　　　　　　　　　B．高速化
   C．经济化　　　　　　　　　　　D．大型化、高速化

6. 人类真正飞上天始于1783年____载人升空。
   A．美国莱特兄弟飞机　　　　　　B．法国蒙哥尔费兄弟热气球
   C．英国凯利滑翔　　　　　　　　D．华侨冯如

7. 航空新纪元的诞生始于1903年，____制造的飞机在北卡罗来纳州腾空而起，在空中停留了不到1min。
   A．莱特兄弟　　　　　　　　　　B．法国蒙哥尔费
   C．凯利　　　　　　　　　　　　D．李林塔尔

8. 1919—1939年，民用航空初创并发展，中国于____年开始建立了第一条航线——北京至天津航线，后延伸到济南。
   A．1919　　　B．1935　　　C．1930　　　D．1920

9. 1970年的波音747飞机是民航机____的标志。
   A．高速化　　　　　　　　　　　B．大型化
   C．大型化、高速化　　　　　　　D．舒适化

10. 1909年，在飞机出现后不久，旅美华侨____就研制完成飞机，并试飞成功。
    A．莱特兄弟　　　　　　　　　　B．蒙哥尔费兄弟
    C．凯利　　　　　　　　　　　　D．冯如

11. ____年，中国首架具有完全自主知识产权的新支线飞机ARJ21-700在上海首飞成功。
    A．1998　　　B．2000　　　C．2008　　　D．2017

12. 1936年，我国开辟第一条国际航线，是____的航线。
    A．广州—河内　　　　　　　　　B．北京—河内
    C．上海—洛杉矶　　　　　　　　D．成都—莫斯科

13. 被称为"驼峰航线"的空中运输线，是指____，在抗日战争期间，运送了大量盟国作战物资和人员，上千名飞行员和机务人员用鲜血和生命保证了中国抗日战争的物资源源不断地送往前线。
    A．印度经喜马拉雅山—昆明—重庆　　B．印度经喜马拉雅山—昆明
    C．印度经喜马拉雅山—重庆　　　　　D．莫斯科经喜马拉雅山—昆明—重庆

14. 1949年11月9日，总部已在中国香港的中国航空公司和中央航空公司在总经理刘敬宜和陈卓林的带领下，4000余名员工、12架飞机飞回祖国大陆，这是奠定新中国民

航基础的著名的"＿＿"。

  A．香港起义　　　　　　B．驾机起义

  C．两航起义　　　　　　D．爱国起义

15．我国自主研制，具有完全自主知识产权的新一代大型喷气式客机是＿＿。

  A．ARJ21　　　　　　　B．C919

  C．运-10　　　　　　　 D．运-7

二、思考题

1．什么是民用航空？民用航空如何分类？

2．民航业有哪四大部分？各有什么作用？

3．简述世界民航的发展历程。

4．简述中国民航的发展历程。

# 模块二
# 民用航空器

由人类制造，能飞离地球表面，并由人来控制的在大气层内或大气层外空间（太空）飞行的器械称为飞行器。飞行器可分为三类：航空器、航天器、火箭和导弹。在大气层内飞行的器械称为航空器，如气球、飞艇、飞机等。它们靠空气的静浮力或与空气的相对运动产生的空气动力升空飞行。在大气层外飞行的器械称为航天器，如人造地球卫星、载人飞船、空间探测器、航天飞机等。本模块主要学习的是航空器。

## 单元一　民用航空器概述

### 一、民用航空器的定义

能在大气层内进行可控飞行的各种人造飞行器称为航空器。民用航空器是指除用于执行军事、海关、警察飞行任务外的航空器。民用航空器需经中华人民共和国国务院民用航空主管部门依法进行国籍登记，具有中华人民共和国国籍的，由国务院民用航空主管部门颁发国籍登记证书。

### 二、民用航空器的分类

任何航空器都必须承受一个大于自身重力的向上的力，才能升入空中。根据产生该向上力的基本原理不同，航空器可划分为两大类：轻于空气的航空器和重于空气的航空器。前者靠空气浮力升空，后者靠空气动力克服航空器自身重力升空。根据国际民用航空组织的标准，航空器可进行如下分类（见图2-1）。

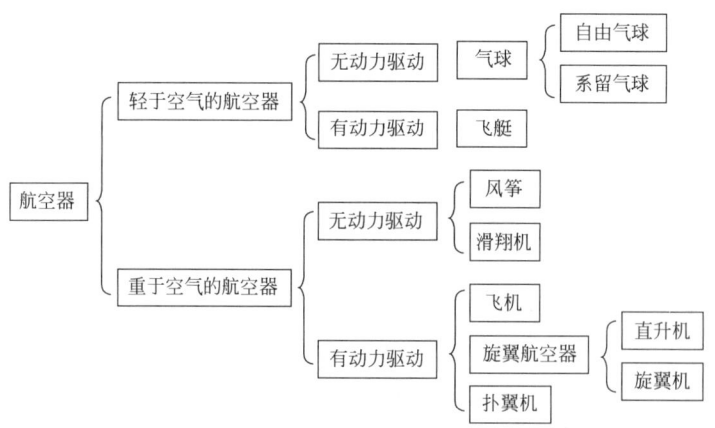

图 2-1　航空器的分类

## （一）轻于空气的航空器

### 1. 气球

气球是充满空气或其他气体（氢气或氦气）的气囊，大多数为球形，如图 2-2 所示。气球不但可作为玩具、装饰品，还可以作为运输工具。如果气球足够大，里面气体又轻于同体积的空气，产生的浮力超过气囊和附带物体（如吊篮等）的重量时，气球就可上升。因此它可用来运载观测仪器和乘客。气球上没有动力装置，不能控制自己的飞行方向，自由气球随风飘逸，系留气球用缆绳与地面设施连接。目前，热气球飞行已成为人们喜爱的一种航空体育运动，此外，热气球还常用于航空摄影和航空旅游。其他类型的气球多用于气象、探空等科学研究和文娱庆典活动。

图 2-2　气球

### 2. 飞艇

飞艇的升空原理与气球相同，是一种轻于空气的航空器。它与气球最大的区别在于具有推进和控制飞行状态的装置，可以依靠自身动力飞向预定的目的地。飞艇由巨大的流线型艇体、位于艇体下面的吊舱、起稳定控制作用的尾面和推进装置组成，如图 2-3 所示。艇体的气囊内充以密度比空气小的浮升气体（氢气或氦气）借以产生浮力使飞艇升空。吊舱供人员乘坐和装载货物。尾面用来控制和保持航向、俯仰的稳定。大型民用飞艇还可以用于交通、运输、娱乐、赈灾、影视拍摄、科学实验等。

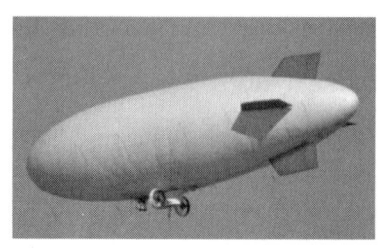

图 2-3　飞艇

飞艇相对于飞机来说，最大的优势就是它具有较长的滞空时间。飞机在空中飞行的时间是以小时为基本单位来计算的，而飞艇则是以天来计算。飞艇还可以悄无声息地在空中飞行，这一点在军事上的应用同样重要。此外，现代飞艇多采用不可燃的氦气，其安全性已经有了质的提高。虽然飞艇具有极大的发展潜力，但我们还是不能回避其固有的缺陷。20世纪，飞艇被飞机取代的主要原因有两个：高昂的造价和过低的速度。

（二）重于空气的航空器

1．滑翔机

滑翔机是重于空气的固定翼航空器，大多没有动力装置，如图2-4所示。它可由飞机拖曳起飞，也可用绞盘车或汽车牵引起飞，还可从高坡上下滑到空中，依靠自身重力的分量获得前进动力。在人类征服天空的漫长历程中，滑翔机是最早实现将人类送上蓝天的重于空气的航空器。航空界的先驱，如英国的乔治·凯利和德国的李林塔尔，利用滑翔机奠定了现代飞机的飞行、操纵理论和实际构造的基础。

现代滑翔机主要用于体育运动，分为初级滑翔机和高级滑翔机。前者主要用于训练飞行，后者主要用于竞赛和表演，有的还可以完成各种高级空中特技，如翻跟斗和螺旋等。20世纪70年代后，悬挂滑翔机在现代科学技术的基础上开始复苏，吸引了大量飞行爱好者。

2．飞机

飞机是由具有一具或多具发动机的动力装置产生前进的推力或拉力，由机身的固定机翼产生升力，在大气层内飞行的重于空气的航空器，也是目前最主要的航空器，如图2-5所示。自飞机出现以后，飞机日益成为现代文明不可缺少的工具，它深刻地改变和影响了人们的生活，开启了人们征服蓝天的历史。

图2-4 滑翔机

图2-5 飞机

目前，在民用航空器中，飞机的数量占到98%以上，在航空运输中飞机的数量和完成的任务都占了绝大部分。飞机按用途分为民用飞机和军用飞机，民用飞机又称民航飞机，分为客机、货机、公务机、农业飞机、运动飞机等。飞机按起降的场所分为陆上飞机、水上飞机和水陆两用飞机。水上飞机是在水面上起降和停泊的飞机。在20世纪的前40年，水上飞机曾取得很大的进展,进行越洋和短途的旅客运输,并创造了多项世界纪录。但在第二次世界大战后,陆上飞机迅速发展,水上飞机目前只用于海上巡逻、反潜、救援、体育运动、旅游等。

3．直升机

直升机是旋翼航空器的一种,以机身上的动力驱动旋翼旋转而获得升力,能垂直起飞和降落,它的航行方向由旋翼向某个方向的倾斜来控制,如图2-6所示。中国的竹蜻蜓和意大利莱昂纳多·达·芬奇的直升机草图,是公认的直升机发展史的起点。达·芬奇在公元15世纪描绘了一台以螺旋桨驱动的飞行器。不过一直等到公元1939年时,第一架实用型的直升机才被设计出来。

图2-6 直升机

目前直升机的最大时速可达300km/h以上,俯冲极限速度近400km/h,实用升限可达6000m（世界纪录为12422m）,一般航程可达600～800km。携带机内、外副油箱转场航程可达2000km以上。当前实际应用的是机械驱动式的单旋翼直升机及双旋翼直升机,其中又以单旋翼直升机数量最多。

直升机的突出特点是可以做低空（离地面数米）、低速（从悬停开始）和机头方向不变的机动飞行,特别是可空中悬停和在小面积场地垂直起降。这些特点使其具有广阔的用途及发展前景。作为典型的军民两用运输工具,直升机在军用方面已广泛应用于对地攻击、机降登陆、武器运送、后勤支援、战场救护、侦察巡逻、指挥控制、通信联络、反潜扫雷、电子对抗等。在民用方面应用于短途运输、医疗救护、救灾救生、紧急营救、吊装设备、地质勘探、护林灭火、空中摄影等。海上油井与基地间的人员及物资运输是民用的一个重要方面。但与固定翼飞机相比,直升机振动和噪声较高、维护检修工作量较大、使用成本较高、速度较低、航程较短、载荷较小,因此其只能作为飞机的补充而不能成为民航运输的主力机种。

4．旋翼机

旋翼机由无动力驱动的旋翼提供升力,是重于空气的航空器,是一种介于直升机和飞机之间的重于空气的航空器,如图2-7所示。旋翼机与直升机的最大区别是,旋翼机的旋翼不与发动机传动系统相连，其不是以发动机驱动旋翼为旋翼机提供升力，而是在旋翼机飞行的过程中，由前方气流吹动旋翼旋转产生升力，像一只风车，旋翼系统仅在启动时由自身动力驱动，称之为预旋，起飞之后靠空气作用力驱动。旋翼使旋翼机的结构变得复杂，阻力增大，速度提高受到限制，飞行速度通常在 300km/h 以下，因而发展不大，但其促进了直升机的发展。只有少量旋翼机用于研究和体育活动。

图 2-7　旋翼机

5．扑翼机

2013 年，科技公司 Festo 的科学家研制出一款既能够模拟鸟类飞行也能够极逼真的扑动翅膀的鸟，称为 Smartbird。随着仿生技术，空气动力学和微加工技术的日益发展，加之军事和民用的广泛应用前景，扑翼机再次成为国内外科学领域的热点。

图 2-8　扑翼机

扑翼机是指机翼能像鸟和昆虫的翅膀那样上下扑动的重于空气的航空器，又称振翼机，如图 2-8 所示。扑动的机翼不仅产生升力，还产生向前的推动力。中国春秋时期就有人试图制造能飞的木鸟。15 世纪意大利的达·芬奇绘制过扑翼机的草图。1930 年，一架意大利的扑翼机模型进行过试飞。

从上面的叙述可以看出，航空器虽然有多种，但在民用航空中主要使用的是飞机，只有很小一部分使用直升机，其他种类的航空器可以略而不论，因而我们在后面对民用航空器的讨论中主要针对民用飞机。

### 三、民用飞机的分类

民用飞机又称民航飞机。按各自的用途，民用飞机又分为执行商业航班飞行的航线飞机和用于通用航空的通用航空飞机两大类。

（一）航线飞机

航线飞机又称民航运输机，是民航主要的生产工具。航线飞机的吨位大、产值高，其飞行构成了整个世界范围的航空运输网，机群的价值和产值都占了民航飞机的大部分。航线飞机的细分方式有多种，常见的有以下几种。

1．按飞机的机身尺寸分类

按飞机的机身尺寸分类，航线飞机可分为宽体飞机和窄体飞机。宽体飞机是指飞机机身直径为 5～6m，有两条走道，通常一排能够容纳 7～10 个座位，又被称为双通道飞机，如图 2-9 所示。窄体飞机是指飞机机身直径为 3～4m 的飞机，有一条走道，通常一排能容纳 2～6 个座位，又被称为单通道飞机，如图 2-10 所示。

图 2-9　宽体飞机

图 2-10　窄体飞机

2．按飞机的发动机分类

按飞机的发动机类型分类，航线飞机可分为螺旋桨式飞机和喷气式飞机。螺旋桨式飞机包括活塞螺旋桨式飞机和涡轮螺旋桨式飞机，活塞螺旋桨式飞机引擎是最原始的动力形式，它利用螺旋桨的转动将空气向机后推动，借其反作用力推动飞机前进。螺旋桨转速越高，则飞行速度越快。喷气式飞机包括涡轮喷气式飞机和涡轮风扇喷气式飞机，这种机型的优点是结构简单、速度快、燃料费用节省、装载量大。

按飞机的发动机数量，航线飞机可分为单发（动机）飞机、双发（动机）飞机、三发（动机）飞机、四发（动机）飞机。

按发动机安装的位置，航线飞机可分为机身内式发动机飞机、翼内式发动机飞机、翼上式发动机飞机、翼下式发动机飞机、翼吊式发动机飞机和尾吊式发动机飞机。

3．按飞机的飞行速度分类

按飞机的飞行速度分类，航线飞机可分为亚音速飞机和超音速飞机。亚音速飞机又分为低速飞机（飞行速度低于 400km/h）和高亚音速飞机（马赫数为 0.8～0.9），多数喷气式飞机为高亚音速飞机。超音速飞机是指飞机速度超过音速的飞机。民用超音速飞机的代表是法国研制的"协和"超音速飞机。它可爬升到距地面 15000～18000m 的高空，以约 2180km/h 的速度巡航，最大载重航程可达 5110km。

4．按飞机的航程分类

按飞机的航程分类，航线飞机可分为远程飞机、中程飞机和近程飞机。按际上通常的标准，航程在 8000km 以上为远程客机，3000～8000km 为中程客机，在 3000km 以下者为近程客机。由于这个界定并不明确，有时把航程在 5000km 以内的飞机称为中短程客机，5000km 以上者称为中远程客机。一般来说，飞机航程越远，起飞重量越大，设备也越先进。近程飞机一般用于支线，中远程飞机一般用于国内干线和国际航线。

5．按飞机的航线类型分类

按飞机的航线类型分类，航线飞机可分为干线飞机和支线飞机。干线飞机一般是指乘客座位数量100座级别以上的，用于主要城市之间的主要航线的民航客机。支线飞机一般是指乘客座位设计数量为35～100座位的小型飞机，承担局部地区短距离、小城市之间商业运载的民航客机。

6．按飞机的载运业务分类

按飞机的载运业务分类，航线飞机可分为全客机、全货机、客货混装机。全客机的主舱载人，下舱载货。全货机的主舱及下舱全部载货。客货混装机在主舱前部设有旅客座椅，后部可装载货物，下舱也可以装载货物。

（二）通用航空飞机

通用航空飞机是指除从事定期客运、货运等公共航空运输飞机之外的参与其他民用航空活动的所有飞机的总称。通用航空飞机是全部飞机类型中数量最多、型号最多的机种，其用途广泛，涉及空中巡逻、空中救助、资源勘测、农林防护、飞行员培训、公司通勤、私人公务、休闲观光等。常见的通用航空飞机有体育运动飞机、公务机、农业机、教练机、多用途轻型飞机。

（1）体育运动飞机：开展航空体育运动专用的飞机，可用来做特技飞行表演、拖曳滑翔机和进行航空爱好者的飞行训练。

（2）公务机：在行政事务和商务活动中用作交通工具的飞机，又称行政机或商务飞机。公务机一般为9t以下的小型飞机，可乘4～10人。近年来由于跨国公司和国际交往的发展，有些公司和政府要员需要远距离旅行，目前豪华、远程公务机的起飞重量最大可达30t，最大航程在5000km以上，它的飞行性能和客机相近。全球公务机机队规模超过4万架，超过70%由航空公司或信托公司拥有，另有25%由跨国企业拥有，仅不到5%的公务机登记在个人名下。

（3）农业机：专门为农、林、牧、渔业服务的飞机，这类飞机有些是专门设计的，还有一些是由多用途飞机经改装而成的。这类飞机一般是单发动机的小型飞机，飞行速度在400km/h以下，飞机的仪表设备比较简单，但结构强度较高，具有良好的低空飞行性能。

（4）教练机：用于训练飞行员从最初级的飞行技术到能够单独飞行与完成指定工作的特殊机种。教练机至少有两个座位，初级教练机用于训练学员掌握初级飞行技术，这种飞机通常只有一个发动机，结构简单，易于操纵，学员经培训后，可到通用航空的小型飞机上做驾驶员。高级教练机用于训练经初级教练机培训合格后需进一步培训掌握航线飞机驾驶技术的飞行人员。高级教练机一般是双发动机，机上的仪表设备和飞行性能与公务机相近。

（5）多用途轻型飞机：这类飞机包括了用于空中游览、救护、短途运输、家庭使用、空中摄影、体育运动、个人娱乐等各类飞机。其起飞重量不超过 5t，最小的可包括只有几百千克的超轻型飞机。

### 四、民用航空器注册号

航空器注册号又称"飞机号"或"机尾号"等，是指民用航空器在使用前，向所在国民航管理机构注册所获发的编号。国际民航组织规定，各国的民用航空器有注册号才可使用。

注册号由两部分组成：国籍标志和登记号，如图 2-11 所示。为了便于管理和识别，每个国家都有其首码，也就是国籍标志，国际民航组织成员选一个或两个英文字母和数字来代表自己的国家，我国民用航空器的国籍标志为"B"。登记号的规则与编排则由各国民航管理机构自行制定。在二十世纪五六十年代，由于新中国还没有加入国际民航组织，所以当时的飞机号只有 3 位阿拉伯数字。

图 2-11　航空器注册号

1971 年，中华人民共和国恢复在联合国的合法席位，并成为国际民航组织的成员，中国民航飞机的注册号由此开始以"B"为国籍标志，中间以短横线间隔，后接 3 位数字编号表示。国籍标志与登记号之间一般以短横线间隔，但美国、日本、韩国等国则连在一起，不以短横线隔开。

考虑到三位数字不够用，1973 年，在引进的波音 707 型、伊尔 62 型等新飞机上，开始使用 4 位数字编号，例如 B-2402。随着经济飞速发展，飞机数量不断增加，自 2015 年 3 月起，国内民航正式采用新型编号管理方式，对新申请的运输类航空器（含喷气公务机）仍使用 4 位数字编号，对新申请的其他类型航空器则使用以字母结尾的编号。保持四位编码不变，在第三、第四位字段增加了英文字母的使用，例如西林凤腾通航的"B-70DP"。

2018 年 3 月起，民航局对编号管理进一步调整，运输类航空器不再局限于仅使用四位数字编号，开始引入字母。例如首都航空 2018 年 4 月引进的 A321，注册号为"B-300F"。此举主要是由于运输类航空器仅使用四位数字编号已经无法满足需要，故拓展出更多号源，以适应我国民航未来的发展需求。

## 单元二　飞机的基本结构

飞机的基本结构包括机身、机翼、尾翼、起落架、动力装置和其他系统等，如图 2-12 所示。通常我们把机身、机翼、尾翼、起落架这些构成飞机外部形状的部分称为飞机机体。

飞机制造厂主要负责机体的制造和进行飞机的最后组装，而动力装置则由其他工厂完成。

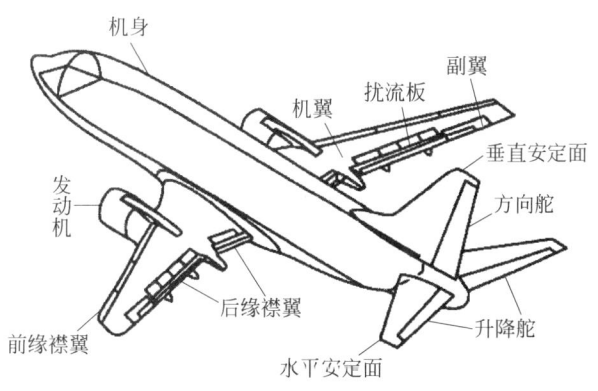

图 2-12　飞机的基本结构

## 一、机身

机身是飞机的主体部分，主要用来装载旅客、货物、燃油及各种设备，并通过与机翼、尾翼、起落架等部件的连接，形成一个整体，如图 2-13 所示。机身包括机头、前部机身、中部机身和尾部机身。为保证有开阔的视野，驾驶舱被安装在机头部位，其装有各种仪表系统和操纵装置，用来控制飞机。前部机身、中部机身是客舱或货舱。客舱用来装载旅客，考虑到旅客的舒适和安全，除装有座椅外，客舱还要有通风保暖设备、安全救生设备等。客舱内布置通道、厨房、厕所等旅客生活需要的空间，根据旅客数量设置相应数量的舱门、窗户和其他检修、供货的进出口。客舱的下部留出一部分作为装载旅客行李和货物的货舱。货舱的设置要简单得多，有的货舱内装有滑轨、绞盘或起重装置，主要考虑装货的通畅和方便。飞机的后部机身和尾翼相连，同时安装有辅助动力装置（APU）。

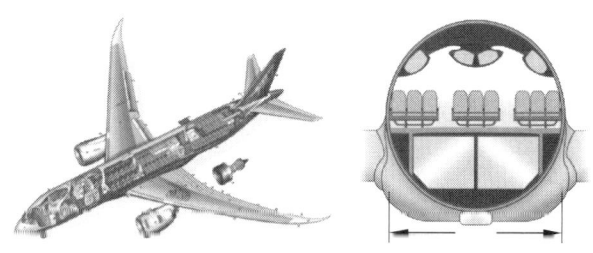

图 2-13　机身的基本结构

现代民航飞机绝大部分机身是圆筒状的，机身的外形是一个两头小、中间大的流线体。头部向下收缩以扩大驾驶员视野，尾部向上收缩防止着陆时尾部擦地，机身中部是等截面的筒状，通过增减机翼前后机身的分段可以调整飞机的尺寸，满足用户的不同要求。现代飞机的机身结构由沿机身纵轴方向的纵向元件（长桁、桁梁）和垂直于机身纵轴的横向元

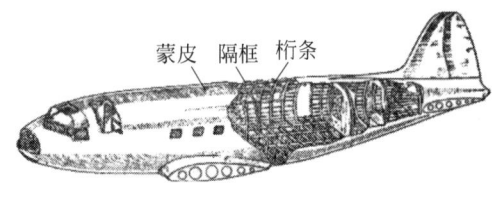

图 2-14 机身的构造

件（隔框以及蒙皮）组合而成，其结构形式有构架式、硬壳式和半硬壳式，如图 2-14 所示。

按照机身的功用，在使用方面，应要求它具有尽可能大的空间，使它的单位体积利用率最高，以便能装载更多的人员和物资；连接必须安全可靠；应有良好的通风加温和隔声设备；视界必须广调，以利于飞机的起落。在气动方面，飞行中的飞机机身阻力要占整个飞机阻力的较大部分，因此，要求机身具有良好的流线型、光滑的表面、合理的截面形状以及尽可能小的横截面积。此外，在保证有足够的强度、刚度和抗疲劳能力的情况下，应使它的重量最轻。

## 二、机翼

机翼是飞机上用来产生升力的主要部件，安装在机身上，一般分为左右两个翼面。其最主要的作用是产生升力，同时也可以在机翼内布置油箱和起落架舱，机翼下还可吊装发动机。另外，在机翼上还安装有改善起飞和着陆性能的襟翼和用于飞机横向操纵的副翼，有的还在机翼前缘装有缝翼等增加升力的装置。

### （一）机翼的外形

机翼分为四个部分：翼根、前缘、后缘、翼尖。翼根是机翼和机身的结合部分，这里承受着机身重力及由升力和重力产生的弯矩，是机翼受力最大的部位，也是结构强度最强的部位。翼尖是指位于机翼翼梢的小翼。机翼左右翼尖之间的距离称为翼展。机翼的横剖面称为翼型，常见的翼型有对称翼型、双凸翼型、平凸翼型、凹凸翼型等，翼型要符合飞机飞行的速度范围并产生足够升力。机翼的平面形状常见的有平直翼、后掠翼、三角翼等。机翼前后缘都保持基本平直的称为平直翼，机翼前缘和后缘都向后掠的称为后掠翼，机翼平面形状呈三角形的称为三角翼，前一种适用于低速飞机，后两种适用于高速飞机。

### （二）机翼的布局

根据机翼与机身的相对位置，可以把飞机分为三种：上单翼飞机、中单翼飞机、下单翼飞机，如图 2-15 所示。

#### 1. 上单翼飞机

机翼安装在机身上部的飞机称为上单翼飞机。上单翼飞机受干扰阻力小，有很好的向下视野，机身离地面近，便于货物装运，

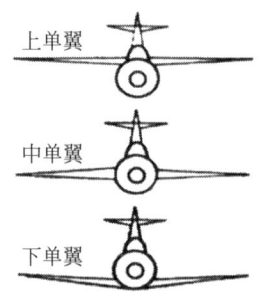

图 2-15 机翼的布局

发动机离地面较高，能免受地面飞起的砂石损害，机场适应性好，大部分军用运输机和螺旋桨运输机都采用这种布局。机翼安装不会中断机身整个内部空间的连续性，因此可以采用较低的货舱地板和尾部大舱门，装载大型军用装备。上单翼布局最大的问题是起落架的安置，如果装在机翼上则起落架很长，增加重量；如果装在机身上，则两个起落架的间距宽度不够，影响飞机在地面上运动的稳定性，要增加距离就要增大机身截面，使阻力增大。

2．中单翼飞机

机翼安装在机身中部的飞机称为中单翼飞机。中单翼飞机的气动外形是最好的，但是大型飞机的翼梁必须从机身内穿过，使机身容积受到严重影响，所以民航飞机不采用这种布局形式。

3．下单翼飞机

机翼安装在机身下方的飞机称为下单翼飞机。目前大部分民航运输机是下单翼飞机，这是因为下单翼飞机机翼离地面近，起落架可以做短一些，两个起落架之间间距较宽，增加了降落时飞机的稳定性，起落架容易在翼下的起落架舱收放，从而减轻重量。飞机机翼还可以用来作为紧急撤离时的通道，高效地撤离旅客。此外，发动机和机翼离地面较近，便于检查和维修。但相对来说，下单翼飞机受干扰阻力大，机身离地高，装运货物不方便，向下视野不好。横穿机体下部的翼梁和中央翼盒将机体下部货舱隔断，不利于布置大型货舱。

安装角是指机翼安装在机身上与水平线所成的角度。如图2-16所示，安装角向上的称为上反角，向下的称为下反角。上反角能提高飞机的侧向稳定性，所以下单翼飞机都具有一定的上反角。而上单翼飞机一般都具有下反角，以保证有较好的低空稳定性，而且对侧风不敏感，适合执行低空飞行任务。

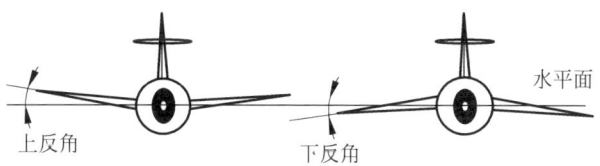

图2-16　机翼的安装角

（三）机翼操纵面

机翼的前缘和后缘加装很多改善或控制飞机气动力性能的装置，包括副翼、襟翼、缝翼和扰流板，如图2-17所示。驾驶员通过操纵改变这些装置，来控制飞机的飞行。

1．副翼

如图2-18所示，副翼是指安装在机翼翼梢后缘外侧的一小块可动的翼面，其翼展一般占整个机翼翼展的1/6～1/5。驾驶员利用副翼操纵飞机的滚转（侧倾），即驾驶员向左压杆时，左机翼上的副翼向上偏转，左机翼升力下降，右机翼上的副翼向下偏转，右机翼升力增加，在两个机翼升力差作用下飞机向左滚转；反之，向右压杆时，右副翼向上偏转，左副翼向下偏转，飞机向右滚转。

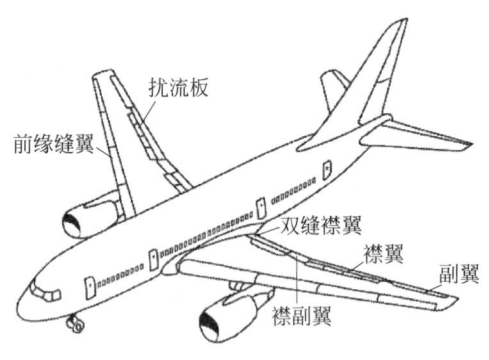

图2-17 机翼上的操纵面

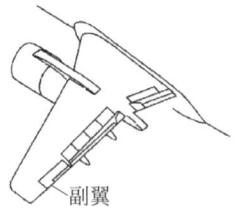

图2-18 副翼

2．襟翼

为了降低起飞离地速度和着陆接地速度，缩短起飞和着陆滑跑距离，左右机翼后缘还装有襟翼，如图2-19所示。襟翼平时处于收上位置，起飞着陆时放下。飞机的襟翼主要作用在于增大机翼弯度，提高机翼升力，改善起飞和着陆性能。飞机起飞时放出部分襟翼，主要用于增加飞机的升力；着陆时，先放出部分襟翼，再逐步全都放出，可起到保持升力和减速的双重作用。

图2-19 襟翼

在现代飞机设计中，当襟翼的位置移到机翼的前缘时，就变成了前缘襟翼。前缘襟翼也可以看作可偏转的前缘。在大迎角下，它向下偏转，使前缘与来流之间的角度减小，气流沿上翼面的流动比较光滑，避免发生局部气流分离，同时也可增大翼型的弯度。前缘襟翼与后缘襟翼配合使用可进一步提高增升效果。

3．缝翼

缝翼又称前缘缝翼，是安装在机翼前缘的一段或者几段的狭长小翼。前缘缝翼的作用主要有两个：一是延缓机翼上的气流分离，提高了飞机的临界迎角，使得飞机在更大的迎角下才会发生失速；二是增大机翼的升力系数。这种装置在大迎角下，特别是接近或超过基本机翼的临界迎角时才使用，因为只有在这种情况下，机翼上才会产生气流分离。现代客机的前缘缝翼没有专门的操纵装置，一般随襟翼的运动而变动，在飞机即将进入失速状态时，前缘缝翼的自动功能也会根据迎角的变化而自动开关。

在前缘缝翼闭合时，随着迎角的增大，机翼上表面的分离区逐渐向前移，当迎角增大到临界迎角时，机翼的升力系数急剧下降，飞机失速。当前缘缝翼打开时，它与基本机翼前缘表面形成一道缝隙，下翼面压强较高的气流通过这道缝隙得到加速而流向上翼面，增大了上翼面附面层中气流的速度，降低了压强，消除了这里的分离旋涡，从而延缓了气流分离，避免了大迎角下的失速，使得升力系数提高，如图 2-20 所示。

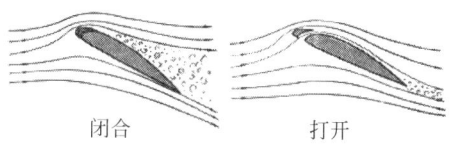

图 2-20　缝翼

缝翼和襟翼统称为增升装置。

4．扰流板

扰流板是铰链在机翼后缘上表面的可动部件，又称减速板，通常在襟翼根部以上，如图 2-21 所示。在空中飞行时，机翼两侧的扰流板打开可以增加机翼上的阻力，降低飞行速度并降低高度。只有一侧的扰流板打开时，作用相当于副翼，主要是协助副翼以有效控制飞机进行滚转操纵。飞机着陆在地面滑跑时，打开扰流板可以破坏机翼上翼面气流从而减小 90%升力，提高作用于机轮上的正压力而增强刹车效果，并增大气动阻力，以确保飞机迅速减速。此外，扰流板也可用于改善飞机在滑跑时的方向控制能力。

（四）机翼的构造

由于飞机是在空中飞行，并且速度十分快，这就要求飞机上的每一个部件都要有很好的强度和刚度，这样才能够承受巨大的气动载荷，保证飞机的飞行安全。机翼通常由翼梁、桁条、翼肋和蒙皮等构件组成，如图 2-22 所示。其中由翼梁和桁条构成纵向骨架，翼肋为横向骨架，整个骨架外面蒙上蒙皮构成了机翼，翼梁承担着机翼上主要的作用力，桁条嵌在翼肋上以支持蒙皮，翼肋则保持着机翼的翼型，并支持着蒙皮承受空气动力，机翼根部和机身的接头承受着巨大的应力，其作用是将机翼上的载荷传递到机身上。

图 2-21　扰流板

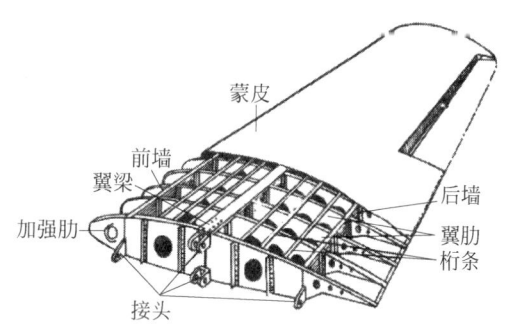

图 2-22　机翼的构造

### 三、尾翼

尾翼是安装在飞机后部起稳定和操纵作用的装置。尾翼一般分为水平尾翼和垂直尾翼，如图 2-23 所示。

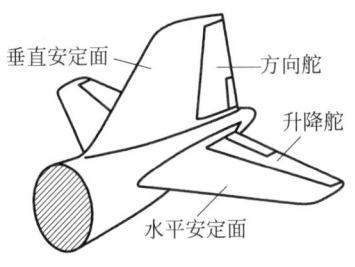

图 2-23　尾翼

（一）水平尾翼

水平尾翼水平安装在机身尾部，简称平尾，由固定的水平安定面和可动的升降舵组成，主要功能为保持飞机的俯仰平衡和俯仰操纵。

平尾翼面的前半部分通常是固定的，称为水平安定面；后半部分铰接在水平安定面的后面，可操纵上下偏转，称为升降舵。升降舵的后缘还装有调整片。飞机在飞行中会因各种干扰而偏离原来姿态，平尾具有恢复飞机原有姿态的能力，对飞机起纵向稳定的作用。在大型飞机上，为了提高平尾的平衡能力，水平安定面在飞行中可以缓慢改变安装角，这样的平尾称为可调平尾。在飞行中，飞机升力的位置会随迎角和速度的变化而移动，飞机重心也因燃油消耗等原因而变动。这样，升力不可能在所有状态下都通过重心，因而存在一个不平衡力矩。在有平尾的飞机上，此力矩就由平尾负升力或正升力的力矩来平衡。由于平尾距重心较远，只要用很小的平尾升力就能使飞机保持力矩平衡。

（二）垂直尾翼

垂直尾翼垂直安装在机身尾部，简称垂尾或立尾，由固定的垂直安定面和可动的方向舵组成，主要功能为保持飞机的方向平衡和方向操纵。根据垂尾的数目，飞机可分为单垂尾、双垂尾、三垂尾和四垂尾飞机。

垂尾翼面的前半部分通常是固定的，称为垂直安定面；后半部分铰接在垂直安定面后部，可操纵偏转，称为方向舵。垂尾的作用是保持转弯在无侧滑状态下进行；在有侧风着陆时保持机头对准跑道；飞行中平衡不对称的偏航力矩。方向舵多数用于角度较小的转向，大角度转向需要借助副翼使飞机偏转产生离心力，同时使用升降舵保持机头向上完成大角度转向。方向舵操纵系统中可装阻尼器，以制止飞机在高空高速飞行中出现的偏航摇摆现象。

（三）尾翼的构造

垂直安定面和水平安定面的结构与机翼非常相似，也是由梁、桁条和肋构成骨架，外部铆接蒙皮构成。方向舵和升降舵铰接其后。安定面与机身的连接是它们的梁与机身隔框连接点通过螺栓连接固定。

### 四、起落架

起落架是飞机下部用于起飞降落或地面（水面）滑行时支撑飞机并用于地面（水面）移动的附件装置。由于民用飞机绝大多数是在陆上起飞和着陆的，大多使用轮式起落架，只有极少数水上飞机使用浮筒式或船身式起落装置，所以这里只介绍轮式起落架。

起落架的作用是在地面上支撑飞机并保证飞机在起飞、滑跑和在地面上移动时的运动功能，它除了承受着飞机停放时的重力和运动时的动载荷外，还承受着陆时很大的冲击载荷，它影响着飞机起降时的性能和安全。

起落架是唯一支撑整架飞机的部件。当飞机起飞后，可以收回起落架。早期陆上飞机的起落装置比较简单，只有三个起落架，而且在空中不能收起，飞行阻力大。现代的陆上飞机为了减少空气阻力都采用可收放式起落架，起落架在飞行时收入机身或机翼的起落架舱内。通用航空中的很多小型飞机由于速度不高，为了减轻重量和降低成本，仍然采用固定的不可收放的起落架，不设有起落架舱。

（一）起落架的配置形式

现代飞机通常采用三点式起落架。三点式起落架分为前三点式、后三点式和自行车式。目前使用最广泛的是前三点式起落架。

1．前三点式起落架

如图 2-24 所示，前三点式起落架的两个支点（主轮）保持一定间距左右对称地安装在飞机重心后面，第三个支点（前轮）位于飞机头部的下方，尾部通常还装有保护座，防止在飞机离地时出现擦尾。飞机在地面滑行和停放时，机身地板基本处于水平位置，便于旅客登机和货物装卸。

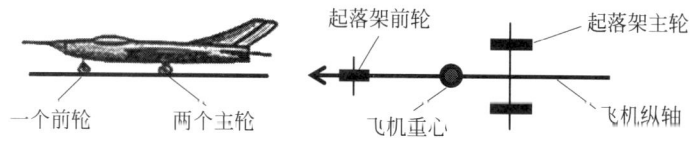

图 2-24　前三点式起落架

前三点式起落架具有以下优点。

（1）飞机地面运动的方向稳定性好。当机身轴线偏离滑跑方向时，主轮摩擦力的合力将产生恢复力矩，使飞机回到原来的运动方向。

（2）飞机着陆操纵比较容易。当飞机以较大速度小迎角着陆时，只用后两个主轮接地，主轮着陆撞击力对飞机重心产生低头力矩，减小迎角，使飞机继续沿地面滑行而不至于产生"跳跃"现象。

（3）缩短起飞和着陆滑跑距离。飞机轴线接近水平，因此起飞滑跑阻力小，加速快，起飞距离短；前轮远离重心，因此着陆时可以大力刹车而不致引起飞机翻倒，从而大大缩短着陆滑跑距离。

（4）飞机对跑道的影响较小。喷气发动机的喷流不会直接喷向跑道。

前三点式起落架存在以下缺点。

（1）前轮的安排较困难，尤其是对单发动机的飞机，机身前部剩余的空间很小。

（2）前轮承受的载荷大、尺寸大、构造复杂，因而重量大。

（3）着陆滑跑时处于小迎角状态，因而不能充分利用空气阻力进行制动。在不平坦的跑道上滑行时，超越障碍的能力也比较差。

（4）前轮会产生摆振现象，因此需要有防止摆振的设备和措施，这又增加了前轮的复杂程度和重量。

尽管如此，由于现代飞机的着陆速度较大，所以保证着陆时的安全成为考虑确定起落架形式的首要决定因素，而前三点式起落架在这方面与后三点式起落架相比有着明显的优势，因而得到广泛应用。

2．后三点式起落架

早期在螺旋桨飞机上广泛采用后三点式起落架。其特点是起落架的两个主轮保持一定间距左、右对称地安装在飞机重心前面，尾轮位于飞机尾部，如图 2-25 所示。在停机状态时，飞机 90% 的重量落在主起落架上，其余的 10% 由尾轮来分担。后三点式起落架重量比前三点式起落架轻，结构简单，但是地面转弯不够灵活，刹车过猛时飞机有翻倒的危险，现代飞机上除一些装有活塞式发动机的轻型、超轻型低速飞机外，基本不会使用这种配置形式的起落架。

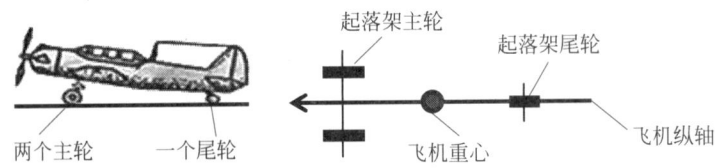

图 2-25  后三点式起落架

后三点式起落架具有以下优点。

（1）后三点式起落架整体构造比较简单，重量也较轻。

（2）在螺旋桨飞机上容易配置。螺旋桨飞机要产生大的推力桨叶就很大，这不得不迫使飞机设计安装时提高螺旋桨发动机的离地高度，而装有后三点式起落架的飞机停留在地面时机头抬起很高,迎角很大,可以满足要求。

(3)在飞机上易于装置尾轮。与前三点式起落架的前轮相比,尾轮结构简单,尺寸、重量都较小。

(4)着陆时的滑跑距离较短。正常着陆时,三个机轮同时触地,这就意味着飞机在飘落时的姿态与地面滑跑、停机时的姿态相同,地面滑跑时具有较大的迎角,因此,可以利用较大的飞机阻力来进行减速,从而可以减小着陆时的滑跑距离。

然而,随着飞机的发展、飞行速度的不断提高,后三点式起落架暴露出越来越多的缺点。

(1)容易发生翻倒现象。在大速度滑跑时,遇到前方撞击或强烈制动,容易发生翻倒现象。

(2)着陆速度要求高。若着陆速度过大,主轮接地的冲击力会使飞机抬头迎角增加,会引起飞机升力增大而重新离地出现"跳跃"现象,甚至会跳起后失速,发生事故。

(3)地面滑跑时方向稳定性差。如果在滑跑过程中,某些干扰使飞机相对其轴线转过一定角度,这时在支柱上形成的摩擦力将产生相对于飞机重心的力矩,它会使飞机转向更大的角度。

(4)向下的视界不佳。在停机、起落滑跑时,前机身仰起,因而向下的视界不佳。

基于以上缺点,后三点式起落架的主导地位便逐渐被前三点式起落架所代替,只有一小部分小型和低速飞机仍然采用后三点式起落架。

3. 自行车式起落架

还有一种使用不多的自行车式起落架,如图2-26所示,它的前轮和主轮前后布置在飞机对称面内,重心距前轮与主轮几乎相等。为防止转弯时倾倒,在机翼下还布置有辅助小轮。这种布置形式由于起飞时抬头困难而较少采用。

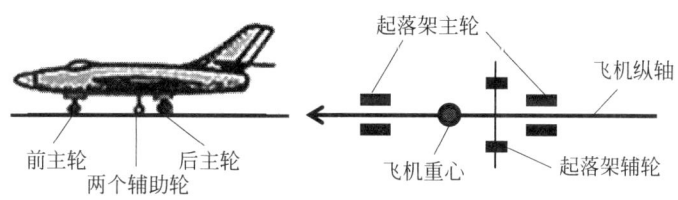

图 2-26　自行车式起落架

自行车式起落架的优点是解决了部分薄机翼飞机主起落架的收放问题。无论是前三点式起落架还是后三点式起落架,其主轮都是布置在机翼下方,因此飞行时都需要将主轮收入机翼内。但有一些飞机的机翼非常薄,或者是布置了其他结构设备,因此难于将主轮收入机翼内,这种飞机往往采用自行车式起落架。

自行车式起落架存在以下缺点。

（1）前轮承受的载荷较大，而使尺寸、重量增大。

（2）起飞滑跑时不易离地而使起飞滑跑距离增大。为使飞机达到起飞迎角，需要依靠专门措施，例如在起飞滑跑时伸长前起落架支柱长度或缩短后起落架支柱长度。

（3）不能采用主轮刹车的方法，而必须采用转向操纵机构实现地面转弯。

基于以上不利因素，除非是不得以，一般不采用自行车式起落架，目前仅有少数飞机采用这种起落架布局形式。

（二）起落架的构造

单个起落架的结构形式，根据承受和传递载荷的方式（即结构受力形式），可分为构架式、支柱套筒式和摇臂式。

1．构架式

构架式起落架由空间杆系组成的构架结构和机轮组成，如图2-27所示。其主要特点是：通过承力构架将机轮与机翼或机身相连。这种结构的起落架构造简单，重量也较小，在过去的轻型低速飞机上用得很广泛。但由于难以收放，通常只用在速度不大的轻型飞机或直升机上。

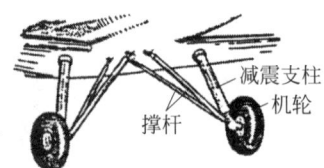

图2-27　构架式起落架

2．支柱套筒式

支柱套筒式起落架的主要特点是：减震器与承力支柱合二为一，机轮直接固定在减震器的活塞杆上，如图2-28所示。对收放式起落架，撑杆可兼作收放作动筒。这种形式的起落架构造简单紧凑，易于放收，而且重量较小，是现代飞机上广泛采用的形式之一。但是其受到水平撞击时减震效果差，活塞杆容易磨损，减震器的密封装置性能变差。

图2-28　支柱套筒式起落架

3．摇臂式

摇臂式起落架主要是在支柱下端安有一个摇臂，摇臂的一端支柱和减震器相连，另一端与机轮相连，如图2-29所示，这种结构多用于前起落架。摇臂改变了起落架的受力状态和承受迎面撞击的性能，提高了在跑道上的适应性，降低了起落架的高度。其构造和工艺比较复杂，重量大，机轮离支柱轴线较远，附加弯矩较大，收藏空间大。

图2-29　摇臂式起落架

随着航空工业的发展，重型飞机对主起落架的要求越来越高，为了满足着陆要求，重型飞机通过增加机轮和支点数目来减少轮胎对跑道的压力，以改善飞机在跑道上的起降滑行能力，同时还可减小机轮体积，从而减小起落架的收放空间，如图2-30所示。

图2-30　多轮小车式起落架

（三）起落架的作用

起落架的作用主要有减震、收放、刹车和转弯。

1. 减震功能

飞机在着陆和起飞时，地面要对飞机产生很大的冲击力和颠簸振动，对飞机的结构和安全产生很大的影响。因此飞机上常采用减震装置来减小冲击和振动载荷，并吸收撞击能量。起落架的减震功能主要由轮胎和减震器实现，冲击能量大部分由减震器吸收，少部分由轮胎吸收。

飞机的轮胎分为有内胎和无内胎两种，又根据压力分为低压和高压数种，都是填充氮气。压力越大的轮胎能承载的重量越大，所以大飞机或者高速飞机一般都使用无内胎的高压轮胎。有内胎的低压轮胎一般在小型螺旋桨飞机上使用。

飞机的减震器一般有两种类型：一是固体减震器，如橡胶减震器、弹簧减震器、摩擦块减震器等；二是油气减震器。固体减震器效率低，能量耗散能力较小，常用于低速或轻型小飞机的不可收放起落架。油气减震器效率高，常用于高速、大型飞机上。全油式减震器结构紧凑，尺寸小，效率可达75%～90%，但压力过大，密封困难，温度变化对其影响大，目前只有少数飞机使用。现代飞机上使用最多的是油气式减震器，如图2-31所示。其基本组成包括外筒、活塞、活塞杆、带小孔的隔板（阻尼孔）和密封装置等。当减震器受撞击压缩时，空气的作用相当于弹簧，贮存能量。而油液以极高的速度穿过小孔，吸收大量撞击能量，把它们转变为热能，从而使飞机接地后很快稳定下来。

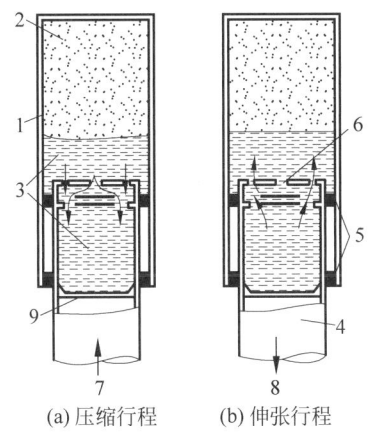

1—外筒　2—氮气　3—液压油
4—活塞杆　5—密封装置　6—隔板
7—压缩　8—伸张　9—活塞

图2-31　油气式减震器

油气式减震器的工作分为两部分：压缩行程和伸张行程。当飞机着陆与地面发生撞击时，飞机继续下沉，压缩减震器，使活塞杆上移，外筒中的油液冲开制动阀门高速流过阻尼孔，剧烈摩擦产生热量又经过活塞杆和外筒消散，这称为"压缩行程"或"正行程"。当冷气被压缩到最小体积，活塞上升到顶点时,飞机便停止下沉而向上运动。冷气作为弹性体开始膨胀,活塞杆向下滑动,这时活塞中的油液将制动阀门关闭,油液以更高速度通过小孔向上流动。油液与小孔发生更剧烈的摩擦,消散了更多的动能,这称为"伸张行程"或"反行程"。

压缩行程和伸张行程构成了一个循环,油气式减震器就是在重复压缩行程和伸张行程的过程中把着陆撞击的动能全部消耗掉。

2．收放功能

起落架的收放系统一般以液压作为正常收放动力源,以冷气、电力作为备用动力源。一般前起落架向前收入前机身,而某些重型运输机的前起落架是侧向收起的。主起落架收放形式大致可分为沿翼展方向收放和沿翼弦方向收放两种。收放位置锁用来把起落架锁定在收上或放下位置,以防止起落架在飞行中自动放下或受到撞击时自动收起。

3．刹车功能

为了减少着陆滑跑距离与滑跑时间,飞机都装有刹车减速装置。它由三部分组成:机轮刹车系统、反推力刹车装置、气动刹车装置。目前,机轮刹车装置就是其中最主要的、应用最广泛的一种。现在的飞机大多采用主轮刹车,即主起落架上装有刹车装置,可用来缩短飞机着陆的滑跑距离,并使飞机在地面上具有良好的机动性。刹车装置主要有弯块式、胶囊式和圆盘式三种。应用最为广泛的是圆盘式,其主要特点是摩擦面积大、热容量大、容易维护。

刹车装置由刹车和控制两部分组成。其主要部件有各类阀门、减压加速器、刹车控制盒和机轮速度传感器等。按操纵方式可分为手动操纵和脚踏操纵两种。以手动或脚踏方式调节刹车压力,将飞机滑行时的动能通过摩擦盘的摩擦转换为热能,再通过自然冷却和强制冷却使热量消失。刹车压力通常是气压或液压传动,轻型飞机多采用气动刹车,其优点是重量轻,动作迅速;大型飞机多采用高效液压自动防滑的刹车系统,其优点是压力大、效率高、安全可靠。

4．转弯功能

操纵飞机在地面转弯有两种方式,一种是通过主轮单刹车或调整左右发动机的推力使飞机转弯;另一种方式是通过前轮转弯完成。前轮转弯由液压系统的作动筒、刹车和转弯控制装置进行控制。刹车和转弯控制装置可以通过机长和副驾驶转弯手轮以及方向舵脚蹬来实施,操纵前起落架产生偏转,保证飞机地面运动的方向控制。轻型飞机一般采用前一种方式;而中型及以上的飞机因转弯困难,大多装有前轮转弯机构。另外,有些重型飞机在转弯操纵时,主轮也会配合前轮偏转,提高飞机的转弯性能。

## 五、动力装置

飞机动力装置是指飞机发动机以及保证飞机发动机正常工作所必需的系统和附件的总称。飞机的动力装置是飞机的核心部分,其中最主要的部分是发动机,可以说发动机是飞机的心脏。发动机的构造复杂,自成系统,它独立于机体,成为飞机的一个主要部分。发动机制造厂和飞机的机体制造厂是分开的,如我们熟知的波音和空中客车是机体制造厂同时负责飞机的总体组装,而普惠、通用和罗罗是专门的发动机制造厂,在维护工作和执照中也分为机体和动力装置两个不同的工种。

航空发动机共分为两大类:活塞式发动机和喷气式发动机,如图 2-32 所示。航空用的活塞式发动机主要是四冲程汽油内燃机,它的重量轻、功率大,莱特兄弟选用它作为飞机的动力,是他们飞行成功的重要原因。此后的四十多年中,活塞式发动机配加螺旋桨成为飞机的唯一动力装置。在第二次世界大战结束后,由于涡轮喷气发动机的出现而开创了喷气时代,但功率小于 370kW 的水平对缸活塞式发动机仍被广泛应用在轻型低速飞机和直升机上。现代飞机上用得最多的是涡轮风扇发动机和涡轮喷气发动机。

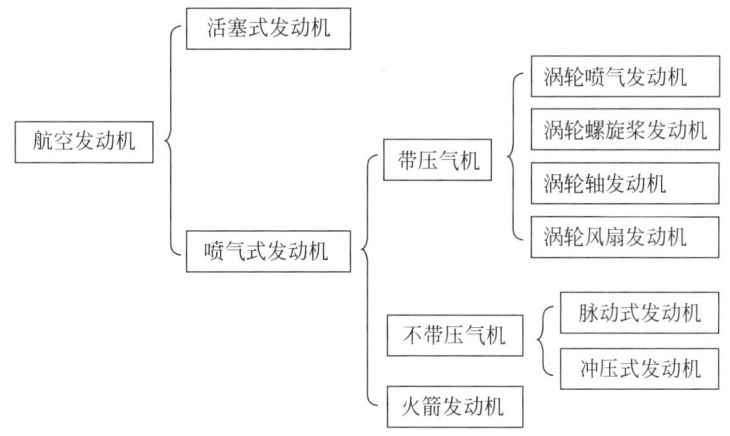

图 2-32 航空发动机的分类

在不带压气机的喷气式发动机中,冲压式发动机只用于三倍音速以上的飞行中,脉动式发动机的燃油效率很低,目前没有在民航飞机上应用。火箭发动机用于航天。因此我们只介绍民航飞机应用的两大类发动机,即活塞式发动机和带压气机的喷气式发动机。

### (一)活塞式发动机

航空活塞式发动机都是四冲程的,它的基本构件是汽缸、活塞、曲轴和连杆。汽油在汽缸中燃烧,形成高温气体,气体膨胀做功,推动活塞在汽缸中向下运动,活塞带动连杆,连杆连在曲轴上，使曲轴转动，曲轴继续转动，使活塞又向上移动，然后再开始点火，使活塞再向下运动，这样往复不断，就把汽油燃烧的热能转化为曲轴转动的机械能，这就是活塞式发动机最基本的工作原理，如图 2-33 所示。发动机的动作由进气、压缩、做功和排气四个过程构成一个循环，这些过程称为冲程。

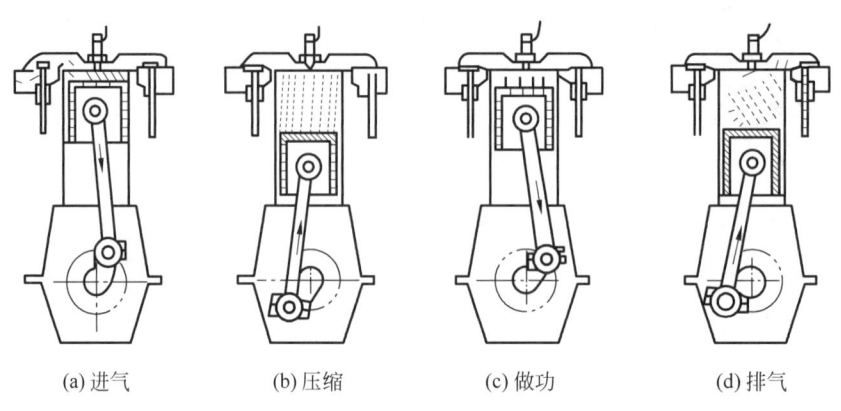

(a) 进气　　　　(b) 压缩　　　　(c) 做功　　　　(d) 排气

图 2-33　四冲程活塞式发动机的工作原理示意图

第一个冲程称为进气冲程。在这个冲程开始前，汽缸上的进气阀门是关闭的，活塞的位置从它运动的最高一点（上死点）开始，这时进气阀门打开，汽油和空气的混合气体进入汽缸，活塞向下移动，汽缸容积增大，缸内气压降低，混合气体在压差作用下自动进入汽缸，当活塞达到运动的最低点（下死点）时，进气阀门关闭，进气冲程结束。

第二个冲程称为压缩冲程。在第一个冲程后，排气阀门和进气阀门都是关闭的，曲轴由于惯性作用带动活塞向上运动，汽缸容积缩小，混合气体受到压缩，当活塞运动到上死点时，气体被最大限度地压缩，压缩冲程中止。

第三个冲程称为做功冲程。在第二个冲程气体受到压缩后，温度和压力都迅速提高，在活塞上部和汽缸的点火嘴之间剩下的小空间（称为燃烧室）内，压力达到十几个大气压，温度在 400℃ 左右，这使汽油燃烧得更容易，做功更完全。当活塞处于下死点时，汽缸内的容积最大，在上死点时容积最小。混合气体被压缩的程度，可以用这两个容积的比值来衡量。这个比值称为压缩比。压缩比越大，气体被压缩得越厉害，发动机产生的功率也就越大。航空汽油发动机的压缩比大约在 5～8。在压缩的最高点，点火嘴用电火花点火，混合气体燃烧，燃烧时间很短，大约 0.015s，这时温度接近 2500℃，压力为 60～75 个大气压，活塞在这个强大的压力下迅速向下移动，它带动了连杆，连杆带动曲轴运动，这时汽油燃烧的热能变为机械能，从而做功，四个冲程中只有这个冲程是做功的，其他三个冲程都是消耗能量为这个冲程做准备的。

第四个冲程称为排气冲程。从活塞到达下死点时开始，由于惯性，曲轴继续转动，它带动连杆使活塞向上运动，这时进气阀门依然关闭而排气阀门打开，随着活塞的向上运动，燃烧过的废气被排到发动机外面，当发动机移到上死点时，排气阀门关闭，进气阀门打开，当活塞开始向下时，开始了下一个进气冲程，完成了一次循环。

从进气冲程吸入新鲜混合气体起，到排气冲程排出废气为止，汽油的热能通过燃烧转化为推动活塞运动的机械能，带动螺旋桨旋转而做功，这一总的过程称为一个循环。这是一种周而复始的运动。由于其中包含着热能到机械能的转化，所以又称为热循环。发动机每进行一次循环，活塞往复两次，经过四个冲程，因此这种发动机被称为四冲程发动机，也被称为往复式发动机，在调控机构的调控下，一个循环接着一个循环地工作下去，发动机就连接工作了。

活塞式发动机要工作下去必须有一系列的系统来配合工作，单个汽缸功率不够，因为汽缸通常由于材料强度的限制不能做得太大，一个汽缸的工作也不均衡，振动很大，因而发动机都做成多汽缸的，多汽缸的工作时间错开就使得振动变得均匀，在单缸容积相同的情况下，汽缸数目越多发动机功率越大。一般航空发动机都在5缸以上，最多28缸，功率达到3000kW。

航空活塞式发动机要完成四冲程工作，除了上述汽缸、活塞、连杆、曲轴等构件外，还需要若干辅助系统与之配合才能工作，主要有进气系统、燃油系统、点火系统、冷却系统、启动系统和润滑系统等。

进气系统内常装有增压器来增大进气压力，以此改善高空性能。燃料系统由燃料泵、汽化器或燃料喷射装置等组成。燃料泵将汽油压入汽化器，汽油在此雾化并与空气混合进入汽缸。点火系统由磁电机产生的高压电在规定的时间产生电火花，将汽缸内的混合气体点燃。发动机内燃料燃烧时产生的热量除转化为动能和排出的废气所带走的部分内能外，还有很大一部分传给了汽缸壁和其他有关机件。冷却系统的作用就是将这些热量散发出去，以保证发动机的正常工作。启动系统将发动机发动起来，通常用电功机带动曲轴转动使发动机启动。润滑系统是在发动机工作时连续不断地把数量足够、温度适当的洁净机油输送到全部传动件的摩擦表面，并在摩擦表面之间形成油膜，实现液体摩擦，从而减小摩擦阻力、降低功率消耗、减轻机件磨损，以达到提高发动机工作可靠性和耐久性的目的。

航空活塞式发动机的性能指标，除了功率、重量等直接指标外，还有两个评价其性能好坏的重要指标。一个是燃油消耗率，即每千瓦一小时内消耗的燃油重量，这个指标越低，说明这个发动机的经济性越好；另一个指标则是功率重量比，功率用kW表示，重量用kg表示。比值大，说明发动机重量轻而功率大。第一架飞机上的活塞式发动机的功率重量比为0.12kW/kg，而到了20世纪40年代末则达到1.5kW/kg，耗油率也从1.5kW/(kg·h)降到0.27～0.34kg/(kW·h)，这个指标比喷气式发动机低，所以在低速飞行时，活塞式发动机的经济性能更好。活塞式发动机在20世纪50年代初已经达到成熟期，其工作可靠，大修期提高到2000～3000h/次，因而它目前仍在小型飞机和轻型直升机上得到广泛应用。

（二）螺旋桨

活塞式发动机不能单独驱动飞机，它必须驱动螺旋桨才能使飞机运动，因而活塞式发动机和螺旋桨在一起才构成了飞机的推进系统。螺旋桨由多个桨叶和中央的桨毂组成，桨叶好像扭转的细长机翼安装在桨毂上，发动机轴与桨毂相连接并带动它旋转。桨叶在空气中旋转将发动机转动功率转化为推进力或升力。喷气式发动机出现以前，所有带动力的航空器无不以螺旋桨作为产生推动力的装置。螺旋桨仍用于装有活塞式和涡轮螺旋桨发动机的亚音速飞机。直升机旋翼和尾桨也是一种螺旋桨。

1．螺旋桨的结构

如图2-34所示，螺旋桨由2～6个叶片组成，一般桨叶数目越多，功率越大。每个单独的叶片从根部到顶部扭曲，在发动机功率低于100kW的轻型飞机上，常用双叶木制螺旋桨。它是用一根拼接的木材两边修成扭转的桨叶，中间开孔与发动机轴相连接。螺旋桨要承受高速旋转时桨叶自身的离心惯性力和气动载荷。大功率螺旋桨在桨叶根部受到的离心力可达200kN。此外还有发动机和气动力引起的振动。中大型旅客机上使用4～6叶的螺旋桨，并多用铝合金和钢来制造桨叶。铝和钢制桨叶因材料坚固可以做得薄一些，有利于提高螺旋桨在高速时的效率。20世纪70年代以后还用复合材料制造桨叶以减轻重量。

图2-34　螺旋桨

2．螺旋桨的工作原理

如截取一小段桨叶来看，恰像一小段机翼，即每一个与叶片轴线垂直的截面都相当于机翼的一个翼型。螺旋桨旋转时，桨叶不断把大量空气向后推去，空气的反作用力如同机翼的情况一样，在剖面突出的一边空气流动快，压力小，在剖面呈直线的一边空气流动慢，压力大，这个压差形成了垂直于桨叶叶面向前的力，即推进力。一般情况下，螺旋桨除旋转外还有前进速度，其相对气流速度由前进速度和旋转速度合成。桨叶上的气动力在前进方向的分力构成拉力。在旋转面内的分量形成阻止螺旋桨旋转的力矩，由发动机的力矩来平衡。桨叶叶弦（相当于翼弦）与旋转平面的夹角称为桨叶安装角。螺旋桨旋转一圈，以桨叶安装角为导引向前推进的距离称为桨距。

和机翼一样，桨叶的叶弦相对于迎面气流的角度是迎角，迎角的大小影响着拉力的大小。螺旋桨的迎角从根部到顶部逐渐减小，是为了保持在叶片的各段产生大致相等的拉力，虽然桨叶的各部分以同样的角速度旋转，但是桨叶根部的速度要比尖部的速度慢。只有将桨叶的迎角从根部到尖部逐渐减小，才能保证叶尖不会受力过大，这是螺旋桨桨叶扭曲的主要原因。

螺旋桨效率以螺旋桨的输出功率与输入功率之比表示。输出功率为螺旋桨的拉力与飞行速度的乘积；输入功率为发动机带动螺旋桨旋转的功率。在飞机起飞滑跑前，由于前进速度为零，所以螺旋桨效率也是零，发动机的功率全部用于增加空气的动能。随着前进速度的增加，螺旋桨效率不断增大，速度在 200～700km/h 范围内效率较高，飞行速度再增大，由于压缩效应，桨尖出现波阻，螺旋桨效率急剧下降。

3．螺旋桨的变距

螺旋桨分为定距螺旋桨和变距螺旋桨两大类。

1）定距螺旋桨

木制螺旋桨一般都是定距的。它的桨距（或桨叶安装角）是固定的。适合低速飞行的桨叶安装角在高速飞行时就显得过小，同样，适合高速飞行的桨叶安装角在低速飞行时又显得过大。所以定距螺旋桨只在选定的速度范围内效率较高，在其他状态下效率较低。定距螺旋桨构造简单，重量轻，在功率很小的轻型飞机和超轻型飞机上得到广泛应用。

2）变距螺旋桨

为了解决定距螺旋桨高、低速性能的矛盾，遂出现了飞行中可变桨距的螺旋桨，如图 2-35 所示。变距螺旋桨是在飞行中能根据飞行速度和高度自动或人工改变桨叶角的螺旋桨。螺旋桨变距机构由液压或电力驱动。起飞时，前进速度小，变距装置减小螺旋桨的桨叶角，这样就能使发动机在最大转速和最大功率状态下工作，因而使螺旋桨产生最大的拉力。在平飞时，变距机构能使桨距变到与这种飞行状态相适应的高距桨，这时，在最大转速下螺旋桨能从发动机得到最大的有用功率。所以，变距螺旋桨在任何飞行速度下，均能利用发动机的最大

图 2-35　变距螺旋桨

有效功率。变距螺旋桨还能减小桨距，产生负拉力，以增加阻力，缩短着陆滑跑距离。这个状态称为反桨。

4．螺旋桨飞机的分类

螺旋桨飞机按发动机类型不同分为活塞式螺旋桨飞机和涡轮螺旋桨飞机。第二次世界大战以前的飞机，基本上是使用活塞式发动机做动力装置驱动螺旋桨。近代在涡轮喷气发

动机的基础上研制出了涡轮螺旋桨发动机。用这种发动机驱动螺旋桨，使螺旋桨的工作效率大大提高，同时也提高了飞机的性能。

按螺旋桨与发动机相对位置的不同，螺旋桨飞机又分为拉进式螺旋桨飞机和推进式螺旋桨飞机。前者的螺旋桨装在发动机前面，"拉"着发动机前进；后者的螺旋桨装在发动机之后，"推"着发动机前进。早期的飞机中曾有不少是推进式的，这种形式的缺点较多，螺旋桨效率不如拉进式高，因为拉进式螺旋桨前没有发动机短舱的阻挡。此外，在推进式螺旋桨飞机上难于找到发动机和螺旋桨的恰当位置，特别是装在机身上更困难。相反，在拉进式螺旋桨飞机上，发动机无论是装在机身头部或是装在机翼短舱前面都很方便。当装在机翼上时，螺旋桨后面的高速气流还可用来增加机翼升力，改善飞机起飞性能，因此拉进式螺旋桨飞机占据了统治地位。在少数大型飞机和水上飞机上，发动机多至8台以上，将发动机前后串置在短舱上，形成拉进和推进的混合形式。

（三）喷气式发动机

由于螺旋桨在高速飞行时的缺点及活塞式发动机在降低重量功率比上已接近了极限，因而人们为提高飞机的飞行速度需要在动力装置上进行一次革新才能继续前进。1939年在德国试飞了世界上第一架喷气式飞机，飞机的动力装置出现了一个新纪元，人类进入喷气机时代。

喷气式发动机和活塞式发动机一样，通过燃油在发动机内部的燃烧使燃料的化学能转变为机械能。同时，喷气式发动机也和螺旋桨一样利用反作用力把气体排向后方产生推力。因而喷气式发动机既转换能量又产生推力，它本身就是一个推进系统。

喷气式发动机和活塞式发动机结构上的不同在于，活塞式发动机的燃油是在一个封闭的空间点燃的，压力极大，从而推动活塞上下运动，然后再由一定的机构把往复运动变成旋转轴运动，输出功率。而喷气式发动机的燃油是在一个开敞的燃烧室内燃烧，气流不断喷出，燃气的喷射速度很高，但对发动机壁的压力不大，不需要坚固的器壁；喷出的气流直接输出功率，不需要连杆、曲轴一类的运动转化机构。以上原因使喷气式发动机的结构重量比同样功率的活塞式发动机要轻很多，为飞机高速飞行提供了基础，正是由于喷气式发动机的出现，才使得高亚音速和超音速飞行得以实现。

喷气式发动机分为两大类：一类是自带燃油和氧化剂的火箭发动机，它自给自足不依靠空气工作，由于航天器需要飞到大气层外，因而它成为航天器的唯一动力形式。它也可用作航空器的助推动力。按形成喷气流动能的能源不同，火箭发动机又分为化学火箭发动机、电火箭发动机和核火箭发动机等。另一类喷气式发动机从空气中取得氧气，称为空气喷气发动机，它不必自带氧化剂，但只能在大气层中飞行，是喷气式航空器的动力。

空气喷气发动机应用最广的是带压气机的喷气发动机，其中最基本的形式是涡轮喷气发动机，它由进气道、压气机、燃烧室、涡轮和尾喷管等几个部分组成，如图 2-36 所示。把它和活塞式发动机的工作流程对应来看，就更容易了解它的工作原理和过程。首先，气体从进气道进入相当于进气冲程；经过旋转的压缩机空气被压缩，相当于压缩冲程；气体在燃烧室点燃，气体膨胀通过涡轮，使涡轮转动，涡轮带动压气机，相当于做功冲程；最后燃烧的高温气体从尾喷管排出，相当于排气冲程。这两种发动机的工作过程看上去是类似的，但是有所区别。一是在活塞式发动机中所有的工作都是在一个空间——汽缸内完成的，而在涡轮喷气发动机中是在不同的空间中完成的，吸气在进气道内完成，压缩在压气机内完成，燃烧在燃烧室内完成，排气在尾喷管内完成。二是活塞式发动机的做功是周期性的，一个循环工作一次，而涡轮喷气发动机的做功是连续的，因而工作得比较平稳，振动要小。三是活塞式发动机的功率输出只由曲轴的转动完成，而涡轮喷气发动机的做功分为两个部分：一部分是涡轮的转动，它除了带动压气机转动外，也可以带动功率轴做功；另一部分是由喷出的气体直接产生推力做功。

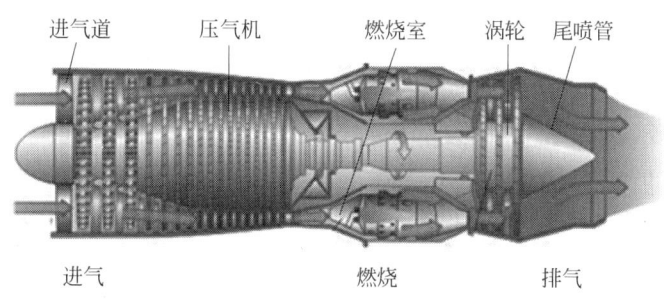

图 2-36　喷气式发动机的组成

1．涡轮喷气发动机

涡轮喷气发动机是带压气机的喷气式发动机的最基本形式，简称涡喷发动机。其特点是完全依赖燃气流产生推力，通常用作高速飞机的动力，但油耗比涡轮风扇发动机高。

这类发动机具有加速快、设计简便等优点，是较早实用化的喷气式发动机类型。但如果要让涡轮喷气发动机提高推力，则必须增加燃气在涡轮前的温度和增压比，这将会使排气速度增加而损失更多动能，于是产生了提高推力和降低油耗的矛盾。因此涡轮喷气发动机油耗大，对于商业民航飞机来说是个致命弱点。

涡轮喷气发动机由进气道、压气机、燃烧室、涡轮、加力燃烧室、尾喷管、附属系统和附件传动装置等部件组成。

1）进气道

空气首先进入进气道，因为飞机飞行的状态是变化的，进气道需要保证空气最后能顺利地进入下一结构——压气机。进气道的主要作用就是将空气在进入压气机之前调整到发动机能正常运转的状态。它中间装有加热防冰装置，以避免潮湿空气在进气道内结冰，进气道的形状是经过仔细计算和校验的，如果进气道的形状选择不当，会使进入发动机的气流不稳，严重影响发动机的工作。在超音速飞行时，机头与进气道口都会产生激波，空气经过激波压力会升高，因此进气道能起到一定的预压缩作用，但是激波位置不适当将造成局部压力的不均匀，甚至有可能损坏压气机。所以一般超音速飞机的进气道口都有一个激波调节锥，根据空速的情况调节激波的位置。

2）压气机

涡轮喷气发动机根据压气机的形式不同分为离心式与轴流式两种，如图2-37和图2-38所示，当今的涡轮喷气发动机大多为轴流式。压气机的作用是通过带有叶片的压气叶轮的旋转，使空气的压力增高，密度增大，以提高燃烧的效率，同时增加喷气速度和推力。轴流式压气机是把流过的气体沿发动机的轴向经一级一级连接的压气叶轮压缩后，送入后面的燃烧室，气流流动的路线和发动机平行，通常都经过多级压缩。而离心式压气机则是压气机的叶轮旋转后，依靠离心力把气体压向叶轮的外缘，然后再从外缘流

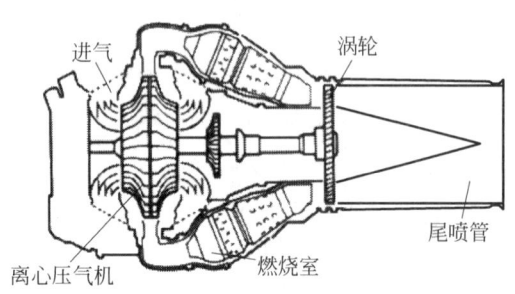

图 2-37　离心式涡轮喷气发动机（侧向进气）

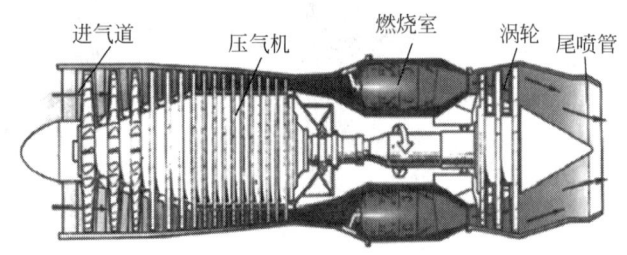

图 2-38　轴流式涡轮喷气发动机（轴向进气）

向燃烧室通过轴向的尾喷管流出的，因而离心式发动机的气流是由轴向→径向→轴向流动的，它的流动方向和发动机的轴线是不平行的。离心式压气机结构紧凑，但构造复杂，气流转变多，损耗较大，目前用于较小型的发动机。

3）燃烧室与涡轮

空气经过压气机压缩后进入燃烧室，在这里有喷油雾化器把燃油雾化喷入，并由点火器点燃，膨胀做功；紧接着流过涡轮，推动涡轮高速转动，涡轮如同一个风车，在气流的作用下转动做功。因为涡轮与压气机转子连在一根轴上，所以压气机与涡轮的转速是一样的。最后高温高速燃气经过尾喷管喷出，以反作用力提供动力。燃烧室的最初形式是几个围绕转子轴环状并列的圆筒小燃烧室，每个筒都不是密封的，而是在适当的地方开有孔，所以整个燃烧室是连通的，后来发展到环形燃烧室，其结构紧凑，但是整个流体环境不如

筒状燃烧室，还有结合两者优点的组合型燃烧室。

涡轮可以从 1 级到很多级，前面级承受的温度高，速度大；后面级承受的温度低，速度也低。它的构造和压气机相反，前小后大，涡轮转速高，材料受到极大的离心力。涡轮始终工作在极端条件下，对其材料、制造工艺有着极其苛刻的要求。多采用粉末冶金的空心页片，整体铸造，即所有页片与页盘一次铸造成型。相比起早期每个页片与页盘都分体铸造，再用榫接起来，省去了大量接头的重量。制造材料多为耐高温合金材料，中空页片可通冷空气进行降温。

4）加力燃烧室

在经过涡轮后的高温燃气中仍然含有部分未来得及消耗的氧气，在这样的燃气中继续注入煤油仍然能够燃烧，产生额外的推力。所以某些高性能战斗机的发动机在涡轮后增加了一个加力燃烧室，以达到在短时间内大幅度提高发动机推力的目的，是使飞机能突破音速的主要手段。一般而言，加力燃烧能在短时间内将最大推力提高 50%，但是油耗惊人，一般仅用于起飞，不可能用于长时间的超音速巡航。

5）尾喷管

尾喷管为圆筒状，涡轮后的气体从这里排出发动机，在喷口处面积缩小使排出气体的流速增加，以提高发动机推力，尾喷管中装有整流锥，使气流由燃烧室出来时的环形气体平顺地变为柱形。在大型飞机的尾喷管内常装有反推装置，如图 2-39 所示，在降落时反推板打开，气流冲在反推板上，产生向后的拉力，使飞机减速，缩短滑跑距离。

图 2-39　反推装置

6）附属系统和附件传动装置

要保证涡轮喷气发动机正常地工作，单有上述主要部件还不够，还需要一些保证发动机正常工作的附属系统，如燃油系统、滑油系统、调节系统、启动系统等，这些系统中又有许多称为发动机附件的器件，例如，燃油系统中的燃油泵、燃油滤、各种开关和阀门、调节机械和管路；滑油系统中的滑油泵、滑油滤、滑油箱、滑油管路和散热器等。

2. 涡轮螺旋桨发动机

由于涡轮喷气发动机在亚音速飞行时经济性差，人们自然想到用涡轮输出轴功率来带动螺旋桨，这样就产生了涡轮螺旋桨发动机，如图 2-40 所示。它的基本构造与涡轮喷气发动机相同，但它的涡轮要带动前面的螺旋桨，这就提出了两个要求：一个要求是涡轮提供一部

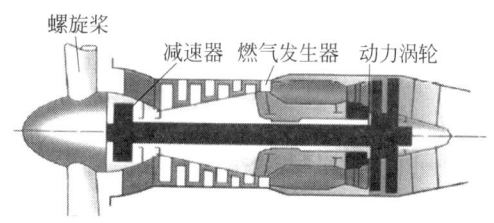

图 2-40　涡轮螺旋桨发动机

分的功率，以带动螺旋桨，为此涡轮的级数要相应增加来吸取更多的能量；另一个要求是在涡轮后的转速很高，在20000r/min以上，但螺旋桨要求的转速很低，为1000r/min左右，因而只有加装减速机构两者才能连接。加装螺旋桨使发动机的长度增加，为了使发动机紧凑，不少涡轮螺旋桨发动机使用离心式压气机。另外，很多涡轮螺旋桨发动机为了减少减速器的减速比，采用两套涡轮，一套工作涡轮和压气机相连，以高转速工作；另一套独立涡轮在工作涡轮之后，转速较低，通过单独的轴和螺旋桨相连，称为自由涡轮。这类发动机在涡轮螺旋桨飞机上得到了广泛应用。

涡轮螺旋桨发动机产生的动力以螺旋桨的拉力为主，约占全部前进动力的90%，喷气产生的推力只占10%，因此使用涡轮螺旋桨发动机的飞机本质上是螺旋桨推进的飞机。由于受到螺旋桨叶端速度的限制，飞机的飞行速度一般在800km/h以下，但和活塞式发动机相比，涡轮发动机的功率重量比大，比活塞式发动机大2~3倍，其构造简单，维护容易。它的燃油消耗率在速度较高时比活塞式发动机小。涡轮螺旋桨发动机使用航空煤油，航空煤油比活塞式发动机使用的航空汽油价格低，因而经济性比活塞式发动机略优。此外涡轮螺旋桨发动机功率可以做得很大，最大到11000kW，活塞式发动机很难做到这么大。基于以上优点，涡轮螺旋桨发动机在中速的客机和支线飞机上已经取代了活塞式发动机。许多小型飞机也在采用这种发动机。

3．涡轮轴发动机

在涡轮螺旋桨发动机中我们已经谈到，它的功率输出的90%以上是轴动力输出，由喷气产生的动力只占动力输出的一小部分，因而将涡轮螺旋桨发动机做一定的改动，就发展成为涡轮轴发动机，如图2-41所示。在直升机和其他工业应用上需要一种只输出轴功率而不需要喷气动力的涡轮发动机，所以涡轮轴发动机于1951年12月开始出现在直升机上。

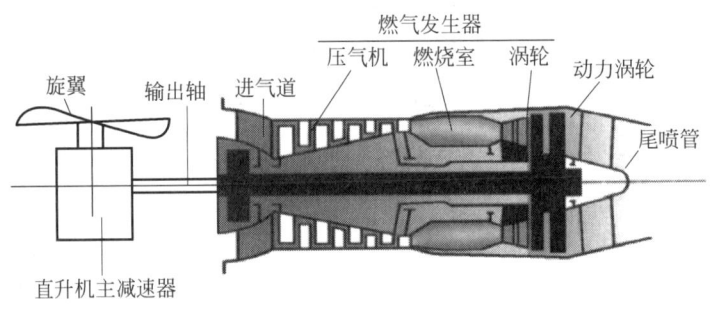

图2-41　涡轮轴发动机

涡轮轴发动机都采用两套涡轮，一套带动压气机，而另一套则是专门输出功率的自由涡轮。自由涡轮又称动力涡轮，一般在两级以上，它专门用来输出功率。喷气通过自由涡轮后剩余能量很小，基本上不能再生产功率了。由自由涡轮带动减速箱，再带动旋翼，这样涡轮轴发动机就成为直升机的动力。

与直升机常用的另一种动力装置——活塞式发动机相比，涡轮轴发动机的结构重量轻，功率大，最大可以到10000kW。在经济性上，涡轮轴发动机的耗油率略高于最好的活塞式发动机，但它所用的航空煤油要比活塞式发动机所用的航空汽油便宜，这在一定程度上得到了弥补。涡轮轴发动机也有其不足之处。它制造比较困难，制造成本也较高。特别是由于旋翼的转速更低，它需要比涡轮螺旋桨发动机更重更大的减速系统，有时它的重量竟占发动机总重量的一半以上。随着技术的改进，这些缺点也在克服之中。目前在直升机动力中，涡轮轴发动机已经占了很大部分，今后它将成为直升机的主要动力形式。

### 4．涡轮风扇发动机

为了使喷气式飞机能在高亚音速中以低油耗飞行，20世纪60年代出现了涡轮风扇发动机，如图2-42所示，它已经成为目前大型民航运输飞机的唯一动力来源。

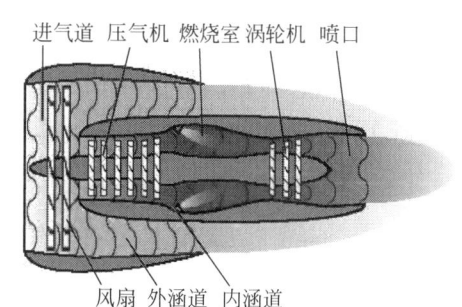

图 2-42　涡轮风扇发动机

随着喷气技术的发展，涡轮喷气发动机的缺点也越来越突出，那就是在低速下耗油量大，效率较低，要提高喷气发动机的效率，首先要知道什么是发动机的效率。发动机的效率实际上包括两个部分，即热效率和推进效率。为提高热效率，一般来讲，需要提高燃气在涡轮前的温度和压气机的增压比，但在飞机的飞行速度不变的情况下，提高涡轮前温度将会使喷气发动机的排气速度增加，导致在空气中损失的动能增加，这样又降低了推进效率。由于热效率和推进效率对发动机循环参数矛盾的要求，致使涡轮喷气发动机的总效率难以得到较大的提升。涡轮风扇发动机的妙处就在于既提高了涡轮前温度，又不增加排气速度。

涡轮风扇发动机是在涡轮喷气发动机的压气机前面又加了几级风扇，风扇由大的叶片组成，直径比压气机大，并由涡轮带动。空气经过风扇后分成两部分，一部分不经过燃烧，在核心发动机外面流过，这个气流通道称为外涵道或外涵。这部分气流受到风扇的推动向后流去，产生推力，同时也把后面的核心发动机冷却。另一部分通过核心发动机，其过程与涡轮喷气发动机完全相同，这条通路称为内涵道或内涵。内涵流动的气流燃烧后推动涡轮，然后从尾喷管排出产生推力，不难看出内涵的推力产生和涡轮喷气发动机完全相同，而外涵的推力产生和螺旋桨相似，只不过风扇的叶片大大缩短，并且它被放入一个有限直径的涵道中，从而避免了螺旋桨叶尖在高速时产生激波的情况，使飞机速度得以提高。涡轮风扇发动机的推力20%来自喷气，80%来自风扇。

可见，涡轮风扇发动机的燃气能量被分派到了风扇和燃烧室分别产生的两种排气气流上。这时，为提高热效率而提高涡轮前温度，可以通过适当的涡轮结构和增大风扇直径，使更多的燃气能量经低压涡轮驱动风扇传递到外涵道气流，从而避免大幅增加排气速度。这样，热效率和推进效率取得了平衡，发动机的效率得到极大提高。效率高就意味着油耗低，飞机航程变得更远。发动机外涵道与内涵道空气质量流量之比称为涵道比，涵道比大表明流过外涵道的流量大，表明发动机由喷气排出产生推力占的比例小，发动机的经济性就会提高。但涵道比不能太大，太大则叶片太长，一来增大阻力，二来也会增加制造困难，目前大型涡轮风扇发动机的涵道比在 5～8。从涵道比的角度来看，涡轮风扇发动机是涡轮喷气发动机和涡轮螺旋桨发动机的折中。

涡轮风扇发动机的优点是推力大、推进效率高、燃油消耗率低、飞机航程远、噪声低，由于涡轮风扇发动机产生大量的外涵低速气流，当内涵的高速气流和外涵低速气流混合排出时，噪声便大为下降。涡轮喷气发动机对环境的噪声污染是长期困扰喷气式飞机使用的难题，尽管以前对喷气式发动机采取了改变尾喷管设计、加装消声器等措施，仍然没有把噪声降到规定的标准，在使用涡轮风扇发动机后飞机的噪声大幅度下降了。这是涡轮风扇发动机在民航飞机上取代涡轮喷气发动机的又一重要原因。涡轮风扇发动机的缺点是风扇直径大，迎风面积大，因而阻力大，发动机结构复杂，设计难度大。

5．辅助动力装置

在大、中型飞机上和大型直升机上，为了减少对地面供电设备的依赖，都装有独立的小型动力装置，称为辅助动力装置（Auxiliary Power Unit，APU），如图2-43所示。

APU 的作用是向飞机独立地提供电力和压缩空气，也有少量的 APU 可以向飞机提供附加推力。飞机在地面上起飞前，由 APU 来启动主发动机，从而不需要依靠地面电、气源车来发动飞机；飞机在地面时，APU 提供

图 2-43　辅助动力装置

电力和压缩空气，保证客舱和驾驶舱内的照明和空调；这样在飞机起飞时，发动机功率便可全部用于地面加速和爬升，改善了起飞性能；降落后，仍由 APU 供应电力照明和空调，使主发动机提早关闭，从而节省了燃油，降低了机场噪声。通常在飞机爬升到一定高度（5000m 以下）时关闭辅助动力装置。但在飞行中当主发动机空中停车时，APU 可在一定高度（一般为 10000m）以下的高空中及时启动，为发动机重新启动提供动力。因此，APU 成为飞机上一个重要的不可或缺的系统。

APU 的核心部分是一个小型的燃气涡轮发动机，大部分是专门设计的，也有一部分

由涡轮螺旋桨发动机改装而成，一般装在机身最后段的尾锥之内，在机身上方垂尾附近开有进气口，排气直接由尾锥后端的排气口排出。发动机前端除正常压气机外，还装有一个工作压气机，它向机身前部的空调组件输送高温的压缩空气，以保证机舱的空调系统工作，同时还带动一个发电机，可以向飞机电网送出 115V 的三相电流。APU 有自己单独的电动启动机，由单独的电池供电，有独立的附加齿轮箱、润滑系统、冷却系统和防火装置。它的燃油来自飞机上总的燃油系统。

APU 是动力装置中一个完整的独立系统，但是在控制上它和整架飞机是一体的。它的控制板装在驾驶员上方仪表板上，它的启动程序、操纵、监控及空气输出都由电子控制组件协调，并显示到驾驶舱相关位置。

（四）发动机的安装位置

发动机的位置与飞机的种类、用途及飞机的气动布局、结构、重量、重心平衡等多种因素有关，还要考虑到安全性和易维护性。根据发动机数量，飞机可分为单发飞机、双发飞机、三发飞机、四发飞机、六发飞机，其数量一般根据飞机外形、大小和所需推力决定。

对于螺旋桨飞机来说，发动机直接为螺旋桨提供动力。由于螺旋桨最好安装在飞机前气流不受阻挡的地方，因此单发螺旋桨飞机的螺旋桨一般都安装在机身头部；多发螺旋桨飞机的螺旋桨则将发动机对称地安装在机翼上的发动机机匣之内，与机身相隔一定距离。这样既改善了驾驶舱的视野，又使两边螺旋桨产生的反作用扭矩平衡，如图 2-44 所示。

图 2-44　螺旋桨发动机的布局

喷气式发动机主要有三种安装形式：埋在机翼根部或中部的短舱内，在机翼下的发动机吊舱中和在机身尾部外侧的发动机机舱中，如图 2-45 所示。

图 2-45　喷气式发动机的布局

第一种方式是埋在机翼根部或中部的短舱内。由于机身结构的完整性被破坏,以及旅客离发动机太近而受到的噪声和振动影响太大,民航飞机已经基本不用此种方式。

第二种方式是埋在机翼下的发动机吊舱中,称为翼吊布局,该方式是现在最通行的布置方式。它的优点是:由于机翼受向上的力,而发动机的重力向下与之抵消,使机翼受力减小,因而减少了机翼结构重量;发动机进气不受干扰;飞行阻力在巡航时很小;噪声影响小。其缺点是由于发动机远离机身轴线,如果有一台发动机失效,它的偏航力矩大,飞机的航向控制比较困难;发动机离地近,容易吸入异物。

第三种方式是把发动机装在机身尾部外侧的挂舱内,称为尾吊布局。它的优点是:客舱内的噪声小;单发失效时偏航力矩小;机翼设计简单、容易,没有发动机吊舱的干扰,流经机翼的气流比较稳定,有利于提高机翼的升力;可以安装奇数个发动机。其缺点是:和翼吊布局相比结构重量较高;由于机身的一部分被占用,因而机身长度长;尾翼受发动机排气的影响,需要仔细安排,通常都是高平尾形式;工作人员需要站到与机身一样高的地方进行维护,不便于开展修理工作;发动机的进气效率受流经机身的气流干扰会有所降低;飞机的重心靠后,因而导致机翼后移,装载时要注意配平,否则会尾部接地。

## 六、其他系统

飞机的其他系统主要有液压系统、燃油系统、电气系统、飞机座舱环境控制系统、防冰排雨系统、防火系统、机舱设备、其他机载设备及系统等。

### (一)液压系统

飞机大型化以后,依靠驾驶员仅凭体力去搬动驾驶杆、踏踩脚蹬、拉动钢索使副翼或方向舵转动是绝对办不到的。此时飞机上就出现了助力机构。飞机上的绝大部分助力机构采用液压传动助力系统。要在飞机的不同部件上使用液压,就要组成一个液压系统。液压系统由泵、油箱、油滤系统、冷却系统、压力调节系统及蓄压器等组成。

液压系统是以液体为工作介质,靠油压驱动执行机构完成特定操纵动作的整套装置,如图 2-46 所示。为保证液压系统工作可靠,特别是提高飞行操纵系统的液压动力源的可靠性,现代飞机上大多装有两套(或多套)相互独立的液压系统。它们分别称为公用液压系统和助力液压系统。公用液压系统用于起落架、襟翼和减速板的收放,前轮转弯操纵,驱动风挡雨刷和燃油泵的液压马达等,同时还用于驱动部分副翼、升降舵(或全动平尾)和方向舵的助力器。助力液压系统仅用于驱动上述飞行操纵系统的助力器和阻尼舵机等,助力液压系统本身也可包含两套独立的液压系统。为进一步提高液压系统的可靠性,系统中还并联有应急电动油泵和风动泵,当飞机发动机发生故障使液压系统失去能源时,可启动应急电动油泵或伸出应急风动泵使液压系统继续工作。

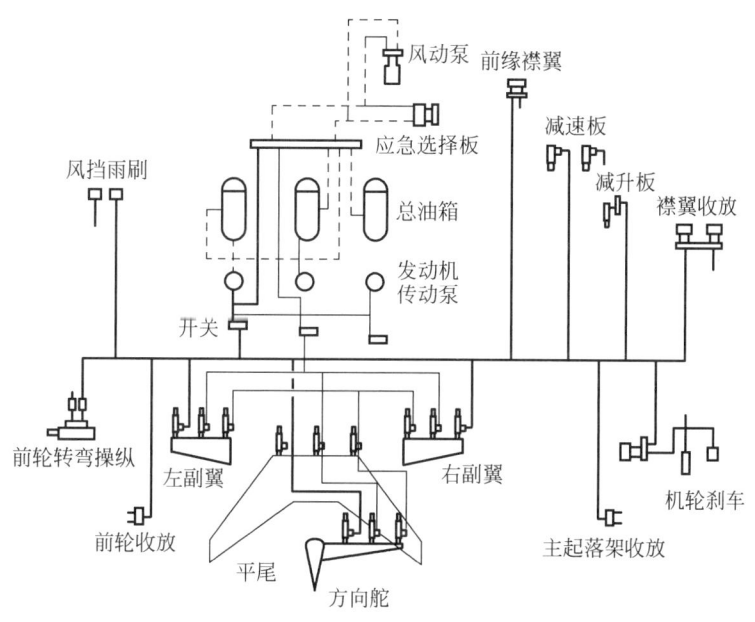

图 2-46　飞机液压系统

液压系统具有以下优点:单位功率重量小、系统传输效率高、安装简便灵活、惯性小、动态响应快、控制速度范围宽、油液本身有润滑作用、运动机件不易磨损。它的缺点是油液容易渗漏、不耐燃烧、操纵信号不易综合。与其他机械(如机床、船舶)的液压系统相比,飞机液压系统的特点是动作速度快,工作温度和工作压力高。未来的液压系统将实现高压化,液压提高到 56MPa,以减小体积和重量,并向大流量、集成化和多余度的方向发展。

(二) 燃油系统

飞机燃油系统是飞机上用来储存所需燃油,并能根据需要可靠地将燃油连续供应到发动机和辅助动力装置的整套装置。飞机燃油系统由燃油油箱、加放油系统、供油系统、通气增压系统、燃油交输系统和燃油指示系统等部分组成,如图 2-47 所示。

燃油系统根据供油方式的不同,主要分为两种形式:重力供油式和油泵供油式。前者是最简单的燃油系统,多用于活塞式发动机的轻型飞机。这种系统的油箱必须高于发动机,在正常情况下燃油靠重力流进发动机汽化器。现代喷气式飞机都采用油泵供油式燃油系统。其油箱内的燃油被增压油泵压向发动机主油泵。为了提高系统的可靠性和安全性,燃油系统大都采用"余度设计"的原则,即系统中的关键元件和通路(如油泵和供油管路)至少配置两套,一旦系统中某一元件有故障时,备用元件或通路自动接通。喷气式飞机耗油量大，燃油系统比较复杂。

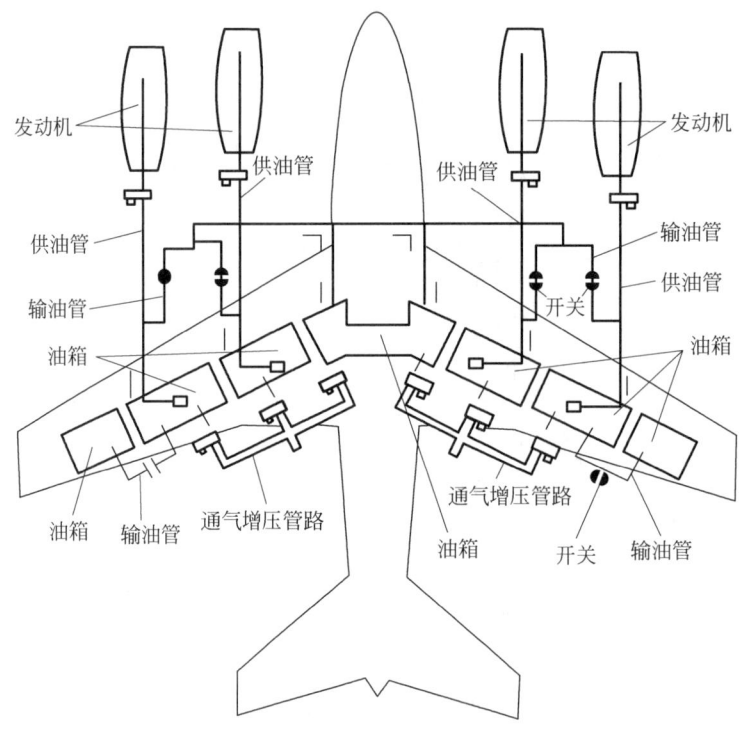

图 2-47　飞机燃油系统

现代客机燃油系统的油箱数量较多，而且容量较大，导致难以将它们都安装在飞机重心附近。特别是对大型亚音速客机，它的大部分油箱分布在离飞机重心较远的机翼内。为了在燃油消耗过程中使飞机重心的移动量不致过大，各类飞机都根据其重心的允许变化范围，规定了一定的用油顺序。现代大中型客机大都采用大后掠角机翼，并且飞行速度较快，机翼上的气动力载荷很大。所以，在用油时既要考虑对飞机重心的影响，又要考虑对机翼结构受力的影响。普遍采用的供油顺序是先消耗机身中央油箱内的油液，然后再用两翼油箱内的油液。因为中央油箱靠近飞机重心，对飞机重心变化影响不大，同时充分利用主油箱内油液对机翼的卸载作用，减轻飞行中机翼结构的弯曲载荷。

（三）电气系统

飞机电气系统由电源系统、输配电系统、用电设备三部分组成。其作用是产生、变换和分配电能，是确保飞机各系统正常工作和飞机安全飞行必不可少的重要系统之一。

1．电源系统

飞机上的电能由电源系统产生，通过输变电设备为飞机用电设备提供所需的交流电和直流电。在用电量不大的情况下，低压直流供电系统简单、方便，因而在早期的飞机及现在的一些小型飞机上仍在使用。但随着飞机用电量的增大，用电种类的增加，直流系统的重量大，换向调压困难，现代飞机大多采用交流电源系统，并把其中部分转换成直流电供给指定设备。飞机上的交流电源系统是电压为115/200V、频率为400Hz的三相电源系统，由发电机、稳频系统、调压器组成。

飞机电源系统按其功用可分为主电源、二次电源和应急电源，中型和大型飞机上还包括辅助电源。主电源由航空发动机传动的发电机和电源的调节、控制、保护设备等构成，它是飞机上全部用电设备的能源。二次电源是指将主电源电能变换为另一种形式或规格的电能装置，用以满足不同用电设备的需要，也是飞机电源系统的重要组成部分。在低压直流电源系统中，有变流机、止变流器、直流变换器等装置，它们将低压直流电变换成交流电或另一种（或多种）电压的直流电。在交流电源系统中，有变压器和变压整流器，它们将一种交流电变换成另一种电压的交流电或直流电。应急电源是一个独立的电源系统，飞行中当主电源失效时，飞机蓄电池或应急发电机即成为应急电源，向机上重要设备供电。辅助电源是在航空发动机不运转时，由辅助动力装置驱动而发电，常用于在地面检查机上用电设备和启动飞机发动机，在空中也可以用来给部分机上用电设备供电。此外，飞机上都备有地面电源插座，用以接通地面电源，以供在地面通电检查机上用电设备和启动发动机。

2．输配电系统

输配电系统又称飞机配电线路系统，其作用是将电源所产生或变换的电能传输并分配到飞机各个用电设备，该系统通常包括由导线组成的电网、各种配电器件及监控和检查仪表等。

3．用电设备

用电设备包括电动机、仪表、照明系统、加热设备等几类。电动机用来启动发动机，操纵控制面，为液压机构提供动力源。仪表用电是机上要求最高的电源，要求供压稳定，如专门保护设备和应急供电备用系统。照明系统包括机上各种照明设备，以满足机内操作和夜间航行时机外灯光的各种需要。加热设备主要用于防冰和厨房食品加温。加热用电占飞机总发电量的一半以上。随着飞机的发展，机上用电量与日俱增。电气系统对飞机性能和安全起着重要的作用。

（四）飞机座舱环境控制系统

飞机在天空飞行时，随着高度的增加，会产生大气压下降及随之带来的大气中含氧量下降的情况。高度超过4000m，人就会出现缺氧症状。在6000m的高度上人能保持正常知觉工作的时间下降到不足15min，到8000m高空时这个时间只有3min。此外在8000m

以上的高度，人体内的部分氮气以气泡形式排出，压迫了肌肉、骨骼、脂肪组织的神经末梢，引起疼痛感觉，人体出现浮肿。在10000m高空气温会下降到-50℃以下。因而飞行高度超过6000m的飞机必须采用环境保护措施来保障乘客和机组人员的生命安全。这种保障系统称为座舱环境控制系统，它包括氧气系统、增压座舱和空调系统三个部分。

1．氧气系统

除没有增压舱的货机和一些军用飞机使用氧气面罩来维持机组的生命外，现代飞机的氧气系统只在紧急情况下救生使用，在座舱释压、有烟雾和出现毒气时，氧气系统为乘客和机组提供足够的呼吸用氧气。氧气系统由氧源、管路和面罩等几部分组成。

目前绝大多数客机有两套独立的氧气系统，一套给旅客使用，另一套给飞行机组使用。为乘客供氧一般采用连续供氧系统，采用化学式氧气发生器作为氧气源。客机上为乘客使用的氧气面罩储存在座位附近，通常在天花板上，一旦舱内气压降到低于4500m高空气压时，氧气面罩会自动从上面落下，如图2-48所示。给机组使用的一般是高压气瓶储存的液态氧。因为机组人员活动量大而且责任重，一旦出现缺氧症状后果不堪设想。

图2-48　飞机氧气面罩

2．增压座舱

为了给乘客提供舒适的座舱环境，除了对座舱空气的温度、湿度、流量进行调节外，还必须保证座舱空气的压力符合要求，这对于高空飞行的飞机尤为重要。

高空的低气压会使人产生减压症状，因而在高空飞行时座舱和驾驶舱的气压要保持在一定的范围内。以前活塞式飞机的解决办法是给乘员穿上抗荷服，戴上氧气面罩。喷气式飞机出现后，为了快速、安全地运送大量旅客，必须长时间在8000m以上的高空飞行，因此就需要给整个座舱供气增压，使舱内压力大于外界大气压。增压的座舱要有一定的密封性能，所以增压座舱又称气密座舱。

增压座舱的气源来自发动机，喷气式飞机由发动机的压气机引出的气体来加压，活塞式发动机则备有专用增压器为座舱增压，座舱的压力高度保持在1800～4000m。飞行的高度越高，座舱外的压力越低，为保证座舱内外的压力差基本不变，座舱内的压力高度也得随着变化，飞得越高，气体向外泄露得越多，加压装置也要供应更多的空气，当加压装置供应的气体不足以保障4000m高度的压力时，飞机也就到了它飞行高度的极限。现代飞机座舱内的压力高度一般保持在1800～2400m，以保证乘客的舒适。

3．空调系统

座舱空调系统的作用是控制空气流量、调节温度、排除空气中过多的水分，最后将空气分配到座舱。空调系统由气源、冷热温度调节、机舱压力调节、湿度调节和空气分配等系统组成。发动机引出的高温空气经过热交换器冷却后，进入空气涡轮机中膨胀冷却，向机舱提供适宜的空气。

（五）防冰排雨系统

1．防冰系统

飞机在温度低于0℃的云层和雨区中飞行，这时在它的前突部分，如机翼前缘、翼展前缘、发动机进气道前缘、空速管、伸出的天线和风挡玻璃上就会出现结冰现象。结冰改变了飞机外形，对飞行性能产生很大影响，严重时会导致坠机事故发生。机翼、尾翼前缘结冰使翼型改变，升力降低，破坏操纵性能。进气道前缘结冰则导致进气不畅进而影响发动机推力，如果冰层碎裂，冰块吸入发动机还可能破坏发动机。空速管或天线结冰影响仪表的指示。风挡玻璃结冰妨碍驾驶员的视线。防止或消除结冰通常采用五种方式：气热防冰、电热防冰、液体防冰、机械除冰、电脉冲除冰。

1）气热防冰

气热防冰的热源充足，能量大，用于机上防冰面积较大的部位，如机翼前缘、尾翼前缘、发动机进气道前缘。喷气式飞机的热气源引自发动机压气机，活塞式发动机则要用加热器加热空气，把热空气通过导道送到需要防冰的部位。

2）电热防冰

电热防冰是利用电阻把电能转化为热能进行防冰。用于面积较小又较为突前的部位。现代飞机上的空速管、迎角探测器、总温探头、水管、驾驶舱风挡多采用电热防冰。

3）液体防冰

液体防冰是使用防冻液喷洒到防冰表面进行防冰或除冰，如图2-49所示，是一种物理防冰方法，它的基本原理是借助某种液体减小冰与飞机表面的附着力或降低水在飞机防冰表面的冻结温度。液体防冰系统可以连续地或周期地向防冰表面喷射工作液体。工作液体要具有凝结温度低，与水混合性能好，与防冰表面附着力强，对防冰表面没有化学腐蚀作用，无毒，以及防火性能好

图2-49 除冰车向飞机喷洒防冻液

等特点，主要用于螺旋桨飞机的螺旋桨防冰或小型飞机机翼部位的防冰。

4）机械除冰

在小型飞机上还广泛使用着机械除冰的方法。利用气动力使冰破碎，然后借助高速气

流将冰吹掉。典型的膨胀管除冰装置，是在飞机的防冰表面设置许多可膨胀的管带，平时这些防冰管带紧贴在机翼上，当表面结冰时，管带充气膨胀而使冰破碎，然后由气流将冰吹走。除冰后，膨胀管带收缩，以保持正常的气动力外形。

5）电脉冲除冰

电脉冲除冰是一种高效节能的除冰方法，它由供电装置、程序器和感应器等几部分组成。电热冰刀首先将冰分割成小块冰块，脉冲发生器产生电脉冲，它作用在感应器上，使蒙皮产生作用时间很短的脉冲，并产生小振幅高频率振动，使冰脱落。

2．排雨系统

飞机排雨主要是防止雨水在风挡玻璃上聚集，因为这会影响驾驶员的视线。中小型飞机采用和汽车同样的雨刷来刷去雨水，只不过这种雨刷要承担更大的速度和空气动力载荷，功率更大。大型飞机多使用化学液体喷洒在风挡上，这种防雨液的作用是使雨水聚集成球状，不在玻璃上依附，然后被风吹走，因而不影响视线。这种方法只有在雨水较大能把风挡玻璃湿透时才能使用，在雨水较小时，防雨液可能粘在玻璃上，清洗较困难，也有的飞机从发动机引来热气吹在风挡外进行防雨。

（六）防火系统

不管是在飞行中还是在地面上，飞机的任何一部分起火都会造成严重的后果，因此飞机从设计开始到使用期间，防火都是一个重要的任务。飞机防火系统由以下三部分组成。

1．结构选材

飞机易于起火的地方有发动机舱、客舱、货舱、电子设备舱、起落架舱等，设计时对这些地方就要有特殊的考虑，如在发动机舱内装有防火隔板，使其在起火时火势不致蔓延；对客舱内的各种设施和壁板采用阻燃的而且不生成有毒气体的材料；在电气设备舱做好电路防护，减少电火花的产生；在油箱内填充不可燃烧的惰性气体，防止燃油及蒸汽起火。

2．火警告示系统

在客舱和发动机舱内装置火警探测器，感受区域内的温度及烟雾状况，当有明火或超温时，火警传感器工作，使驾驶舱内有声及灯光信号显示，告知驾驶员失火区域及状态。此系统通常与飞机灭火系统交联工作。

3．灭火系统

灭火系统是直接扑灭机舱、发动机舱和设备舱中火焰的装置。如客舱内手提灭火器、防火斧，发动机供油管路上的防火开关，发动机舱内的灭火环和灭火器等。

灭火系统轻易不会动用，但它是重要的安全保障系统，必须经常检查、更换，保证处于随时可用的状态。

（七）机舱设备

1. 驾驶舱

驾驶舱内安装了飞机系统、发动机和无线电电子设备的操纵装置以及它们的显示仪表，如图2-50所示。两套飞行导航仪表分别列在正、副驾驶员前面的显示屏上，中间是显示飞机发动机状态和各系统检查的显示屏。正、副驾驶员座椅中间的位置是中央操纵台，安装了发动机油门杆、襟翼控制杆及通信导航设备。正、副驾驶员座椅可以上下前后调节。

图2-50　飞机驾驶舱

2. 客舱

客舱是保证旅客安全、舒适旅行的空间。客舱系统的舒适及安全程度是旅客选择航空公司的重要因素。客舱的布局是指座椅、厨房、卫生间、舱门的安排，制造厂可按航空公司的意图来进行布局。对大型客机来说，客舱座椅可按头等舱、公务舱、经济舱三个等级来安排，飞机越小其客舱分的等级越少，如中型客机通常只有头等舱和经济舱两级座舱，而小型飞机通常只有一个等级的座舱。

图2-51　飞机厨房设备

机上的厨房和卫生间都是按照旅客人数配置的，通常为每60～70人一个厨房。厨房按照供餐路线最短布置。单通道窄体客机的厨房一般布置在机舱尾部，双通道宽体客机的厨房一般布置在机舱头、尾两部，而很多中小型短途客机没有厨房。厨房中有电加热烤箱、烧水器、冰箱，还有食品柜和废物箱，如图2-51所示。飞机上有专门的水箱来储存饮用水，水箱由增压空气加压。为了避免高空飞行中水管冻结爆裂，水管带有加热装置。

卫生间按照飞机的大小分别安装在前后机舱，通常每40～50人一个卫生间。卫生间中主要有面盆、抽水马桶和通风系统。冲洗马桶的水储存在污水箱内，产生的污水经化学消毒、过滤后循环使用。

3. 货舱

民航飞机的货舱有三种形式。第一种是全客机货舱。其客舱地板下面是货舱，用来存放乘客的托运行李。除此之外，货舱还可以运输货物，获得货运收入。受机身结构的限制，窄体飞机的货舱内一般装载包装尺寸较小的散件货，宽体飞机则可装载机载集装箱。第二种是全货机，如波音747F，这种飞机的机身除驾驶舱外，全部都是货舱。为了装卸货物方便，除了机身侧方的舱门外，机头段或机尾段设计成可整体打开的形式，让货物从机头和机尾直接进入，有些货机上还备有专用的绞盘或起重吊车。第三种是客货两用机，这种飞机前舱载客后舱装货。客货舱的面积可以根据使用者的要求在停场时转换，飞机的座椅固定在导轨上，转换时把座椅及机内装饰拆下。此外，客货转换型飞机机舱内的隔板和座椅可快速拆装，在几个小时内把客机改装为货机，或把货机改装为客机。通常这种飞机已经预置了货舱门，飞机的座椅与导轨采用快卸式连接，可以迅速拆下。

4．救生设施

发生事故的情况下，使机组和旅客迅速安全撤离是最重要的任务。在航空运输的初期，曾使用过降落伞帮助机组和旅客离开飞机，但在后来的实践中发现其效果很差，原因是跳伞需要适当飞行高度和不太快的飞行速度，同时只有身体合格的人经过一定的培训才能跳伞成功，因此在第二次世界大战后，民航机上一律不再以降落伞作为救生设备。救生设施包括应急出口、应急滑梯、救生艇、救生衣、灭火设备、应急供氧、应急照明等。除此之外，现代民航客机上还有应急救生电台以及自动发报的呼救装置，用于紧急呼救，急救药箱可用来救治伤员。

（八）其他机载设备及系统

航空机载设备及系统是为完成各种飞行任务而安装的各种设备及系统的总称，主要用于导航、通信、信息综合处理以及飞机发动机和机上系统的控制与管理等。随着电子技术特别是计算机技术的发展和应用，机载设备及系统发生了重大的革新。

1．飞行仪表系统

飞行仪表系统是飞机性能参数和导航参数显示的窗口，可为飞行员提供驾驶飞机所需的飞行参数、导航数据及飞机系统状态等信息。随着航空电子综合化的发展，现代民用飞机的座舱仪表系统已经逐渐向电子飞行仪表系统（EFIS）过渡，以先进的智能液晶显示器取代原有的分离机电式仪表，提供给飞行员全新的人机界面。

2．飞行电子控制系统

（1）导航系统：用于确定飞机瞬时位置，并引导飞机沿着一定的航线从一点飞到另一点。导航系统综合处理由各传感器所测得的参数，给出精确的定位信息和为到达目的地所需要的航行诸元素。飞机导航系统按照工作原理的不同可分为以下四种。

① 天文导航：以自然天体作为导航信标，以天体的地平坐标作为观测量，进而确定

空间位置。

②仪表导航：利用飞机上简单仪表所提供的数据通过人工计算得出各种导航参数。

③惯性导航：利用安装在惯性平台上的3个加速度计测出飞机沿互相垂直的3个方向上的加速度，进而得出飞机沿3个方向的速度和位移，从而能连续地给出飞机的空间位置。

④无线电导航：利用无线电导航台和飞机上的无线电导航设备对飞机进行定位和引导。无线电导航又有陆基导航和星基导航两种。

（2）自动飞行控制系统：用来全部或部分地代替飞行员控制和稳定飞机的角运动和重心运动，并能改善飞行品质的反馈控制系统。这种系统除具有自动驾驶仪的功能外，还能改善飞机的操纵性和稳定性，实现航迹控制、自动导航、地形跟随、自动着陆等功能。飞行控制系统由传感器、计算机、执行机构、自动回零系统、耦合器和控制盒等部分组成。

（3）飞行数据记录系统：俗称"黑匣子"，包括两个部分，一个是驾驶舱话音记录器，把驾驶舱内发生的声音记录在磁带上；另一个是数字飞行数据记录器，记录飞行时的各种数据。这些磁带记录器储存在一个耐热抗震的金属容器中，这就是通常所说的"黑匣子"。容器涂着国际通用的警告色橘红色，外面写上"飞行数据记录器"。黑匣子的抗坠毁能力按照标准TSO-C124，抗强冲击指标为3400g，耐1100℃高温火烧时间为60min，耐海水浸泡时间为30天，符合耐6000m深海压力要求，并带有自动信号发生器和水下超大型定位标，在失落后30天内发射信号，以便搜寻人员寻找。它一般装在垂尾下方的机身后段，根据统计，飞机失事时，这里是最不易受损坏的区域。

3．通信系统

通信系统是指完成通信过程的全部设备和传输媒介，其作用是实现飞机与飞机之间、飞机与地面（水面）之间的信息传输，也用于进行机内通话、旅客广播以及向旅客提供试听娱乐信号等。通信系统主要由机载通信设备、机内通话设备、通信终端设备和数据传输引导设备等组成。其中，机载通信设备主要包括高频（HF）、甚高频（VHF）、超高频（UHF）通信设备，卫星通信设备及救生通信电台等。

4．告警系统

告警系统是向飞行机组人员通告机上各系统（包括动力装置）的告警信息、飞机外部环境的威胁告警信息，以及它们危及飞行安全的紧急程度的装置。飞机告警系统一般由视觉告警装置、听觉告警装置和触觉告警装置（如失速告警系统）组成，提醒机组人员紧急采取措施或注意安全。

## 单元三　世界主要飞机制造商与机型

### 一、波音公司

(一)企业介绍

波音公司（The Boeing Company）是美国的一家开发及生产飞机的公司，总部设于美国芝加哥，在航空业拥有颇高的占有率，其标识如图2-52所示。波音公司成立于1916年7月1日，由威廉·爱德华·波音创建，并

图2-52　波音公司标识

于1917年改名波音公司，建立初期以生产军用飞机为主，并涉足民用运输机。1997年7月25日，美国波音公司和麦道公司股东批准合并，与麦道公司完成合并后的波音公司已经成为世界上航空航天领域规模最大的公司。波音公司由四个主要的业务集团组成：波音民用飞机集团（主要生产民用运输机）、波音综合国防系统集团（主要生产军用飞机、导弹以及运载火箭等产品）、波音金融公司（提供资产融资和租赁服务）、波音联接公司（为飞机提供空中双向互联网及电视服务）。

(二)主要机型

1. 波音737系列

波音737系列飞机是波音公司生产的中短程双发（动机）喷气式客机，被称为世界航空史上成功的窄体民航客机系列之一。在获得德国汉莎航空公司10架启动订单后，波音737飞机于1964年5月开始研制，采用波音707/727的机头和机身横截面，1967年4月原型机试飞，同年12月取得适航证，1968年2月投入航线运营。

图2-53　波音737MAX7

2014年9月，新一代波音737被正式命名为波音737MAX7（见图2-53）、波音737MAX8和波音737MAX9。使用MAX作为这代的名称，是因为它有3个"MAX"：MAX efficiency、MAX reliability、MAX passenger appeal（最高效率、最高可靠性和最佳乘客体验）。737 MAX相较于1998年首飞的737NG，燃油效率提高了20%，相对于现有的737NG，提高了14%。效

率的提升来自多个方面：首先是新型发动机的引入，737MAX 的发动机变更为 LEAP-1B；其次采用了新型翼梢小翼；最后是后机身的修型，阻力降低了 1%。

2．波音 747 系列

波音 747 系列飞机是波音公司生产的远程四发宽体客机，1965 年 8 月开始研制，1969 年 2 月原型机试飞，1970 年 1 月首架 747 交付给泛美航空公司投入航线运营，开创了宽体客机航线服务的新纪元。作为对竞争对手空中客车 A380 大型客机的回应，2005 年 11 月 14 日，波音公司正式启动了新型波音 747-8 项目（见图 2-54）。波音 747-8 采用波音 787 的技术，加强波音 747 的载客和载货能力，机身有两段地方共延长约 5.5m，典型三级客舱布局下的波音 747-8 客机比波音 747-400 多出了 51 个座位；装备波音 787 所使用的通用电气 GEnx 发动机，采用先进主机翼设计，提高燃油效率，改进运营经济性，航程 14816km，载货能力达到 140t。

图 2-54　波音 747-8

3．波音 777 系列

波音 777 系列飞机是波音公司生产的中远程双发宽体客机，是目前全球最大的双发宽体客机，三级舱布置的载客量由 283 人增至 368 人，航程由 9000km 增至 17000km。波音 777X 客机是在当前波音 777 客机的基础上进行了升级，并配备通用电气的 GE9X 发动机，采用全复合材料机翼。波音 777X 不仅仅是波音 777-300ER 的后继型号，它也是对空客 A350 的挑战。波音 777X 系列包括 777-8X 和 777-9X 两款机型。777-8X 与 A350-1000 直接竞争，777-9X 是同级别中唯一的机型（见图 2-55）。

图 2-55　波音 777-9X

4．波音 787 系列

波音 787 系列飞机（见图 2-56）是一款航空史上首架超远程中型客机，是波音公司于 2009 年 12 月 15 日推出的全新型号。其变体机型中典型的三层座位设计能容纳 242～335 名乘客。波音 787 系列飞机的最大特点是大量采用先进复合材料建造飞机骨架、超低燃料消耗、较低的污染排放、高效益及舒适的客舱环境，主要竞争对手为空客 A350 及 A330neo。

图 2-56　波音 787-10

## 二、空中客车公司

### （一）企业介绍

空中客车公司（Airbus）又称空中巴士，简称空客，是欧洲的一家民航飞机研发、制造公司，于1970年由德国、法国、西班牙与英国共同创立，总部设于法国图卢兹，是欧洲空中客车集团的下属分支公司，公司标识如图2-57所示。空中客车集团原为欧洲宇航防务集团，于2014年起正式更名，目前包括三大子公司：空中客车公司，负责商用飞机业务；空中客车防务及航天公司，负责包括军用运输机在内的防务和航天业务；以及空中客车直升机公司，负责所有商用及军用直升机业务。

图2-57 空中客车公司标识

### （二）主要机型

1. A320系列

A320系列飞机是空中客车公司研制的中短程双发150座级客机。由于其舒适性和使用经济性，在此基础上又发展了较大型和较小型飞机，即186座的A321、124座的A319和107座的A318。A320飞机（见图2-58）机长37.57m，在典型的两级客舱布局下能载客150人，航程5700km。

图2-58 A320

2. A330系列

A330系列飞机是由空中客车公司于1987年6月生产的中远程双通道喷气式宽体客机，与四引擎的空中客车A340同期研发。2014年7月14日，空客正式宣布推出A330双通道客机的改进型A330neo，包括A330-800neo和A330-900neo（见图2-59）两款飞机，空客A330neo产品系列在典型的三级布局中可容纳260～300个座位，在高密度配置中最多可容纳440个座位。A330neo采用最新一代的遄达7000发动机，同时进行气动性能改进和引入新的客舱技术。

图2-59 A330-900neo

3. A350系列

A350系列飞机是空中客车公司研制的远程双发宽体客机。A350是在空客A330的基础上进行改进的，主要是为了增加航程和降低运营成本，同时也是为了与全新设计的波音 787 进行竞争。A350-800 可提供 270 个座位，A350-1000（见图 2-60）的乘客人数为 350～410 人。

图 2-60　A350-1000

**4．A380 系列**

A380 系列飞机是空中客车公司制造的全球最大的远程四发宽体客机。A380 飞机（见图 2-61）从基本型的客机开始，采用三级客舱布局时载客量为 555 人，航程达 15000km，其货运机型 A380F 运载能力达 150t，航程超过 10400km。

图 2-61　A380

**5．A220 系列**

A220 系列飞机是中程双发喷气式窄体客机（见图 2-62），其前身是庞巴迪 C 系列客机，由加拿大制造商庞巴迪设计，空中客车公司制造和销售。包含 A220-100 和 A220-300，其中 A220-300 的航程达 6297km，乘客人数为 120～150 人。

图 2-62　A220

## 三、庞巴迪宇航公司

（一）企业介绍

庞巴迪宇航公司（Bombardier Aerospace）是庞巴迪公司的子公司，是加拿大的一家民航飞机研发、制造公司，成立于 1970 年，公司标识如图 2-63 所示。以员工人数计，它是世界上第三大的飞机制造商（仅次于波音及空中客车）；以年度付运量计，它是全球第四大商业飞机制造商（仅次于波音、空中客车及巴西航空工业），总部位于加拿大蒙特利尔。庞巴迪宇航集团包括加拿大飞机公司（简称加空）、德·哈维

图 2-63　庞巴迪宇航公司标识

兰公司、利尔喷气机公司和肖特兄弟公司。蒙特利尔主要负责"挑战者" 604 和 CL-415 的总装；德·哈维兰主要负责冲 8 系列和"环球快车"的总装；盖茨利尔喷气机公司负责"利尔喷气"系列飞机的总装；肖特兄弟公司负责庞巴迪飞机的部件制造，如"利尔喷气" 45 的机身、"环球快车"的前机身等。

由于 C 系列飞机巨额的前期研发成本投入、疲软的销售业绩、一直无法增加的产能等问题以及与波音之间贸易争端等因素，庞巴迪背负巨额债务。为改善财务状况，减少债务

压力，2017年10月，庞巴迪宣布将C系列支线客机多数股份出售给空客公司，2018年11月，庞巴迪宣布将冲8-100/200/300/Q400项目出售给朗维尤公司的全资子公司，2019年6月，庞巴迪将CRJ支线飞机项目出售给日本三菱重工，2020年2月13日在庞巴迪公司的全年业绩发布会上，庞巴迪宣布将其在空客加拿大有限合资公司的剩余股份转让给了空客公司和魁北克政府，这代表着庞巴迪彻底出让了A220飞机项目，标志着庞巴迪最终退出商用航空领域。

（二）主要机型

CRJ系列飞机是由庞巴迪公司提供的民用支线喷气飞机，包括50座的CRJ-100/200、70座的CRJ-700、90座的CRJ-900（见图2-64）。庞巴迪也是唯一能提供40座到90座支线喷气飞机系列的公司。

图2-64 CRJ-900

## 四、巴西航空工业公司

（一）企业介绍

巴西航空工业公司（Embraer S.A.）是巴西的一家航空工业集团，成立于1969年，其业务范围主要包括商用飞机、公务飞机和军用飞机的设计制造以及航空服务，公司标识如图2-65所示。现为全球最大的120座级以下商用喷气飞机制造商，占世界支线飞机市场约45%的市场份额。该公司现已跻身于世界四大民用飞机制造商之列，成为世界支线喷气客机的最大生产商。

图2-65 巴西航空工业公司标识

（二）主要机型

E系列飞机是为填补支线飞机和小型单通道干线喷气飞机之间的空白推出的具有高效率、高经济性的特点，符合人机工程学原理的飞机。E系列由四款机型组成，即E-170（70～78座）、E-175（78～88座）、E-190（98～114座）（见图2-66）、E-195（108～122座）。

图2-66 E-190

# 单元四  我国主要飞机制造商与机型

## 一、中国航空工业集团有限公司

### （一）企业介绍

中国航空工业集团有限公司简称航空工业，是由中央管理的国有特大型企业，是国家授权的投资机构，于 2008 年 11 月 6 日由原中国航空工业第一、第二集团公司重组整合而成立，公司标识如图 2-67 所示。集团公司设有航空武器装备、军用运输类飞机、直升机、机载系统、通用航空、航空研究、飞行试验、航空供应链与军贸、专用装备、汽车零部件、资产管理、金融、工程建设等产业，下辖 100 余家成员单位、23 家上市公司，员工逾 45 万人。在北京、天津、上海、河北、山西、辽宁、吉林、黑龙江、江苏、浙江、安徽、福建、江西、山东、河南、湖北、湖南、广东、四川、贵州、陕西、甘肃、青海、香港等全国省区市拥有近 200 家子公司（分公司），在海外拥有 100 余个驻外机构；为全国 30 余个省、直辖市、自治区以及亚太、欧美和非洲 180 多个国家和地区的客户提供包括航空产品研发、制造、航空运输服务、新能源、重型机械、特种车辆以及电子信息产品在内的众多军民领域产品和服务。

图 2-67  中国航空工业集团有限公司标识

### （二）主要机型

中国航空工业集团有限公司致力于军用飞机和航空武器装备科研、生产，研制出了一批具有自主知识产权、与世界发达国家在役飞机性能相当的航空装备，使中国跻身于能够研制先进战斗机、战斗轰炸机、直升机、教练机、特种飞机等多种航空装备的少数几个国家之列。下面主要介绍民航领域的通用航空飞机。

#### 1. 运 -12

运 -12（Y-12，见图 2-68）属于轻型多用途飞机，可用作客货运输、空投空降、农林作业、地质勘探，还可改装成电子情报、海洋监测、空中游览和行政专机等。运 -12 采用常规的小型多用途飞机布局：双发、上单翼单垂尾、固定前三点起落架。可在简易跑道上顺利起降。

图 2-68  运 -12

## 2．小鹰-500

小鹰-500飞机（见图2-69）是中国航空工业集团有限公司第一飞机设计研究院设计、石家庄飞机工业有限责任公司生产、中国民航飞行学院参与研制的轻型多用途飞机。该机是中国独有按CCAR-23-R2进行设计、生产、试验试飞和适航取证，并开始交付用户的4～5座轻型多用途飞机，具有完全自主知识产权。

该机可作为军、民用初级教练机、商务机、旅游用机、农林牧渔业用机、环保监测用机，也可作为航空探测、摄影、航空俱乐部、私人及军、警用机等。

图2-69　小鹰-500

## 3．海鸥-300

海鸥-300飞机（见图2-70）是航空工业石家庄飞机工业有限责任公司研制的单发6座轻型水陆两栖飞机，总体上采用单船身、悬臂式中上单翼、常规十字形单垂尾的布局形式。具体采用长宽比较大的细长机身、单断阶船体、梯形机翼加上翘式翼尖小翼的组合式机翼、十字形尾翼、发动机/螺旋桨组合件按推进式布局安装在机身上部的支架上、前三点式可收放起落架布局。

图2-70　海鸥-300

## 4．A2C超轻型水上飞机

A2C超轻型水上飞机（见图2-71）是中国特种飞行器研究所根据市场需求，自行研制开发成功的一种双座、半敞开式座舱，蒙布构架式结构的超轻型多用途水上飞机，填补了中国超轻型水上飞机领域的空白。该机型已获得中国民航总局颁发的型号批准书和生产许可证。

图2-71　A2C超轻型水上飞机

该机装有高性能的ROTAX912A2航空发动机，具有良好的飞行品质和水上起降性能；功率推重比大、载重量大、使用经济性好；安全可靠、拆装维护方便。可广泛用于飞行表演、游览观光、空中摄影、农林飞播、灭虫、公务飞行、飞行员培训、环境监测等。A2C超轻型水上飞机已销售44架，在全国各地累计作业面积达到了200余万亩。

## 二、中国商用飞机有限责任公司

### （一）企业介绍

中国商用飞机有限责任公司（Commercial Aircraft Corporation of China Ltd，COMAC）简称中国商飞，是实施国家大型飞机重大专项中大型客机项目的主体，也是统筹干线飞机和支线飞机发展、实现我国民用飞机产业化的主要载体，主要从事民用飞机及相关产品的科研、生产、试验试飞，从事民用飞机销售及服务、租赁和运营等相关业务，公司标识如图 2-72 所示。

图 2-72　中国商用飞机有限责任公司标识

中国商飞于 2008 年 5 月 11 日成立，总部设在上海。中国商飞由国务院国有资产监督管理委员会、上海国盛（集团）有限公司、中国航空工业集团有限公司、中国铝业集团有限公司、中国宝武钢铁集团有限公司、中国中化股份有限公司共同出资组建，2018 年年底新增股东单位中国建材集团有限公司、中国电子科技集团有限公司、中国国新控股有限责任公司。

中国商飞公司下辖中国商飞设计研发中心（上海飞机设计研究院）、中国商飞总装制造中心（上海飞机制造有限公司）、中国商飞客户服务中心（上海飞机客户服务有限公司）、中国商飞北京研究中心（北京民用飞机技术研究中心）、中国商飞民用飞机试飞中心、中国商飞基础能力中心（上海航空工业（集团）有限公司）、中国商飞新闻中心（上海《大飞机》杂志社有限公司）、中国商飞四川分公司、中国商飞美国有限公司、商飞资本有限公司、商飞集团财务有限责任公司等成员单位，现有员工超过 1 万多人。公司设有美国洛杉矶办事处、法国巴黎办事处、欧洲办事处等办事机构。中国商飞公司参股中俄国际商用飞机有限责任公司、成都航空有限公司和浦银金融租赁股份有限公司。

### （二）主要机型

#### 1．C919

C919 大型客机（见图 2-73）是我国按照国际适航标准自行研制、具有自主知识产权的大型喷气式民用飞机。C 是中国英文名称"China"的首字母，也是中国商飞英文缩写 COMAC 的首字母，第一个"9"的寓意是天长地久，"19"代表的是中国首型中型客机最大载客量为 190 座。2015 年 11 月 2 日完成总装下线。2017 年 5 月 5 日成功首飞。

图 2-73　C919

### C919首飞成功

2017年5月5日,我国首架具有完全自主知识产权的大型喷气式客机C919在上海浦东机场冲上云霄,成功完成首飞任务,圆了国人期盼半个世纪的"飞机梦"。

C919大型客机是我国按照国际民航规章自行研制、具有完全自主知识产权的大型喷气式民用飞机,针对先进的气动布局、结构材料和机载系统,研制人员共规划了102项关键技术攻关,包括飞机发动机一体化设计、电传飞控系统控制律设计、主动控制技术等。C919大型客机的生产、配套、组装以上海为龙头,陕西、四川、江西、辽宁、江苏等22个省市、200多家企业、近20万人参与了大型客机项目研制和生产,形成了产业链、价值链、创新链。这既显著改善了我国民用航空工业发展的基础面貌,又为我国经济转型升级锻造着蕴藏巨大潜力的产业脉络。特别是伴随着大型客机项目的推进和我国喷气式客机进入批产,这条产业链必将逐步发挥出巨大的经济潜力。

#### 2. ARJ21

ARJ21(Advanced Regional Jet for 21st Century)新支线飞机(见图2-74)是我国首次按照国际标准自行研制、具有自主知识产权的中短程新型涡扇支线客机,座级78~90座,航程2225~3700km。于2014年12月30日取得中国民航局型号合格证,2017年7月9日取得中国民航局生产许可证。目前,ARJ21新支线飞机已正式投入航线运营,市场运营及销售情况良好。

图2-74 ARJ21

#### 3. CR929

CR929远程宽体客机(见图2-75)是中俄联合研制的双通道民用飞机,以中国和俄罗斯市场为切入点,同时广泛满足全球国家间、区域间航空客运的市场需求。CR929远程宽体客机采用双通道客舱布局,基本型命名为CR929-600,航程为12000km,座级280座。此外还有缩短型和加长型,分别命名为CR929-500和CR929-700。C和R分别是中俄两国英文名称首字母,代表该款宽体客机是两国企业合作研制的先进商用飞机。"929"中的"9"是最大的一位数字,寓意长长久久,代表双方合作深远而持久,也代表该款飞机寿命期会更长、运营期会更久,合资公司发展规模会更加壮大;"2"表示该款飞机由两国企业携手合作、联合研制。

图2-75 CR929

## 思考与练习

### 一、不定项选择题

1. 下列属于飞艇优点的是____。
   A．留空时间长　　B．成本高　　C．噪声大　　D．体积小
2. 下列属于直升机优点的是____。
   A．垂直起降　　B．成本高　　C．噪声大　　D．载量小
3. 专门为政府高级官员和企业经理人员进行公务或商务活动使用的飞机称为____。
   A．多用途小型飞机　　　　　B．教练机
   C．私人飞机　　　　　　　　D．公务机
4. 用于国际航线和国内主要大城市之间主干航线上的客机称为____。
   A．支线客机　　B．干线客机　　C．中程客机　　D．远程客机
5. 下列选项中，____是机翼上受力最大的部位。
   A．翼根　　B．翼尖　　C．前缘　　D．后缘
6. 民航客机通常的机翼布局是____。
   A．上单翼　　B．中单翼　　C．下单翼
7. 飞机机翼上可以用来操纵飞机侧倾的装置是____。
   A．副翼　　B．襟翼　　C．缝翼　　D．扰流板
8. 大型高速飞机的起落架通常是____。
   A．前三点式　　B．后三点式　　C．自行车式
9. 四冲程活塞式发动机，做功的是____。
   A．进气冲程　　B．压缩冲程　　C．工作冲程　　D．排气冲程
10. 下列选项中，____是大型民航运输飞机的唯一动力来源。
    A．涡轮风扇发动机　　　　　B．涡轮喷气发动机
    C．涡轮轴发动机　　　　　　D．涡轮螺旋桨发动机
11. 飞机上的 APU 是指____。
    A．辅助动力装置　　　　　　B．飞行仪表系统
    C．飞机通信系统　　　　　　D．飞机液压系统
12. 喷气式发动机最通行的安装位置是____。
    A．机翼根部短舱　　　　　　B．翼吊
    C．尾吊　　　　　　　　　　D．混合式

13. 黑匣子是____的俗称。

  A．飞行数据记录系统     B．卫星导航系统

  C．高频通信系统       D．选择呼叫系统

14. A380 系列飞机是____研发生产的全球最大的远程四发宽体客机。

  A．波音公司        B．空客公司

  C．庞巴迪公司       D．巴西航空工业公司

二、思考题

1．国际民用航空组织是如何对民用航空器进行分类的？

2．列举常见的民航飞机的分类。

3．简述机翼上操纵面的组成及其作用。

4．简述涡轮喷气发动机的工作原理。

5．列举国际知名飞机制造商及其主要机型。

# 模块三 飞机的飞行环境与飞行原理

包围地球的大气层构成了飞机飞行的基本环境。飞机在大气层中能够进行飞行与控制，是利用了空气动力学原理，大气层中的各种天气现象对飞机的活动也产生着重要影响，因此，我们需要先了解飞机的飞行环境，才能更好地掌握飞机飞行的基本原理。

## 单元一 飞机的飞行环境

### 一、大气层的构造

大气层又称大气圈，是因重力关系而围绕着地球的一层混合气体，其成分主要有氮气（78.1%）、氧气（20.9%）、氩气（0.93%），还有少量的二氧化碳、稀有气体和水蒸气。大气层的空气密度随高度增加而减小，高度越高空气越稀薄。大气层无明显的上限，它的各种特性在铅垂方向上的差异非常明显。按照大气温度随高度的分布特征，可把大气层分为五层，分别是对流层、平流层、中间层、热层和散逸层，如图3-1所示。

（一）对流层

从地表开始是对流层，其上界随纬度

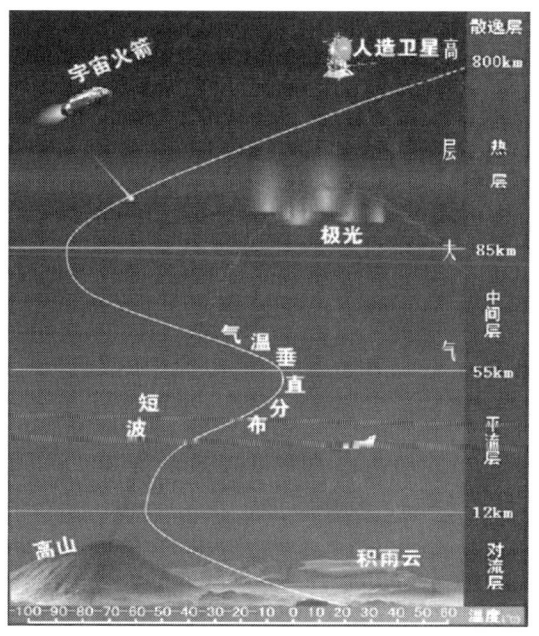

图3-1 大气层的垂直分层

和季节的变化而变化，一般低纬度地区平均为16～18km；中纬度地区平均为10～12km；

高纬度地区平均为 8～9km。就季节而言，中国绝大部分地区一般都是夏季对流层厚，冬季对流层薄。对流层中气温随高度增加而降低，空气的对流运动极为明显，加上受地表性质差异的影响，空气温度和湿度的水平分布也很不均匀。对流层集中了全部大气约四分之三的质量和几乎全部的水汽。受空气对流活动的影响，这一层是天气变化最复杂的层次，也是对飞行影响最重要的层次。飞行中所遇到的各种重要天气现象如风、云、雨、雪、雷暴等，几乎都出现在这一层中。

（二）平流层

平流层位于对流层顶之上，顶界伸展到距地表 50～55km。在平流层内，随着高度的增加，气温上升。平流层的这种气温分布特征与它受地面影响小和存在大量臭氧（臭氧能直接吸收太阳辐射）有关。由于平流层的下层气温变化不大，因此平流层过去常被称为同温层。在平流层中，空气的对流运动远比对流层弱，水汽和尘粒含量也较少，因而气流比较平缓，能见度较好。对飞行来说，平流层中气流平稳、空气阻力小是有利的一面，但因空气稀薄，飞行器的稳定性和操纵性恶化，这又是不利的一面。随着飞机飞行上限的日益增高，对平流层的研究日趋重要。

（三）中间层

平流层往上是中间层，一直伸展到距地表 80～85km 高度。因该层臭氧含量低，同时，能被氮、氧等直接吸收的太阳短波辐射已经大部分被上层大气所吸收，所以这一层的气温随高度增加而下降，空气有相当强烈的垂直对流运动。

（四）热层

热层的范围是从中间层往上伸展到距地表约 800km 高度。这一层的空气密度很小，声波也难以传播。热层的大气可以直接吸收太阳辐射获得能量，因此气温随高度增加而上升。在太阳辐射的作用下，大部分气体分子发生电离，这些电离过的离子与电子形成了电离层，电离层可以反射无线电波，因此它又被人类利用进行远距离无线电通信。电离层的变化会影响飞行器的无线电通信。有时，在极地可见到光彩夺目的极光。

（五）散逸层

散逸层又称逃逸层，是地球大气层的最外层，位于热层之上。那里的空气极其稀薄，同时又远离地面，受地球的引力作用较小，因而大气分子不断地向宇宙空间逃逸。航天器脱离这一层后便进入太空飞行。

飞机一般活动在对流层和平流层下部，即从地面起到 18km 高度之内，没有座舱增压装置的飞机和小型喷气飞机在 6km 以下的对流层中飞行，大型和高速喷气客机装有增压装置，可在 7～13km 的对流层顶部和平流层中飞行，这里几乎没有垂直方向的气流运动，飞机飞得平稳，而且空气稀薄，飞行阻力小，因而飞机可以较高的速度飞行，节约燃料，经济性好。现代民航运输的大部分活动就是在这一层中进行，超音速飞机和一些高速军用飞机，为了减少阻力，巡航在 13.5～18km 甚至更高的高空。

### 二、大气的物理参数

对飞行影响最大的大气物理参数是气压、气温、空气密度和音速。这些参数随着地理位置、时间、高度和气象条件的不同而变化着。随着大气状态的改变，飞机的空气动力和飞行性能也会改变。

（一）气压

由于空气可以像水那样自由流动，同时它也受重力作用影响，因此，空气的内部向各个方向都有压强，这个压强被称为大气压。在纬度 45°的海平面上，当温度为 0℃时，760mm 高水银柱产生的压强称为标准大气压。其常用单位有：帕斯卡（Pa），标准大气压（atm），毫米汞柱（mmHg）。

$$1 \text{ 标准大气压} = 760\text{mmHg} = 1.01325 \times 10^5 \text{Pa}$$

在不考虑大气温度变化这一次要因素的影响时，大气压值随地理高度的增加按指数规律减小。在 2km 以内，大气压值可近似认为随地理高度的增加而线性减小；在 2km 以外，大气压值随地理高度的增加而减小渐缓。所以在海拔 2km 以内，可以近似地认为每升高 12m，大气压降低 1mmHg。飞机也沿用这个规律来确定飞行高度。

（二）气温

气象学上把表示空气冷热程度的物理量称为空气温度，简称气温。国际上标准大气温度量单位是摄氏度（℃），其他还有开尔文（K）和华氏度（℉）。

摄氏度和华氏度的关系为：$T\,℉ = 1.8t\,℃ + 32$（$t$ 为摄氏温度数，$T$ 为华氏温度数）。

摄氏度和开尔文温度的关系为：$1K = 1℃ + 273.15$。

在对流层，大气的温度随着高度的增加而线性下降，大约每升高 100m 温度下降 0.65℃。到达同温层后温度基本保持不变，标准大气条件下，在 11～20km 的高度空气温度一般保持在 -56.5℃。

### (三) 空气密度

在一定的温度和压力下，单位体积空气所具有的质量就是空气密度。在标准条件下（0℃，1个标准大气压），空气密度约为 $1.29kg/m^3$。气压和温度都随高度的增加而下降，因而空气密度也随高度的增加而下降，而且下降的速度比气压和温度要快。空气密度的变化，对飞机的飞行影响是根本性的，它直接影响飞行的升力和阻力，因此设计、制造和操纵飞机都要掌握空气密度随高度的变化情况。

### (四) 音速

音速是指声音在空气中的传播速度，它受大气温度和密度的影响。温度高，音速大；密度高，音速也大。因而在对流层中音速随高度的增加而减小，在同温层中，由于温度不再变化，空气密度已经很小，对音速的影响不大，这时音速也基本保持不变。空气中的音速在1个标准大气压和15℃的条件下约为340m/s。在高速飞行时，音速是影响飞行阻力的重要因素。在飞行速度接近音速时，会出现阻力剧增、操纵性能变坏和自发栽头的现象，飞行速度也不能再提高，因此在研发和制造飞机时，必须考虑飞机飞行速度和音速的关系。

### (五) 飞行高度

在了解了前述参数后，就需要明确飞机的飞行高度。飞行高度是指飞行中的飞机到某基准水平面的垂直距离。飞机上测量高度的仪表是气压高度表与无线电高度表。气压高度表是根据气压随着高度增加而减小的原理进行工作的，无线电高度表是利用无线电波反射的原理进行工作的。

根据不同的飞行任务，飞机的飞行高度也有所不同。客机的飞行高度以舒适、经济为原则，中小型客机在数千米高度上飞行；大型客机则在平流层巡航，起飞和降落阶段仍处于对流层。现代服役的歼击机的最大飞行高度约为20000m，一些轻型飞机可以在离地十几米的高度上飞行，不同类型飞机的飞行高度上限主要决定于动力装置，下限主要决定于能安全平飞的最小速度和飞机的机动性。

## 三、大气对飞行的影响

飞机在大气层中飞行，气象要素会对飞机的活动产生影响。气温、气压、密度、湿度和风等都是影响飞行的重要天气要素。此外，低能见度、降水、低空风切变、雷暴、颠簸、积冰等天气现象也都直接影响着飞机的飞行安全。下面对影响飞行的几个重要气象要素和天气现象进行简单介绍。

(一) 气象要素

1. 气温、气压、密度、湿度

前面已对气温、气压、密度进行了了解。气温升高，空气密度变小，对飞机升力有负面影响，飞机需要更快的速度才能保持一定的高度。当速度越快时，飞机所需发动机的推力也越大，燃油消耗也越多。飞机起飞需要较快的速度，也意味着需要较长的跑道。在某些天气条件下，当跑道长度不能满足飞机正常的载重量需要时，只好减少飞机的载重量。高海拔机场气压低，空气密度小，发动机功率小，起降滑跑距离长，故跑道比一般机场跑道长。大气中含有水汽且水汽含量是随时间、地点、高度、天气条件在不断变化的，湿度就是用来度量空气中水汽含量多少或空气干燥潮湿程度的物理量。当大气湿度达到并略微超过饱和值时，即可出现云、雾、露、霜等凝结或凝华现象。空气湿度的变化会对飞机性能和仪表指示造成影响，空气湿度越大，空气密度越小，飞机起飞和着陆的滑跑距离增长，起飞爬升率下降，飞机载重量减小。

2. 风

风是大气层中气温和气压不同，使空气在不同方向上对流而形成的。由于风直接影响到飞机的空速，而空速又是飞机产生升力的基本条件，因而驾驶员随时都要考虑风的影响。由于风速在高速飞行中对速度影响相对较小，因而在起飞和着陆等低速飞行阶段，要更多地考虑风的影响。起飞和着陆是逆风进行的，从而提高了飞机的空速，缩短了在跑道上滑跑的距离，增加了安全系数。侧风时的起落，驾驶员必须考虑侧风会使飞机的航迹偏离跑道中心线，因而必须使飞机的航向迎向侧风一定的角度，才能使飞机不致偏离跑道，当侧风的风速过大时不能起降。在巡航时，顺风会使地速增加，减少飞行时间和节约燃料，驾驶员都会力争在有利的风向高度上飞行。

大气运动是形成风的主要原因，大气的总体运动受到三个因素的影响：第一是由于太阳辐射造成赤道和两极的温差，低空冷空气由两极流向赤道，而高空空气则由赤道流向两极。第二是由于地球的自转产生了对运动空气的附加力使空气运动的方向改变，这种力被称为科氏力或地转偏向力。第三是由于地面各点的空气压力不同造成的压力梯度使空气从高压流向低压。

我们在天气图上看到空气总是从高压区流向低压区，在流动中有一些空气围绕着高压区或低压区转动就形成了涡旋，这三种力量形成了地球上面的三种空气循环，如图3-2所示。

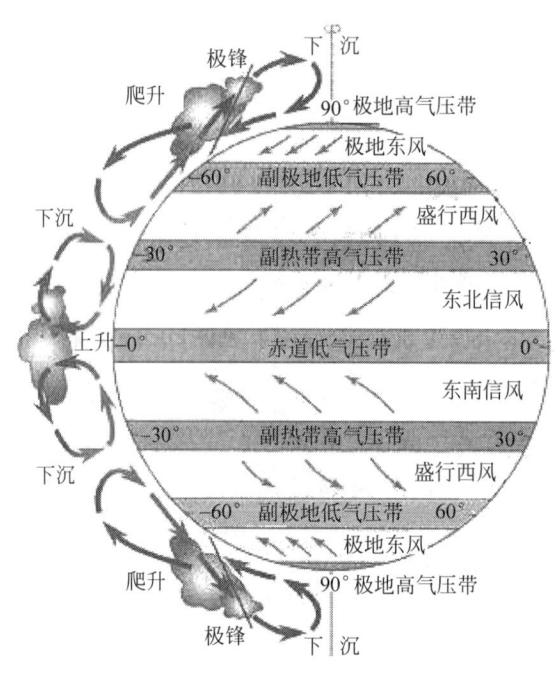

图 3-2 大气循环和盛行风

第一个区域从赤道到南、北纬30°，在0°至北纬30°盛行东北信风，0°至南纬30°是东南信风。第二个区域是南北纬的30°～60°，在这两个区域中都形成一个西风主风带，并经常按季节出现台风等天气系统。在纬度60°以上地区，由于极地寒冷，空气气团下降，这里形成高压区，风向是从极点向外吹去，这种常年的风向决定了世界各地的主风向，主风向是选择机场跑道方向的主要因素之一。

（二）天气现象

1．低能见度

能见度是指视力正常的人能将目标物从背景中识别出来的最大距离。换言之，是观察者能在白天辨认物体、在夜间辨认灯光的距离。能见度与飞行活动有密切关系，能见度不好是飞行活动中严重的视程障碍，直接给目视飞行造成困难，严重威胁了飞机的安全起飞、着陆和飞行，可导致大面积航班延误与大量旅客滞留，是引起航空运输延误的主要因素。

影响能见度的主要天气现象是降水、大雾、积云、烟幕、风沙等。飞机在飞行中会经常碰到云，在有低云遮蔽的机场着陆时，经常会遇到飞机出云后离地面高度很低，如果这时飞机航向又未对准跑道，往往来不及修正，容易造成复飞。有时，由于指挥或操作不当，还可能造成飞机与地面障碍物相撞等事故。由云产生的降水、雷电等同样给飞行安全带来一定影响。

2．降水

降水包括雨、雪、雹等形式。降水对航空的影响是多方面的，降水能使能见度降低，影响最大的是细雨和雪。细雨通常会伴随雾的形成，雪会反射光线影响视力，降水时的云层偏低，这都会使能见度进一步下降。降水会影响跑道的正常使用，以积雪和冻雨的影响最大，必须进行清除。降水会附着在飞机上形成积冰，破坏飞机的气动外形，使升力下降、阻力增大。此外，冰雹还会对飞机的机体造成巨大损伤。

3．低空风切变

风切变是指在短距离内风向、风速发生明显突变的状况。低空风切变指的是离地面约600m高度以下，风的水平或垂直切变现象。低空风切变的产生与大气运动本身的变化有关，如强对流天气、锋面天气、低空急流等，也与地理环境因素有关，包括特殊的山地地形、水陆界面、高大建筑物、成片树林等。

低空风切变对飞机的起飞和降落产生严重的影响，主要有：改变飞机航迹；影响飞机稳定性和操作性；影响某些仪表的准确性。低空风切变对飞机起飞和着陆造成的这些影响的程度取决于风切变的强度和飞机的高度。强烈的风切变瞬间可以使飞机过早落地或者被迫复飞。在一定条件下还可导致飞机失速和难以操纵的危险，甚至导致飞行事故。

4．雷暴

雷暴是热带和温带地区可见的强对流天气。当机场上空有雷暴时，短时间的强降水、恶劣的能见度、急剧的风向变化和阵风，对飞行活动以及地面设备都有很大的影响。雷暴产生的强降水、颠簸（包括上升、下降气流）、结冰、雷电、冰雹和飑线，均给飞行造成很大的困难，严重的会使飞机失去控制、损坏、马力减少，直接危及飞行安全。

5．颠簸

空气中存在不稳定的气流，这些不稳定气流的范围有大有小，方向和速度也各不相同。当飞机进入与机体尺度相近的乱流涡旋时，飞机的各部位就会受到不同方向和速度的气流影响，原有的空气动力和力矩的平衡被破坏，从而产生不规则的运动，也就是飞机颠簸。飞机颠簸强度与扰动气流强度、飞行速度、机翼载荷等有关。颠簸强烈时，飞机忽上忽下的高度变化可达数十米甚至数百米，这样会给飞机的操纵带来很大的困难，甚至会造成飞机结构变形和机上乘员受伤。

6．积冰

飞机在云中或降水中飞行时，过冷水汽或雨滴聚集在机身表面形成冰层。在寒冷的冬天，露天停放的飞机机身也会形成积冰。积冰多出现在机翼、尾翼、发动机进气口、雷达罩等曲率半径较小的突出部位。积冰会导致机翼流线型的改变、螺旋桨叶重量的不平衡，或者是汽化器中进气管的封闭、起落架收放困难、油门冻结断绝油料来源、驾驶舱窗门结冰封闭驾驶员的视线等情况发生。

### 中国故事

2018年5月14日，川航3U8633航班在执行重庆至拉萨的飞行任务中，突发驾驶舱右座前风挡玻璃破裂脱落罕见险情。当时飞机在9800m高空，飞行速度为800km/h，风挡玻璃破裂的一瞬间驾驶舱内温度骤降至-40℃。而机长们当时只穿了一件薄衬衣，也早已被大风撕烂。驾驶舱瞬间失压导致副机长半个身子被吸出窗外受到了重伤。驾驶舱中很多仪表已经失灵，只能手动操纵飞机。

面对突发状况，机长刘传健等全体机组成员沉着应对，克服高空低压、低温等恶劣环境，在多部门的密切配合下，成功备降成都双流机场，确保了机上119名乘客和9名机组成员的生命财产安全，创造了民航客运史上在极其艰难的紧急突发情况下成功处置险情的奇迹。

据新华社消息，2018年6月8日，四川省、中国民用航空局成功处置川航3U8633航班险情表彰大会在成都举行。川航3U8633航班机组被授予"中国民航英雄机组"称号，机长刘传健被授予"中国民航英雄机长"称号。

"只要在平凡的岗位上做出不平凡的事，就是英雄。"此次被授予"中国民航英雄机长"称号的刘传健表示，"这次表彰大会是一个新的起点，以后我们会踏踏实实工作，服务好更多旅客。"

## 单元二　飞机的飞行原理

### 一、飞机升力原理

任何物体只要和空气之间产生相对运动，空气就会对它产生作用力，这个力称为空气动力。飞机能够在空中飞行，其升力的获得主要是由机翼和空气的相对运动而产生空气动力。空气属于流体的一种，因此研究飞行器在与空气做相对运动情况下的物理化学现象的空气动力学则是流体力学的一个分支。要弄清飞机升力的实质，首先需要了解关于流体的两个基本规律:"连续性定理"和"伯努利定理"。

(一)流体的连续性定理

由日常生活中的经验可知,河水在河道窄的地方流得快,在河道宽的地方流得慢。山谷里的风经常比开阔平原的风大。这些现象说明流体的流速快慢与过道的宽窄有关。窄的地方流得快,宽的地方流得慢。

下面做一个简单的实验。使流体流过截面大小不等的管道,这种管子称为文氏管,如图3-3所示。由于管道中任何一部分的流体都不能中断或挤压起来,按照"质量守恒法则",单位时间内流入管道的流体质量,应等于流出管道的流体质量。也就是说,在单位时间内,流过管道任一截面的流体质量都是相等的。所以,当流体在管道中流动时,在管道细的地方(横截面积小)流得快些,在管道粗的地方(横截面积大)流得慢些。设定横截面积为$s$,$s_1 > s_2 > s_3$,流体流速$v$呈现出$v_1 < v_2 < v_3$的现象,也就是说,流体流速的快慢与管道横截面积的大小成反比,这就是流体"连续性定理"。

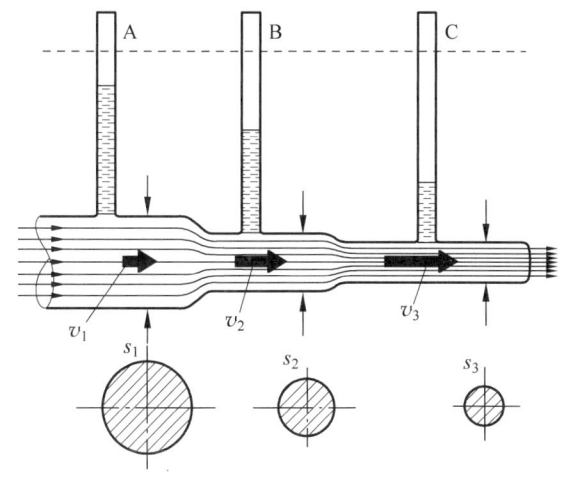

图3-3 文氏管中流体的流动

(二)流体的伯努利定理

连续性定理阐述了流体在流动中流速和管道切面之间的关系。流体在流动中,不仅流速和管道切面相互联系,而且流速和压力之间也相互联系。伯努利定理就是要阐述流体流速和压力之间的关系。回到刚才的实验,当流体流过管道时测量流体对管壁的压力(称为静压),由每个截面上垂直管中液面高度表示。发现管道细的地方静压小,管道粗的地方静压大,即$s_1 > s_2 > s_3$时,流体的静压呈现出$p_1 > p_2 > p_3$的现象。

下面利用物理定律进行定量推导。

设：$M$——流体在一段时间内流过的总质量；

$m$——单位时间内在某一截面流过的质量，称为流量；

$V$——在一段时间内流过的流体体积；

$t$——时间；

$v$——流速；

$s$——管道的截面积；

$l$——管道段的长度；

$\rho$——流体的密度，由于流体不可压缩，因此流体的密度是不变的。

根据质量守恒原理，每个截面在一段时间内流过的流体总质量是相同的，即

$$M_1 = M_2 = M_3 = \text{const}$$

因而，

$$\frac{M_1}{t} = \frac{M_2}{t} = \frac{M_3}{t}$$

由于 $M=\rho V$，$V=ls$，$l=vt$，代入上式可得

$$\rho v_1 s_1 = \rho v_2 s_2 = \rho v_3 s_3$$

对不可压缩的流体，$\rho$ 是不变的，即

$$v_1 s_1 = v_2 s_2 = v_3 s_3 = \text{const}$$

它定量地说明流速的大小与管道截面的大小成反比。当流体流动时，它的能量包括动能和势能两个部分，根据能量守恒定律，如果能量损耗忽略不计，流体在各个截面上的能量总和是不变的。一个截面上的动能用动压表示 $q=\frac{1}{2}\rho v^2$，同一个截面上的势能用静压 $p$ 表示，如果能量总和在各个截面上不变，则

$$p_1 + \frac{1}{2}\rho v_1^2 = p_2 + \frac{1}{2}\rho v_2^2 = p_3 + \frac{1}{2}\rho v_3^2 = \text{const}$$

这就是伯努利定理的数学表达形式，它告诉我们，当流体的流动速度增大时，它的动能就增大，而这部分增加的动能来自流体静止能量的减少，也就是流体的静压的减少，反之，如果流速减小则静压加大。这里是假设流体密度不变，如果把它用于可压缩的气体时，就必须考虑气体的密度随压力和温度而产生的变化，对该公式做出修正。

综合上面对流体连续性定理和伯努利定理的叙述，可以总结出下面的结论：流管细的地方，流速大，压力小；反之，流管粗的地方，流速小，压力大。

## 知识链接

丹尼尔·伯努利（1700年2月8日—1782年3月17日），出生于荷兰格罗宁根，瑞士数学家、物理学家，被称为"流体力学之父"，伯努利家族成员之一。伯努利家族3代人中产生了8位科学家，出类拔萃的至少有3位。伯努利家族的后裔有不少于120位被人们系统地追溯过，他们在数学、科学、技术、工程乃至法律、管理、文学、艺术等方面享有名望，有的甚至声名显赫。

丹尼尔·伯努利的研究工作几乎对当时的数学和物理学所研究的前沿问题都有所涉及，特别是他的数学到力学的应用。1738年出版了《流体动力学》一书，是他最重要的著作。书中用能量守恒定律解释流体的流动问题，写出了流体动力学的基本方程，后人称之为"伯努利方程"，提出了"流速增加、压强降低"的伯努利定理。

（三）升力的产生

当把伯努利定理使用到大气中飞行的飞机上时，可以把飞机机翼相当于管壁，而管内的流体就成了大气，流体的静压力就是这一点的大气压力，流动的速度是空气和飞机之间的相对运动速度。如图3-4所示，机翼的横剖面称为翼型，呈流线型，上表面弯曲大，它和流线组成的流管截面小，下表面弯曲小或是平面，形成的流管截面大。或者说，流过机翼下表面的气流行走的路线要比流过机翼上表面的气流行走的路线短，如图3-5所示。当气流在同一时间内流

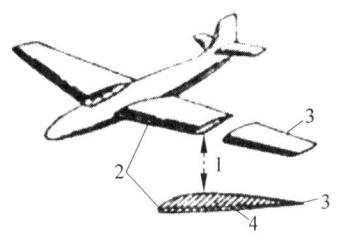

1—翼剖面　2—前缘
3—后缘　4—翼弦

图3-4　机翼剖面示意图

过机翼时，根据伯努利定理，机翼下表面的气流流速慢，静压力大，而流经机翼上表面的气流流速快，静压力小，在机翼上部产生大面积的低压区域，这个低压比周围的大气压力低，因而把机翼吸引向上；而下表面由于和气流平行，机翼平滑通过，它的压力和前方大气压力相差不大，这样，机翼上、下表面的压力差就产生了升力。要产生这个升力，机翼必须和空气有相对运动，也就是飞机一定要向前运动。它向前运动的同时空气就会产生阻力，阻力和升力的合力形成了向上、向后的力，该合力称为空气动力。

翼型的最前一点称为前缘点，最后一点称为后缘点。它们代表整个机翼的前缘和后缘，前缘点和后缘点的连线称为翼弦。如果机翼抬起它的前缘，翼弦和气流的方向形成一个角度，即飞机整体运动的方向和翼弦形成的角度，这个角度称为迎角，如图3-6所示。我们规定，翼弦向上形成正迎角，向下形成负迎角。

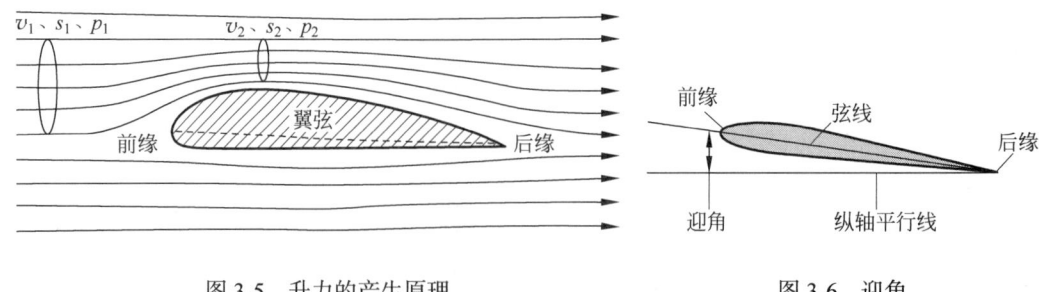

图 3-5 升力的产生原理　　　　　　　　图 3-6 迎角

下面看一下飞机有迎角时的升力情况,当有了向上的迎角之后,气流流过上表面时比没有迎角时要走更长的路,相当于管道变狭,速度增加,静压力进一步降低;而在下表面气流受到阻碍,流速变小,压力增高。随着迎角的增大,升力增大,同时阻力也在增大。但应注意迎角不能无限制地增大,因为迎角太大之后,机翼就相当于在气流中竖起的平板,气体的流线不能连贯,在机翼上表面产生了涡流,这时升力会突然降低,阻力继续增加,这种现象称为失速,如图 3-7 所示。失速对于任何飞机来说都是危险的,现代民航机都装有失速警告系统,防止飞机迎角过大导致失速。

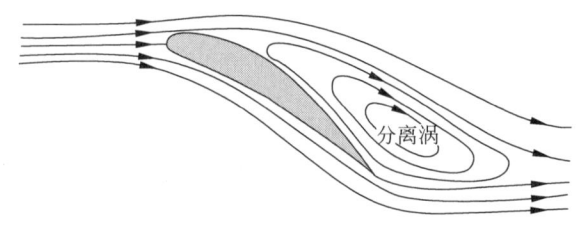

图 3-7 飞机失速

## 二、飞机上的作用力

飞机的升力来自飞机与空气的相对运动,没有相对速度就不会产生升力。因此飞机需要受到向前的推(拉)力,以克服阻力,由升力来克服重力。这两两成对的四个力就构成了飞机的基本受力,如图 3-8 所示。

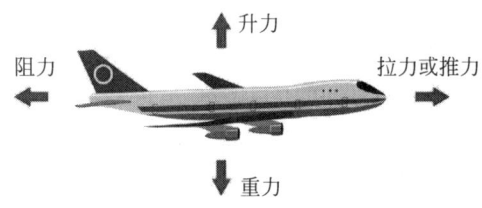

图 3-8 飞机上的作用力

### (一)升力

升力垂直于飞行速度方向,它将飞机支托在空中,克服飞机受到的重力影响,使其自由翱翔。飞机在运动时,它的机翼、机身和水平尾翼都产生升力,但机翼是升力的主要来源,因而我们把机翼上升力在机身轴线上的合力点称为气动力中心。通过前述理论和实验研究可知，飞机的升力和飞行速度、大气密度、机翼面积、迎角以及飞机构型等因素有关，从而得出升力公式：

$$L=C_L\frac{1}{2}\rho v^2 s_w$$

式中　$C_L$——升力系数，通过实验得出；

　　　$\rho$——飞行高度处的空气密度；

　　　$v$——飞机相对于空气的运动速度，即飞机空速；

　　　$s_w$——机翼的平面投影面积。

通过公式可知，空气的密度 $\rho$ 对升力有直接影响，在大气环境中空气的密度随着温度的增高和海拔高度的增加而变小，在这些情况下飞机的升力减小，这是驾驶飞机时必须考虑的因素；飞机的空速 $v$ 越大，升力也越大，因而速度高的飞机上就不需要太大的机翼去获得升力，但当它在低速飞行时又需要用其他方法增加升力；机翼的面积 $s_w$ 越大，升力也越大。

（二）阻力

阻力是与飞机运动轨迹平行，与飞行速度方向相反的力。阻力阻碍飞机的飞行，但没有阻力飞机又无法稳定飞行。阻力按照形成原因分为摩擦阻力、压差阻力、干扰阻力、诱导阻力和激波阻力。前四种阻力是在飞机低速飞行时就遇到的，激波阻力只有在高速飞行时才遇到。

1．摩擦阻力

当空气流过飞机表面时，由于黏性，空气与飞机表面发生摩擦，产生一个阻止飞机前进的力，这个力就是摩擦阻力。摩擦阻力的大小，决定于空气的黏性、飞机的表面状况以及与空气相接触的飞机表面积。空气黏性越大、飞机表面越粗糙、飞机表面积越大，摩擦阻力就越大。所以为了降低飞机的摩擦阻力，飞机表面都尽可能保持光滑。

2．压差阻力

当相对气流流过机翼时，机翼前缘的气流受阻，流速减慢，压力增大；而机翼后缘气流分离，形成涡流区，压力减小。这种由机翼前后压力差形成的阻力，称为压差阻力，如图 3-9 所示。压差阻力与物体的迎风面积、形状和在气流中的位置都有很大的关系。所谓迎风面积，就是物体上垂直于气流方向的最大截面面积，迎风面积越大，压差阻力也就越大。为了降低飞机的压差阻力，飞机的迎风面积要尽可能小，同时飞机的所有部件都要加以整流形成流线体。

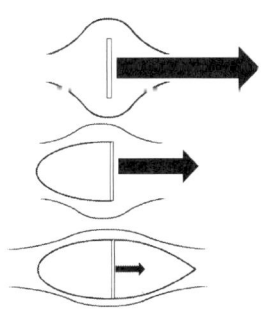

图 3-9　压差阻力

### 3. 干扰阻力

干扰阻力是飞机各部分之间因气流相互干扰而产生的一种额外阻力。这种阻力容易产生在机身和机翼、机身和尾翼、机翼和发动机短舱、机翼和副油箱之间。从干扰阻力产生的原因来看，它和飞机不同部件之间的相对位置有关。减小干扰阻力的方法是将这些部分尽可能平滑地融合在一起，如加装整流罩或做成融合体等，使连接处圆滑过渡，尽量减少旋涡的产生。

### 4. 诱导阻力

升力产生的同时还对飞机附加了一种阻力，这种因产生升力而诱导出来的阻力称为诱导阻力，主要在机翼上产生。当机翼产生升力时，下表面的压力比上表面的压力大，下表面的空气会绕过翼尖向上表面流去，使翼尖气流发生扭转而形成翼尖涡流，如图3-10所示。翼尖气流扭转，产生下洗速度，气流方向向下倾斜形成下洗气流，升力也随之向后倾斜。在翼尖加装小翼可以减小诱导阻力。日常生活中，我们有时可以看到，飞行中的飞机翼尖处拖着两条白雾状的涡流索。这是因为旋转着的翼尖涡流内压力很低，空气中的水蒸气因膨胀冷却凝结成水珠，显示出了翼尖涡流的轨迹。

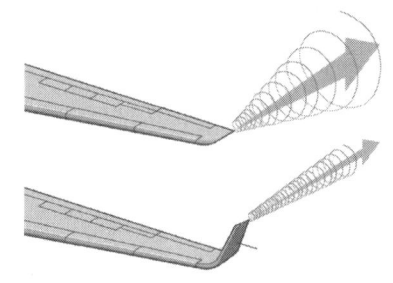

图3-10 诱导阻力

### 5. 激波阻力

激波阻力是飞机在空气中飞行的过程中产生的一种较强的波，由空气遭到强烈的压缩而形成。飞机在空气中飞行时，前端对空气产生扰动，这个扰动以扰动波的形式以音速传播，当飞机的速度小于音速时，扰动波的传播速度大于飞机前进速度，因此它的传播方式为四面八方；而当飞机以音速或超音速运动时，扰动波的传播速度等于或小于飞机前进速度，这样，后续时间的扰动就会与已有的扰动波叠加在一起，形成较强的波，空气遭到强烈的压缩形成了激波，如图3-11所示。

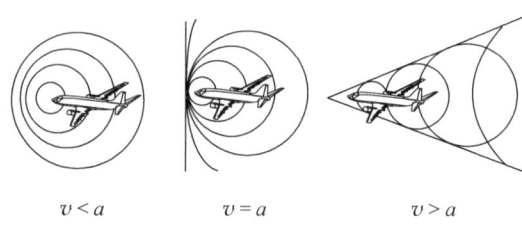

$v < a$     $v = a$     $v > a$

图3-11 激波阻力的产生

空气在通过激波时，受到薄薄一层稠密空气的阻滞，使得气流速度急骤降低，阻滞产生的热量来不及散布，于是加热了空气。加热所需的能量由消耗的动能而来，动能的消耗表示产生了一种特别的阻力。这一阻力由于随激波的形成而来，所以就称为激波阻力或波阻。波阻对飞机的飞行性能影响非常大，能够消耗发动机一大部分动力。例如当飞行速度在音速附近时，根据计算，波阻可能消耗发动机大约全部动力的四分之三。我们经常提到的音障，便是因为飞机在飞行速度接近音速时，会出现阻力剧增、操纵性能变坏和自发栽头的现象，飞行速度也不能再提高，人们曾以为音速是飞机速度不可逾越的障碍，故有此名。

超音速飞机在超越音障时，由于激波的传播，会发出雷鸣般的声音，被称为音爆。音爆对地面的生物有伤害作用，并且会对建筑物造成损害，因而只能在海上或沙漠上做超音速飞行。此外，超音速飞机的燃料消耗大大超过亚音速飞机，经济性能不好。苏联图波列夫设计局研制的图-144超音速客机和英法联合研制的协和号超音速客机于20世纪70年代投入运行，这是航空技术上的一大成就。但由于上述经济和噪声两个方面的原因，超音速客机的机队没有任何发展，在2003年全部退出了航线服务。

在高亚音速飞行的飞机上，尽管飞机的整体速度没有达到音速，但由于飞行速度接近音速时，飞机机体的某些部位，例如机翼上表面的气流速度比飞机其他地方的速度都高，在其他部分没有达到音速时这里首先达到音速，开始形成激波。这种在飞行速度尚未达到音速而在物体表面局部地区产生的激波称为"局部激波"。当局部阻力增大时，飞机结构容易受损，而且机翼上表面的局部激波会使机翼升力下降而造成"激波失速"。为了解决这一问题，人们一改平直的机翼形状，提出了后掠翼设计方案。

机翼前缘与机身轴线的垂直线之间的夹角称为掠角，如果向后，这个夹角称为后掠角，有后掠角的机翼称为后掠机翼，掠角为0°的机翼称为平直机翼。在平直机翼上，气流速度$v$垂直于机翼，整个速度在产生升力上都是有效的，机翼上方通过气流流速比飞行速度要高，因而在$v$没有达到音速$a$时就产生局部激波。而对后掠机翼，因为机翼和速度$v$有一个夹角，只有垂直于机翼的速度分量$v_1$产生升力，才是有效的，沿着机翼的速度$v_2$产生摩擦阻力，对增加气流有效速度是无效的，局部激波的产生由$v_1$的大小来确定。$v_1$是$v$的分量，它总比$v$小，所以飞行速度在更接近音速时才会产生激波，如图3-12所示。因此，后掠机翼可以提高飞机的临界马赫数。一般民航客机的后掠角在25°～40°。

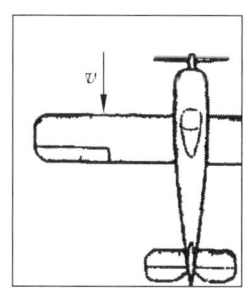
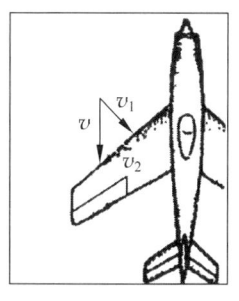

(a) 平直机翼　　(b) 后掠机翼

图3-12　流过平直机翼和后掠机翼的气流速度

可以看出，阻力和升力都是由于飞机和空气的相对运动而产生的，同时产生的阻力和升力受着相同因素的影响，因而有着形式上相同的计算公式：

$$D = C_D \frac{1}{2} \rho v^2 s_w$$

式中　$D$——阻力；

　　　$C_D$——由实验得出的阻力系数。

（三）重力和推（拉）力

重力由飞机的质量大小决定，推（拉）力由发动机来提供。最理想的状态是推（拉）力尽可能大而重力尽可能小，而增大推（拉）力就需要使用大功率的发动机，这必然使重量增加，所以说飞机动力装置发展的历史就是发动机的推（拉）力增大而重量减轻的发展史。同样，对于升力和阻力，则希望升力增大，阻力减小。因为升力的增加必然带来阻力的增加，所以在飞机机体的发展史中，飞机的设计制造人员一直为在得到足够的升力的情况下，尽可能地减少阻力而奋斗。现代民航飞机上采用了多种措施来提高升力和降低阻力。

## 单元三　飞机的平衡、稳定和操纵

### 一、飞机的平衡

与地面运行的车辆不同，在空中飞行的飞机必须考虑三个轴面的运动，才能顺利完成飞行任务。飞机的三个轴都通过飞机的重心，如图3-13所示，从机头到机尾的轴是纵轴，又称滚转轴；通过重心和纵轴垂直伸向两翼的轴称为横轴，又称俯仰轴；与纵轴和横轴组成的平面垂直的轴称为立轴，又称偏航轴。纵轴和横轴形成的平面称为横向平面，纵轴与立轴形成的平面称为纵向平面，是飞机的对称面。飞机绕纵轴的转动称为滚转，绕横轴的转动称为俯仰，绕立轴的转动称为偏航。

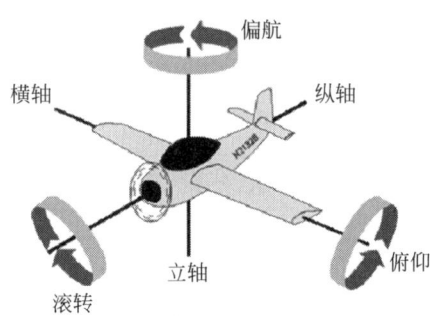

图3-13　飞机的三个轴

当飞机的各种合力为零时，飞机处于平衡状态，这时飞机在各个轴上都不转动，只做匀速直线运动。飞机在匀速平飞时就处于平衡状态，这时重力和升力平衡，阻力和推力平衡。如果飞机上的作用力不平衡，飞机就要做加速或改变方向的运动。在水平方向上，如果推力大于阻力，飞机就加速平飞；如果推力小于阻力，飞机就减速飞行。在垂直方向上，如果升力大于重力，由于飞机在前进，飞机将向上做圆周运动，升力和重力之差变为向心力；当重力大于升力时，飞机做向下的圆周运动，如图3-14所示。如果飞机侧倾，这时飞机的升力不再垂直于地面，它的垂直分力和重力平衡，而水平分力则变为向心力，使飞机向倾斜的一侧转弯，这种转弯称为侧滑转弯，因而当利用副翼使飞机侧倾时，飞机就会转弯。如果飞机利用方向舵转弯，这时飞机不做倾斜，由方向舵偏转引起的侧向力形成力矩使飞机转弯。

图3-14　飞机上升和下滑时的受力情况

## 二、飞机的稳定性

在飞行中的大部分时间内，飞机保持稳定的飞行，方向不变，速度均匀，当有外力干扰时，飞机可以不依靠驾驶员的干预，逐渐地自动恢复其原飞行状态，这种性能称为飞机的稳定性，又称"飞机的安定性"。但要完成飞行任务，飞机还必须通过驾驶员的操纵来改变飞行的姿态（高度、方向）以达到预定的航线。飞机对操纵的反应，称为飞机的操纵性。不难看出，飞机的操纵性和稳定性之间有着密切的、对立统一的关系，稳定性好的飞机，操纵性就要差一些；反过来，操纵性好的飞机就要丧失一部分稳定性。因此设计师根据飞机使用的目的，在两者之间取得平衡。一般来说，大型和民用飞机稳定性要求比较高，军用飞机则更多地考虑操纵性。

一个稳定的系统是指这个系统受到干扰时有能力回到原来的状态，稳定的状态必然平衡，而平衡的状态不一定稳定。飞机在平飞时，如果短时间的气流干扰使它改变了飞行状态，当干扰过后，驾驶员不加操纵，飞机自己恢复了原来的飞行状态，就是稳定状态；如果干扰之后飞机不能恢复原来的飞行状态，而是继续偏离原来状态，这就是不稳定的；如果干扰之后，飞机在新状态下保持新的平衡，这就是中性稳定，如图3-15所示。

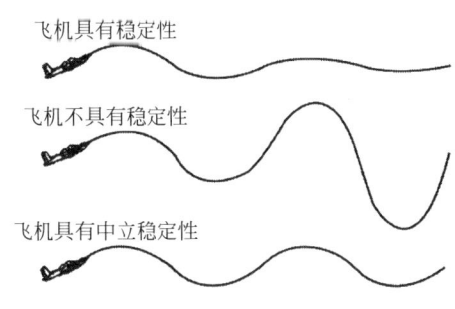

图3-15　飞机的稳定状态

飞机的稳定对飞行安全尤为重要，如果飞机是不稳定的，在遇到扰动时，无论扰动大小，驾驶员都必须对飞机进行操纵以保持平衡状态，否则飞机就会离初始状态越来越远。不稳定的飞机不仅极大地加重了驾驶员的操纵负担，使驾驶员随时随地处于紧张状态，而且驾驶员对飞机的操纵与飞机自身运动的相互干扰还容易诱发飞机的振荡，造成飞行事故。

飞机的稳定性按所研究的运动参数不同，分为纵向稳定性、横向稳定性和方向稳定性。它们分别研究受扰动后飞机的俯仰运动、倾斜滚转运动和偏航运动。

（一）纵向稳定性

如图 3-16 所示，当飞机受到扰动以致纵向平衡状态遭到破坏，而在扰动消失后，飞机能自动恢复到原来的纵向平衡状态，则称飞机具有纵向稳定性（俯仰稳定性）。它主要取决于重心和气动力中心之间的相互位置，飞机的气动力中心是机体升力合力的作用点，对于亚音速飞机，这一点位于机翼 1/4 弦线和纵轴的交点。

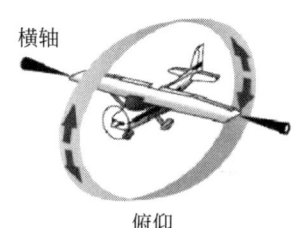

图 3-16 飞机的纵向稳定性

在飞行过程中，作用于飞机的俯仰力矩主要是机翼力矩和水平尾翼力矩。当飞机的迎角发生变化时，在机翼和尾翼上都会产生一定的附加升力。当飞机受到扰动而机头上仰时，机翼和水平尾翼的迎角增大，产生一个向上的附加升力，如果飞机重心位于气动力中心的前面，则此向上的附加升力会对飞机产生一个下俯的稳定力矩，使飞机趋向于恢复原来的飞行状态。反之，当飞机受扰动而机头下俯时，机翼和水平尾翼的迎角减小，会产生向下的附加升力，此附加升力对重心形成一个上仰的稳定力矩，也使飞机趋向于恢复原来的稳定状态。

因此，飞机的纵向稳定性主要取决于飞机重心的位置，只有当飞机的重心位于气动力中心之前时，飞机才是纵向稳定的；如果飞机的重心位于气动力中心之后，则飞机是纵向不稳定的，如图 3-17 所示。如果重心和气动力中心作用在同一点，则飞机处于中性稳定状态，即使遇到干扰，飞机在新状态下依然平衡，但这种状态是很难做到的。飞机的纵向稳定性还取决于水平尾翼的大小，它的面积越大，飞机的纵向稳定性就越好。

飞机重心的位置会随装载情况和燃油消耗状态的不同而不同，当重心位置后移时，将削弱飞机的纵向稳定性，所以在配置飞机载重时，应当注意要妥善安排各项载重位置，不使飞机重心后移过多，以保证重心位于所要求的范围内。重心前移可以增加飞机的纵向稳定性，但并不是稳定性越大越好。例如，稳定性过大，升降舵的操纵力矩就难以使飞机抬头。因此，如果重心前移使稳定性过大，会导致飞机的操纵性变差。

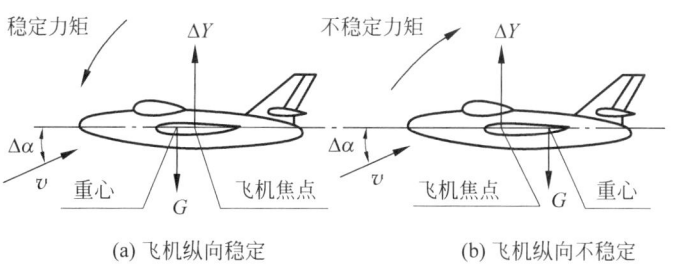

(a) 飞机纵向稳定　　　　(b) 飞机纵向不稳定

图 3-17　飞机纵向稳定性的力矩

## （二）横向稳定性

如图 3-18 所示，当飞机受到扰动以致横向（侧向）的平衡状态遭到破坏，而在扰动消失后，飞机自身能产生一个恢复力矩，使飞机趋向于恢复原来的平衡状态，则称飞机具有横向稳定性（侧向稳定性）。在飞行过程中，使飞机自动恢复原来横向平衡状态的滚转力矩，主要是由机翼上反角、机翼后掠角和垂直尾翼的作用产生的。

先来看上反角的情况。如图 3-19 所示，在飞机平飞的过程中，当一阵风吹到飞机的左翼上，使飞机的左翼抬起，右翼下沉，飞机受扰动而产生向右的倾斜，这时飞机的升力不再垂直于地面，它与重力不再平衡，而是形成一个合力，合力指向右下方，飞机沿着合力的方向运动，此运动称为侧滑。此时，相对的气流从右前方吹来，由于存在上反角，右翼和这股气流形成的迎角 $\alpha_1$ 要大于左翼的迎角 $\alpha_2$，右翼有效迎角增大，升力也增大；左翼则相反，有效迎角和升力都减小。左右机翼的升力之差形成滚转力矩，力图减小或消除倾斜，进而消除侧滑，使飞机具有自动回到横向平衡状态的趋势。也就是说，飞机具有横向稳定性。

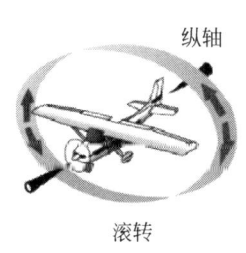

图 3-18　飞机的横向稳定性

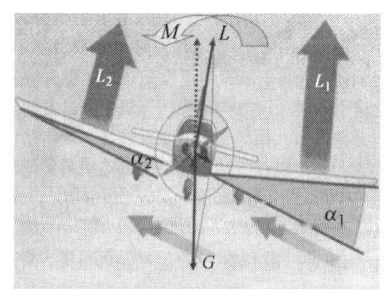

图 3-19　机翼上反角与横向稳定性

对于有后掠角的飞机，如图 3-20 所示，由于飞机侧倾，有一个侧滑运动。机翼与相对这个方向吹来的侧风产生相对速度 $v$，$v$ 在左翼上分解为垂直于机翼的 $v_1$ 和沿机翼的

$v_2$，同样在右翼上速度分解为垂直于机翼的 $v_3$ 和沿机翼的 $v_4$，尽管吹过来的侧风在两个机翼上的相对速度 $v$ 是相等的，但垂直流过机翼的风速则是 $v_1 < v_3$。沿着机翼的速度对升力不起作用，而垂直于机翼的速度决定着升力的大小。因此右翼的升力大于左翼，两边机翼升力之差形成滚转力矩，力图减小或消除倾斜，使飞机具有横向稳定性。

由于侧倾时有侧滑出现，垂直尾翼受到侧面的风，这个风力产生的力矩作用点高于飞机的重心，因而产生恢复横向稳定的力矩，如图 3-21 所示。此外，飞机在垂直平面上重心位置相对于支撑面（机翼平面）的高低也对横向稳定起作用，正如地面车辆一样，重心高的横向不稳定，容易翻车，上单翼飞机由于重心低，因而横向稳定性高于下单翼飞机。

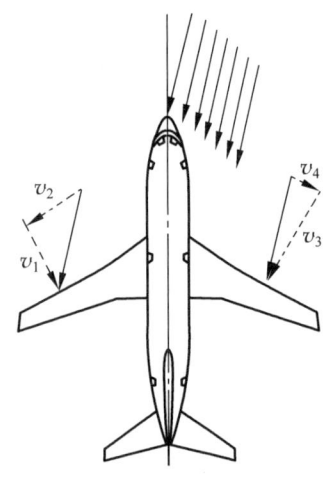

图 3-20　机翼后掠角与横向稳定性

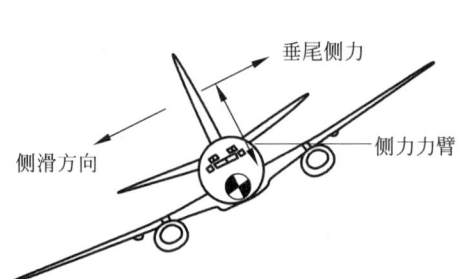

图 3-21　机翼垂尾与横向稳定性

（三）方向稳定性

如图 3-22 所示，当飞机受到扰动以致方向平衡状态遭到破坏，而在扰动消失后，飞机能趋向于恢复原来的平衡状态，则称飞机具有方向稳定性（航向稳定性）。飞机主要靠垂直尾翼的作用来保证方向稳定性。

飞机的飞行方向和飞机纵轴的夹角称为偏航角，当飞机受到干扰，机头向左（右）出现了偏航角，这时相对的气流就会吹到与航向偏斜的垂尾上产生向左（右）的附加侧力，此力对飞机重心形成一个方向稳定力矩，力图使机头右（左）偏，消除侧滑，使飞机恢复到原来的航向，如图 3-23 所示。飞机的速度提高，方向稳定性减弱，因而有些高速大型飞机的垂直尾翼做得很大，有的做成双垂尾。

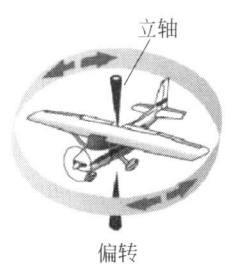

图 3-22　飞机的方向稳定性

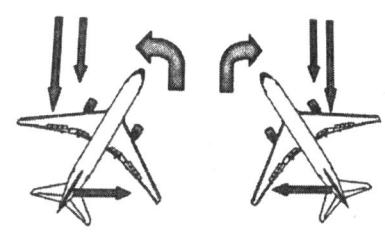

图 3-23　飞机垂尾与方向稳定性

飞机的稳定性并非越强越好。首先，稳定性越强时操纵飞机改变飞行状态所需要的力矩越大，因而使操纵性变坏。其次，稳定性强表明飞机受到干扰后恢复的力矩强，这就使飞机恢复原状态时摆动的强度增加，使飞机回到正常位置时不能及时停止，要反复摆动多次，这对飞机的乘员和结构都是不利的。在考虑侧向稳定时，对上单翼飞机或一些大后掠翼飞机，由于不希望其有过强的横向稳定性，而采取下反角机翼。如果横向稳定性过强而方向稳定性较差，则在飞机左右摆动时会引起较大的方向改变，飞机会有自发的周期性的侧滑、滚转和偏航运动，这种现象称为荷兰滚。如果方向稳定性过强，横向稳定性较弱，会引起飞机在方向不稳时自发的侧倾，使飞机螺旋形下降。因而横向和方向上的稳定性要很好地配合考虑。

### 三、飞机的操纵性

飞机的操纵性是指飞机对驾驶员的操纵做出相应响应的特性。驾驶员通过三个主操纵面——升降舵、副翼和方向舵来改变飞机的飞行姿态。前面提到过，操纵性的好坏与飞机稳定性的大小有密切关系，稳定性越大，即飞机保持原有飞行状态的能力越强，则要改变它就越不容易，操纵起来也越费劲，反之亦然，操纵性好的飞机，其稳定性会减弱。飞机的操纵性同样分为三个维度——俯仰操纵性、滚转操纵性和偏航操纵性。

#### （一）俯仰操纵性

飞机的俯仰操纵性（纵向操纵性）是指驾驶员操纵驾驶杆使升降舵偏转之后，飞机绕横轴转动而改变迎角等飞行姿态的特性。升降舵是水平尾翼上的可活动部件，在直线飞行中，驾驶员前推驾驶杆，升降舵向下偏转，水平尾翼迎角加大，升力增大，飞机尾部上升，产生一个低头力矩使飞机低头；如果驾驶员后拉驾驶杆，则升降舵向上偏转，水平尾翼迎角减小，升力减小，飞机尾部向下，产生抬头力矩使飞机抬头。驾驶杆拉或推的角度越大，升降舵偏转的角度就越大，产生的俯仰力矩也越大。

#### （二）滚转操纵性

飞机的滚转操纵性（横向操纵性）是指在飞行员操纵副翼后，飞机绕纵轴滚转而改变滚转角速度、坡度等飞行姿态的特性。副翼在左、右两翼的外端后缘各一片，它们的运动被设计成相反的，即左侧上转时，右侧一定下转，反之则左下右上。当驾驶员向左压驾驶杆时，左副翼向上，右副翼向下，这时右机翼迎角增大，升力增大，而左机翼升力减小，两翼升力之差产生向左的滚转力矩，使飞机向左倾斜；若向右压驾驶杆，则右副翼向上，左副翼向下，飞机便向右倾斜。如果是用驾驶盘的飞机，则左转或右转驾驶盘，与左右压杆的操纵作用是一样的。

### （三）偏航操纵性

飞机的偏航操纵性（方向操纵性）是指在飞行员操纵方向舵后，飞机绕立轴偏转而改变其侧滑角的飞行特性。方向舵是垂直尾翼上的可活动部件，当飞机直线飞行时，方向舵在中立位置和机身纵轴重合，如果要向右转弯，驾驶员踩右脚蹬，方向舵向右转，相对气流吹向方向舵，就在方向舵产生一个向左的力，对重心形成右转的力矩，飞机绕垂直轴向右转。如果要使飞机左转，则踩左脚蹬，方向舵左转产生左转力矩。

飞机的操纵性受到许多因素的制约。影响飞机操纵性的因素有飞机重心位置的前后移动、飞行速度、飞行高度、迎角等。飞行中由于燃料的消耗、速度的改变、乘客走动以及侧风等原因，驾驶员需要长时间操纵驾驶杆和脚蹬，以保持飞机的稳定飞行。长期的操纵会使驾驶员疲劳，精力分散，造成安全隐患。因而飞机上有一系列的辅助操作系统，如襟翼、扰流板、调整片等，在特定的飞行状态下辅助主操纵系统对飞机进行更为有效的操纵。

## 单元四　飞机的飞行过程

飞机要完成一次飞行任务需经过滑行、起飞、爬升、巡航、下降、进近和着陆等几个阶段，如图 3-24 所示。

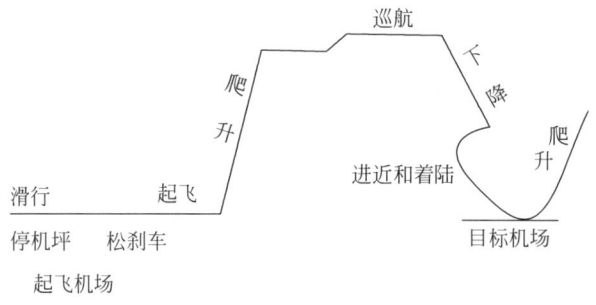

图 3-24　飞机的飞行过程

## 一、滑行阶段

飞机在地面停放后,在机轮下都会放置轮挡,防止飞机运动,当飞机启动发动机准备运动时,地面人员会撤去轮挡。从这个时候起计算飞机的运行时间,称为轮挡时间,计算的耗油量称为轮挡油耗。飞机由机坪启动,经滑行道到达跑道端准备起飞,这是滑行阶段。滑行阶段是飞机重量最大的时刻,也是驾驶员做起飞前各种准备和检查的时刻。

## 二、起飞阶段

起飞阶段是指由飞机在跑道端松开刹车开始,到飞机离开地面达到规定的高度(一般规定为1500英尺或457m)。这一段时间是飞机功率最大和驾驶员操作最繁忙的时候,也是飞行事故较多的阶段之一。

飞机起飞分为两个阶段,第一阶段是滑跑阶段,如图3-25所示。飞机以最大功率在地面滑跑,由于起始阶段速度不大,方向舵不起作用,驾驶员控制着前轮方向以保持飞机直线前进,当速度达到80km/h时,驾驶员用驾驶杆操纵飞机,但在达到决断速度$v_1$以前,驾驶员的手不离油门杆,以便在发生突发情况时中止起飞。$v_1$是在飞机设计制造时经计算决定的,它表示当飞机速度达到这一速度之后,飞机的刹车能力不能保证飞机在跑道长度内中止运动,驾驶员必须继续加速执行起飞,如果这时中断起飞,必然会冲出跑道造成事故。当速度继续增加到一定数值时,机翼的升力和重量大致相等,驾驶员拉杆向后,飞机绕横轴转动,抬起机头,前轮离地,这个速度称为抬前轮速度$v_R$。这时飞机开始离地升空,完成起飞的第一阶段。

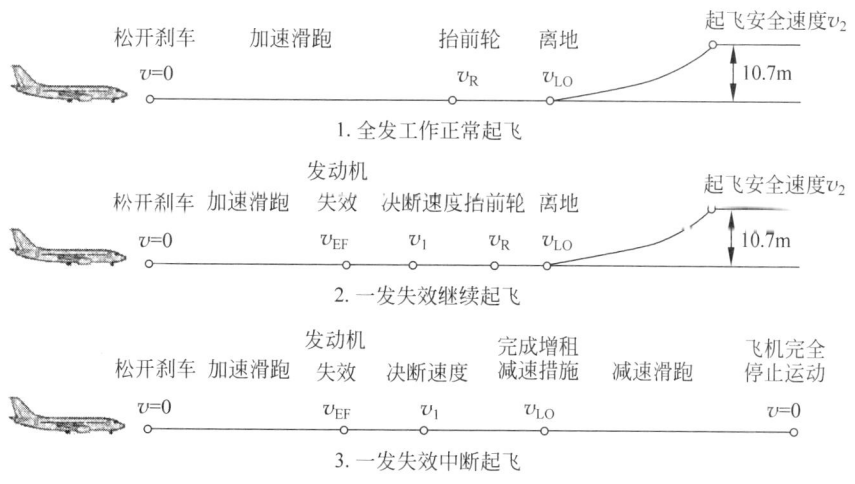

图3-25 飞机起飞的三种基本情况

第二阶段是加速爬升阶段。它的第一段是飞机离开地面 35 英尺（10.7m）并达到起飞安全速度 $v_2$，这表示飞机已经脱离了地面的制约，可以安全地继续升高。从这点开始，飞机继续爬升达到规定高度，起飞阶段结束。从跑道端飞越 35 英尺（10.7m）的地面距离称为起飞距离，起飞距离越短越好，其长短取决于发动机推力的大小、飞机的重量、增升装置（襟翼、缝翼）的性能，同时也和海拔高度、地面温度、风速风向、跑道道面等外界因素有关。

### 三、爬升阶段

由起飞阶段终止高度到爬升至巡航高度的阶段称为爬升阶段。爬升主要有两种方式，一种是连续爬升，即按固定的爬升角度持续爬升达到预定高度。这样做的好处是爬升时间短、对地面噪声影响小，但发动机所需的功率大，燃料消耗大。另一种是阶段式爬升，即飞机升到一定高度后，水平飞行以增加速度，然后继续爬升到第二高度后再平飞，经过几次平飞、爬升后达到预定高度。由于飞机的升力随速度升高而增加，同时燃油的消耗使飞机的重量不断减轻，因而这样的爬升最节约燃料。

连续爬升可以选择不同的爬升角度和速度，一般有以下三种选择。

（1）最佳爬升角空速。以这种空速爬升，在给定的距离内飞机爬升的高度最大，这种爬升上升的角度最大，发动机使用的功率也最大，因而一般用于刚离开跑道超越障碍物的一段时间之内，在越过这一段后，改用其他方式，以防止发动机过热损坏。

（2）最佳爬升率空速。以这种空速爬升，在给定的时间内飞机爬升的高度最大，爬升角度比前一种小，发动机使用的功率也小，但爬升速度快，因而在同样的时间内爬升的高度高。这种方法可能在短距离内不能超越障碍，通常在越障后使用这一速度迅速升高，避开噪声敏感区或上升到一定的离地高度。

（3）正常爬升空速。前两种爬升方式都要求大推力，发动机都工作在大负荷状态，会产生过热不能持续工作，因而在到达一定高度后，在保持发动机能持续工作状态下的爬升空速，称为正常爬升空速，又称巡航爬升速度。这时爬升角小，升高的速度慢，飞行速度增加，发动机功率提高，因而在爬升到一定高度后，应采用正常爬升速度继续提升高度。

### 四、巡航阶段

飞机达到预定高度后，保持水平匀速飞行状态并稳定飞行，即巡航阶段。飞机飞行的大部分时间都处于这一阶段。这时如果没有天气变化的影响，飞机操纵很稳定，几乎不需要驾驶员调整，这一阶段事故率最低。

巡航阶段的飞行速度是由驾驶员根据需求而选择的适合的速度，这个速度称为巡航速度，发动机功率直接影响巡航速度，使用最大运行功率可以得到最大巡航速度，航行时间缩短，但燃油消耗增加。如果希望在给定燃料条件下飞的航程最远，可以把发动机功率设定在最大航程一挡。速度的差异给航空公司收益上带来的差别并不太大，所以航空公司更注重于节省燃油，而不是追求速度，因而经济巡航速度比最大巡航速度在营运上更为重要。对于远程客机，一般的最大巡航速度可达 M0.9（B747），经济巡航速度在 M0.85 左右。而对中短程客机，最大巡航速度为 M0.82（B737），而经济巡航速度在 M0.75～M0.78。

在巡航阶段飞机飞行的高度称为巡航高度。它主要受发动机性能的影响。飞行高度越高，空气密度越小，空气阻力也就越小。对于喷气式飞机，最佳巡航高度为 9000～13000m，活塞式发动机在 5000m 以上的高度时功率明显下降。

### 五、下降阶段

下降阶段是指飞机从巡航高度降至 1500 英尺（457m）的阶段，这个阶段和爬升阶段对应。飞机逐渐降低高度，以节约燃料，一般在距机场半小时航程时开始下降。

### 六、进近和着陆阶段

这是飞行过程中又一个操作复杂、极易出现问题的阶段。进近又称进场，是指飞机在距机场一定距离时，从给定的定位信标上空，在地面管制人员的引导和指挥下，按规定路线减速、下降高度、对准跑道的过程。着陆是指当飞机高度降到 600m 以下时，飞机放下襟翼，放下起落架，对准跑道后从离地 50 英尺（15m）开始接地，直到飞机的速度为零。由 50 英尺高度到完全停止的距离称为着陆距离，这个距离也是越短越好。它的长短取决于飞机增加阻力的装置（襟翼、扰流板），也取决于刹车和反推装置的使用。和起飞一样，外界的风速、风向、温度、海拔、跑道道面也影响着陆距离的长短。

在着陆过程中，当飞机下滑到离地面 7～8m 高度时，驾驶员要把机头拉起，到 1m 左右高度时使飞机拉平，飞机平行接地，一般称为平飘。飞机两个主轮平衡着地，飞机前轮仍然离地，以一定迎角滑跑一段距离以增加阻力，然后前推驾驶杆使前轮着地，这时使用刹车和反推装置（喷气式飞机）或反桨装置（螺旋桨飞机）使飞机尽快减速，完成在跑道上的滑行，进入滑行道，驶向机坪。

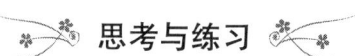

## 思考与练习

### 一、不定项选择题

1. 飞机最理想的飞行圈层是____。

A．对流层 B．平流层
C．中间层 D．热层

2．飞机上的升力主要是由____。

A．发动机产生 B．飞机螺旋桨产生
C．飞机重力产生 D．飞机机翼面上的压强差产生

3．当气流流过机翼时，气流在机翼前缘分离，一般____。

A．机翼上表面弯曲弧度小，流过上表面的流速慢
B．机翼上表面弯曲弧度小，流过上表面的流速快
C．机翼上表面弯曲弧度大，流过上表面的流速快
D．机翼上表面弯曲弧度大，流过上表面的流速慢

4．机翼的弦线与相对气流速度之间的夹角称为____。

A．机翼的安装角 B．机翼的上反角
C．纵向上反角 D．迎角

5．下列阻力中，仅在高速飞行中出现的是____。

A．激波阻力 B．摩擦阻力
C．压差阻力 D．诱导阻力

6．飞机的重心位置后移对飞机的____产生影响。

A．纵向稳定性 B．方向稳定性
C．横向稳定性 D．不影响稳定性

7．一架飞机绕它的纵轴进行横向操纵时，是通过操纵____。

A．升降舵来实现的 B．副翼来实现的
C．方向舵来实现的 D．上述操纵面中BC两个组合来实现的

8．一架飞机绕它的横轴进行俯仰操纵时，是通过操纵____。

A．升降舵来实现的 B．副翼来实现的
C．方向舵来实现的 D．上述操纵面中BC两个组合来实现的

9．一架飞机绕它的立轴进行方向操纵时，是通过操纵____。

A．升降舵来实现的 B．副翼来实现的
C．方向舵来实现的 D．上述操纵面中BC两个组合来实现的

10．飞机飞行中，事故率最低的是____。

A．起飞阶段 B．爬升阶段
C．巡航阶段 D．下降阶段

11. 下列选项中，____会使机场的能见度降低。
    A．降水　　　　B．大雾　　　　C．风沙　　　　D．烟幕
12. 下列选项中，____是影响飞机飞行的大气物理参数。
    A．气压　　　　B．气温　　　　C．空气密度　　D．音速
13. 飞机在飞行中受到的作用力有____。
    A．升力　　　　B．推力　　　　C．重力　　　　D．阻力
14. 下列阻力中，飞机在低速飞行中会遇到的是____。
    A．干扰阻力　　B．摩擦阻力　　C．压差阻力　　D．诱导阻力
15. 飞机起飞时需要____。
    A．逆风　　　　B．顺风　　　　C．侧风　　　　D．均可

二、思考题

1．简要分析平流层对飞机飞行的利弊。
2．简述大气运动对飞行的影响。
3．简述飞机上的升力是如何产生的。
4．简述飞机的稳定性是如何实现的。
5．简述飞机完成一次飞行任务需要经过哪些阶段。

# 模块四 空中交通管理

空中交通包括飞行器在空中的飞行状态、飞行路线、两机交汇等情况。空中交通存在的问题有很多,快速增加的航班量导致空域压力处于饱和状态,空域拥挤繁忙,管制员工作负荷加大使得管制员压力增大,同时造成航班大面积积压延误等问题显著。这些问题将极大影响空中交通安全、有序、高效的运行。为了安全和效率起见,要求飞行活动能按照一定的规则来组织进行,这就是空中交通管理。

## 单元一 空中交通管理概述

### 一、空中交通管理的定义

空中交通管理(Air Traffic Management,ATM)是指有效地维护和促进空中交通安全,维护空中交通秩序,保障空中交通畅通进行动态和一体化管理的总称。其内容主要包括空中交通服务、空中交通流量管理和空域管理。

### 二、空中交通管理的发展历程

(一)第一阶段

20世纪30年代之前,飞机构造简单,飞机的飞行距离只有几百米,局限在天气良好的白天目视飞行,如图4-1所示,因而就有了目视飞行规则,目视飞行规则为该阶段的主要特征。

20世纪30年代后期,随着飞机飞行性能的提高、无线电通信设备在飞机上的使用,以及地面导航设备的安装,驾驶员可以在看不到地标和看到其他飞机的情况

图4-1 小飞机目视飞行

下进行飞行。在繁忙的机场，飞行活动量很大，这就需要有一个管理人员（后称为空中交通管制员，简称管制员），确保空中交通的安全有序运行。当时的管制员只是用红旗和绿旗来控制飞机的起飞和降落，但受天气和夜间的影响，很快由信号灯取代了旗子，处于机场最高位置的塔台也相继建立，如图4-2所示。在1934年前后，机场装备了无线电收发机，一些大型飞机也装备了通信设备，管制员通过无线电和驾驶员相互通话，以确保安全飞行。

图4-2　信号灯

（二）第二阶段

1934年之后，诞生了载客量在20人以上、飞行速度达到300km/h的飞机，机上装备了无线电通信和导航设备，飞行仪表系统也有了很大改进，飞行员可以不用通过观看地面而确定飞机的姿态和掌握飞机位置。在一些繁忙的机场，飞行活动量增大，这就需要有管制员，管制员利用无线电设备与驾驶员通话，指挥飞机起飞、降落和调整空地秩序，飞行安全系数大幅度提高，如图4-3所示。航空发达国家纷纷成立交通主管部门，制订了按仪表实施安全飞行的仪表飞行规则并使用自己的航路建立了交通管制中心，这些管制单位将各航站发来的飞行计划，结合驾驶员通过各站点的位置报告将其填写在飞行进程单上，确定空中飞机的相互关系位置和掌握飞机沿航路飞行的情况，以此发布指令，实施管理，这种管制方法被称为程序管制，如图4-4所示。以程序管制为主要手段的交通管制，依赖于航路网的建立和沿航路设置的导航站、机场塔台、区域管制中心和航路管制中心的建设和工作，程序管制为该阶段的主要特征。

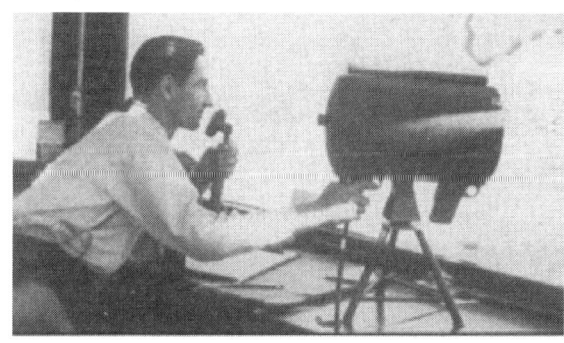

图4-3　无线电通信和导航

图4-4　程序管制

## （三）第三阶段

第二次世界大战后，飞机的技术、性能有了很大的提高，飞机的数量增加，飞机的航程、升限、速度、载重量和飞行速度都大幅度增长，迫切需要一个组织能把全世界的航空法规大体统一在一个标准之下。在此情况下，1944年成立了国际民航组织（ICAO），各国签订了"民用航空公约"。在第一次空中规则和空中交通管制专业会议上，代表们在空中交通管制的标准、措施和程序方面提出建议并很快被国际民航组织采用。

20世纪50年代，雷达技术被用于空中交通管制，随后又出现了二次雷达，由于雷达管制覆盖面大，管制人员可以通过雷达屏幕掌握飞机的编号、高度、速度、距离等参数，在一些重要机场和地区就出现了由雷达管制取代传统的程序管制。雷达管制为该阶段的主要特征，如图4-5所示。

图4-5 雷达管制

20世纪70年代，仪表着陆系统（ILS）作为国际民航组织推荐的标准设施投入使用，无线电信号引导飞机在能见度和云底层很低的情况下着陆，极大地提高了航路的成长性和飞行安全率。

## （四）第四阶段

这一时期的主要进展是电子技术的飞速发展，计算机在机载设备和空管地面设施上的广泛应用。卫星通信和定位技术的成熟，使得驾驶员、管制员和各种保障单位、决策机构可以实时掌握飞机的准确位置并进行通信，因而使大范围空中交通管理有了实现的可能，如图4-6和图4-7所示。在20世纪80年代提出了空中交通管理的综合概念，空中交通管制成为空中交通管理的一个重要组成部分。卫星和计算机网络技术在空管系统的应用，使整个空管系统和正在飞行的飞机组成一个可以实时处理的自动信息交换系统，因而可以在大范围内使空中交通按照总体的调度和安排顺利进行。

进入21世纪，各国相继对本国的民航业未来发展进行长期的规划，尤其以欧洲和美国为主倡导新一代空中交通管理系统的建设。2004年，欧洲正式在欧盟范围内实施了统一空中交通管制的"欧洲单一天空"计划，其重要目标就是改善安全、减少空中交通管制的分割现象。

图4-6 空中交通管理中心

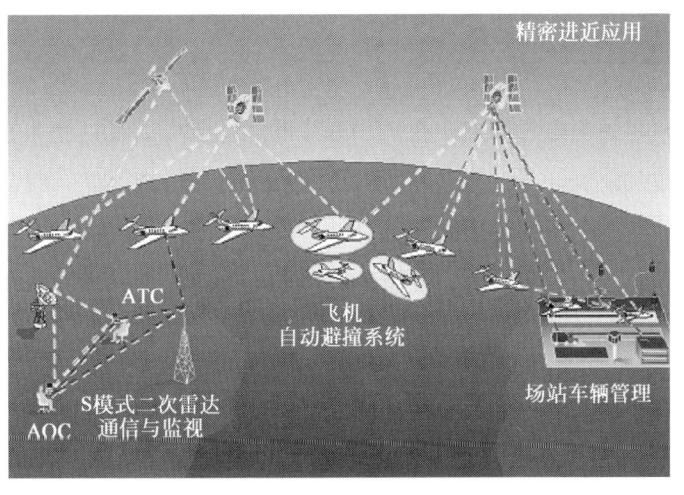

图 4-7　基于卫星通信的导航与监视

2008 年，美国联邦航空局公布了《下一代航空运输系统执行计划 2008》（以下简称《执行计划》）和《美国 2025 年航空运输远景》，以满足空中飞行的各类机型组合的需要，为旅客和货主提供更多的选择。同时，未来的系统还将保证在各种环境中的（除最差气候外）航班飞行安全，极大地减少旅客的中转时间。《执行计划》实现以用户为中心的分散式决策机制，充分利用人机效能在安全上实现集成化，同时还具有稳定性与适应性、安保层级适应性、环境保护管理和国际和谐化的特征。

为了推动我国建设民航强国的进程，建设以空中交通管理现代化与绩效型组织为目标的运行机构，全面夯实空管基础设施，全面提升运行精细化水平，全面应用成熟航行新技术，努力实现从被动适应向主动支撑行业发展的战略转变。

（1）推进空管运行一体化。在管制单位设置空域管理和流量管理席位，完善运行程序，初步实现空域管理、流量管理、管制服务一体化运行。建立全国空中交通流量管理中心，完善与航空公司、机场之间的协同决策程序。

（2）提高空中交通管制水平。推进相邻管制单位间实现数据通信应用，提高管制协调移交可靠性和工作效率。全面建设管制运行现场管理系统，建立管制运行安全与效率评价体系。

（3）提高航空气象和情报服务能力。建设新一代航空气象服务体系，完善中高密度机场自动气象观测系统配置、天气雷达配备和高性能机场气象雷达建设。

（4）提高应急容灾能力。合理控制超大型管制中心规模，降低集中运行风险；建立大型区域管制中心应急容灾互备模式和区域管制中心对终端/进近管制中心的备份模式；加强主要设施设备的应急备份系统建设，完善移动应急系统。

### 三、空中交通管理的任务

空中交通管理的目的是考虑空中及地面系统的运行能力以及经济上的需要,为用户提供空域利用上的最大效能;考虑飞机装备的等级和运行目的的不同,灵活地组织不同用户之间分享空域;保证空中交通管理系统的总效率;空中交通管制向用户提供从起飞到着陆的连续协调、有效服务和管制,确保安全;保持国际上的协调一致,保证飞越国境时能顺利运行。

空中交通管理的基本任务是保证空中交通安全,提高经济效益,保障空中交通高效畅通。例如,在考虑到整个航线网络的飞行量后,可以使飞机在起飞机场就得到控制,以避免飞机起飞后在空中出现无谓的等待、盘旋,或使用不经济的飞行高度层而造成燃油消耗。

### 四、空中交通管理的组成

空中交通管理由三部分组成:空中交通服务(ATS)、空域管理(ASM)和空中交通流量管理(ATFM),其中空中交通服务是核心。

空中交通服务的主要目的是防止航空器之间、航空器与障碍物之间发生碰撞,加速和维持有秩序的空中交通活动。

空域管理是指依据既定空域结构条件,按照各种不同飞行的需要,灵活地划分空域来满足不同类型飞机飞行的需要,实现对空域资源的充分利用。

空中交通流量管理是指当某区域空中交通流量超出或即将超出该区域空中交通管制系统的可用能力时,预先采取适当措施,保证空中交通流量最佳地流入或通过相应的区域。空中交通流量管理有助于实现空中交通管制的目的,能够达到对机场和空域容量的最大利用效率。

**民航空管全力保障重大紧急运输,畅通空中通道**

民航空管系统"十三五"期间圆满完成了各类重大保障任务,特别是疫情期间畅通民航空中通道,为全行业疫情防控和民航持续安全飞行贡献了力量;面对持续高密度、大流量运行的环境,空管系统推动运行标准与时俱进,流控措施不断优化,管制间隔大幅缩小,五年新增航路航线263条,总里程较"十二五"时期增加19.29%;面对新技术革命带来的机遇,空管系统持续加大科研投入,空管自动化系统国产化率达到80%以上,ADS-B、自动转报系统、民航通信网节点设备完全实现国产化;抓住有利的改革发展环境，空管系统深化融合发展，与地方关系更加紧密，与航空公司、机场协作更加高效，与周边国家、企业、高校合作更加务实，参与国际民航事务更加深入；围绕新时期党的建设总要求，空管系统将政治优势、组织优势转化为推动空管改革发展的强大动力，为打赢安全运行保卫战、疫情防控阻击战、脱贫攻坚决胜战提供了强大支撑。

摘自：中国民用航空局空中交通管理局网站，有改编。

## 单元二　空中交通服务

### 一、空中交通服务的定义

与其他的交通运输方式一样，空中交通也要求管理和服务以保证飞行活动安全和有秩序地运行。空中交通服务是空中交通管制单位为飞行中的民用航空器提供的服务。

### 二、空中交通服务的目标

（1）防止空中相撞。考虑到空域使用现状，采用一切可用的间隔，发布指令，防止空中的航空器相撞，防止出现差错和危险接近等各种事件是工作的第一职责。

（2）防止地面碰撞。利用一切手段，包括使用地面活动雷达等，切实采取措施，防止飞机和障碍物在起飞、降落及其相关区域出现相撞等事故或事件。

（3）加速流量、维持秩序。对空域内飞行的航空器进行切实有效的管理，准确掌握飞行动态，确定航空器之间的相互关系，找出事关飞行冲突调配的主要航空器，利用合理的间隔标准，及时发布指令，实现加速空中交通流量、维持良好运行秩序的目的。

（4）提供信息。为了航空器的安全、有序运行，为其提供各种建议、情报、信息来避开危险天气及各种限制性空域。

（5）搜寻援救。在航空器遇险或需要提供搜寻、救援服务时，通知各保障单位及时开展工作。

### 三、空中交通服务的特点

由于空中交通本身所固有的一些性质，在向航空器提供服务时，有以下两个特点。

（1）空中交通服务的持续性。一旦空中交通开始实施或运行，它就不可能无限期地在航路上等待或延误，中止的方式就是使航空器降落，否则将面临燃油耗尽，导致效益急剧下降、成本增加甚至发生事故，因此要求空中交通服务具有持续性。

（2）空中交通服务的国际性。空中交通与其他交通方式相比越来越被赋予国际性的特点，它标志着一个地方的社会经济发展水平和文明程度，而且它不仅仅代表着当地，甚至会波及很远的地区和其他的广阔领域，因而要求空中交通服务需要一个国家范围的机构大体按国际共用的准则提供服务。

这两个特点之间具有强烈的关联性，需要提供高质量的服务，为空中交通安全、有序地运行创造良好的环境。

### 四、空中交通服务的组成

空中交通服务由空中交通管制服务、飞行情报服务和告警服务三部分组成。

1. 空中交通管制服务（ATCS）

这是空中交通服务的核心部分，主要目的防止航空器与航空器相撞及在机动区域内航空器与障碍物相撞，维护和加快空中交通的有序流动。空中交通管制服务包括区域管制服务、进近管制服务和机场管制服务。

2. 飞行情报服务（FS）

飞行情报服务主要是向飞行中的航空器提供有助于安全和有效地实施飞行的建议和情报。飞行情报服务包括航站终端自动情报通播——机场通播（ATIS）和空中交通咨询服务（ATAS）。

3. 告警服务（AS）

告警服务的目的是向有关组织发出需要搜寻援救航空器的通知，并根据需要协助该组织或者协调该项工作的进行。

### 五、间隔标准

飞行间隔是为了防止飞行冲突，保证飞行安全，提高飞行空间和时间利用率所规定的航空器之间应当保持的最小安全距离。世界上航空事业发达的国家都有国家统一的飞行间隔规定，作为维护飞行秩序、保证飞行安全的基础。飞行间隔包括垂直间隔和水平间隔。水平间隔分为横向间隔和纵向间隔。

（一）垂直间隔

1. 飞行高度层间隔

航路、航线飞行或者转场飞行的垂直间隔，按照飞行高度层配备。飞行高度层配备如

图 4-8 所示，飞行高度层按照以下标准划分。

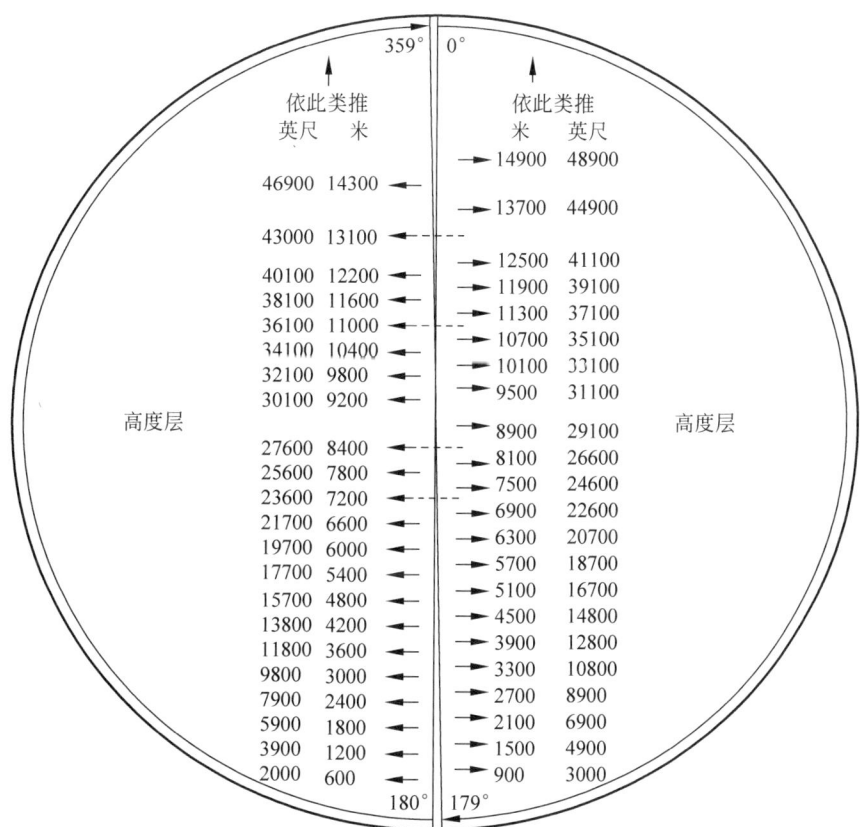

图 4-8　飞行高度层配备示意图

（1）真航线角在 0°至 179°范围内，高度由 900m 至 8100m，每隔 600m 为一个高度层；高度由 8900m 至 12500m，每隔 600m 为一个高度层；高度在 12500m 以上，每隔 1200m 为一个高度层。

（2）真航线角在 180°至 359°范围内，高度由 600m 至 8400m，每隔 600m 为一个高度层；高度由 9200m 至 12200m，每隔 600m 为一个高度层；高度在 13100m 以上，每隔 1200m 为一个高度层。

（3）飞行高度层应当根据标准大气压条件下的假定海平面计算。真航线角应当从航线起点和转弯点量取。

2．飞行的安全高度

飞行的安全高度是避免航空器与地面障碍物相撞的最低飞行高度。

航路、航线飞行或者转场飞行的安全高度，在高原和山区应当高出航路中心线、航线两侧各 25km 以内最高标高 600m；在其他地区应当高出航路中心线、航线两侧各 25km 以内最高标高 400m。

（二）水平间隔

水平间隔包括横向间隔和纵向间隔两种。

1．横向间隔

横向间隔是指航空器侧方的最低间隔距离，它的大小和使用的导航系统的精确度有关。例如，在使用甚高频全向信标（VOR）导航分散飞行时，航迹间的夹角至少小于15°，占用同样高度层的时机最早不少于距离导航台 15 海里。在雷达管制环境下，水平间距可以缩小为 10km、6km 等。

2．纵向间隔

纵向间隔是指使用同一航路，或在机场起飞和进近时的间隔规定。纵向间隔可以用时间来间隔，也可以用距离来间隔。

（1）时间间隔：用时间来间隔时，要涉及航空器越过报告点的位置的准确性、报告位置的次数和间隔、时钟的准确性等。常用的纵向间隔的时间标准有以下类型。

① 航空站飞机放行间隔规定。如同型同速飞机在同航线、同高度层放行时，前后两机的时间间隔为 10min。不同型不同速飞机航迹相同，速度较快的飞机起飞后 2min，放行速度较慢的飞机。

② 航空站进场飞行间隔规定。如果同高度按照仪表规则进场的飞机间隔为 10min。不论航向如何，到达同一导航台上空的时间间隔为 10min。

③ 进近、离场飞行时的间隔规定。

④ 区域管制的间隔规定。如两架飞机逆向或同向超越前一架飞机飞行时，改变高度的飞机，必须在与被穿越飞机预计相遇时间点前或后 10min 上升到或下降到被穿越飞机的上一个或下一个高度层。

⑤ 马赫数间隔规定。用于使用 M 数表示空速的航空器。

⑥ 尾流间隔规定。主要是考虑到前机翼尖旋涡的作用，为避免使尾随的小型飞机受到气流扰动而规定的安全距离。

（2）距离间隔：如果飞机使用测距仪定位，就可以使用距离间隔，同航迹上飞机间隔为 20 海里。如果前面飞机的速度比后面飞机的速度大 40km/h 以上，间隔下降为 10 海里。在雷达管制环境下，水平间距可以缩小为 10km、6km 等。

以上仅仅列出了国际民航组织对间隔标准的部分推荐规定，在我国根据空域的不同，机场设备条件、航路情况的不同，对不同情况的间隔标准有着详尽而严格的规定，详细内容可以查阅交通运输部发布的《民用航空空中交通管理规则》。

## 六、空中规则

正如地面交通有交通规则一样，空中交通也有飞行规则，只有空中交通的使用者和管理者共同遵守和依据这些规则操作，才有可能保证空中交通安全有序地进行。

空中规则分为四个部分：通用规则、目视飞行规则、仪表飞行规则、机场活动规则。

### （一）通用规则

通用规则是各种类型飞机共同遵守的飞行规则。这些通用规则是飞行的基础，有的已经作为常识，但是在实践中仍然有很多时候因忽略这些规则而造成事故和损失。下面介绍主要的通用飞行规则。

1．避免碰撞

航空器不得飞近到与另一航空器有可能相撞的区域内；除特殊允许，不得到禁区飞行；在机场附近要按机场上空规则飞行。

2．航路权

（1）进近时：两架飞机相向飞行，各自右转。

（2）交汇时：左面的航空器给右面的让路。

（3）超越时：超越者要改变高度或者向右转。

（4）降落时：空中或地面的飞机为在最后着陆的飞机让出航道；高度高的飞机为高度低的飞机让路。

（5）起飞时：滑行的飞机为起飞飞机让路。

3．机上灯光标志

飞机必须按规定装有防撞灯和导航灯。

4．飞行计划

飞机每次飞行都要向空管部门提交飞行计划。

5．时间

民航统一使用世界协调时间，24h 制计时。

### （二）目视飞行规则

目视飞行规则的基础是飞机对其他空中和地面飞机相互能看见和被看见，因此目视飞行规则就和天气情况特别是能见度紧密相连，对最低的能进行目视飞行的天气制定了目视飞行气象条件，在这样的气象条件下能保证目视飞行规则所要求的飞行能见度为最低云层外 1500m，以保证驾驶员有适当的条件看到其他飞机或障碍物，避免相撞。如果气象条件低于目视飞行气象条件的要求，就禁止目视飞行规则的飞行。

目视飞行规则对驾驶员的限制较少，只要求有基本的飞行和通信技能，对飞机的仪表要求也仅限于保证安全飞行的基本仪表。由于飞行在可见的条件下，目视飞行规则的防撞和间隔距离也较小，有时甚至给驾驶员一定的灵活性。对低速、低空飞行的飞机和在飞行不稠密地区飞行的飞机的限制也相应放宽。没有装备足够仪表的低高度飞行的小型飞机，都采用目视飞行规则飞行。此外在机场上空，在气象条件许可时，有时一些大型飞机也会采用目视飞行规则，目视飞行在空中交通管制中只占工作量的一小部分。

（三）仪表飞行规则

在气象条件低于目视飞行气象条件时，装有无线电通信和定位仪表的飞机可以依靠仪表而不依靠驾驶员的视觉来飞行，这种飞行称为仪表飞行。适于仪表飞行的气象条件比目视飞行气象条件要低。

国际民航组织制定了相应的仪表飞行气象条件。在这种条件下，通常驾驶员看不到其他飞机，管制员负责把这架飞机与其他飞机或障碍物间隔开。为此规则要求进行仪表飞行的飞机必须装备规定的飞行仪表和无线电设备（起码要有姿态指示仪、高度指示仪、位置指示仪表和 HF、VHF 通信设备）。驾驶员必须在这类飞机上培训取得仪表飞行的驾驶执照后才能进行仪表飞行。

仪表飞行的整个过程处于管制员的控制之下，每次飞行都要向空中交通管制机构提交一个包括航路、速度、高度、预计飞行时间的飞行计划，管制员根据这个计划来分配航路、高度，并监控和引导飞机在空中的飞行。

（四）机场活动规则

机场活动规则是机场运行规章和程序的纲领性文件；是机场向民航行业主管部门、航空公司、驻场单位公开承诺机场将持续保持的运行标准、条件、服务水准，以及告知用户使用该机场需遵守的规定；同时也是描述机场运营情况符合机场许可证要求和指导机场运行的规范性文件。

### 七、空中交通管制服务

空中交通管制服务包括机场管制服务、进近管制服务和区域管制服务，如图 4-9 所示。

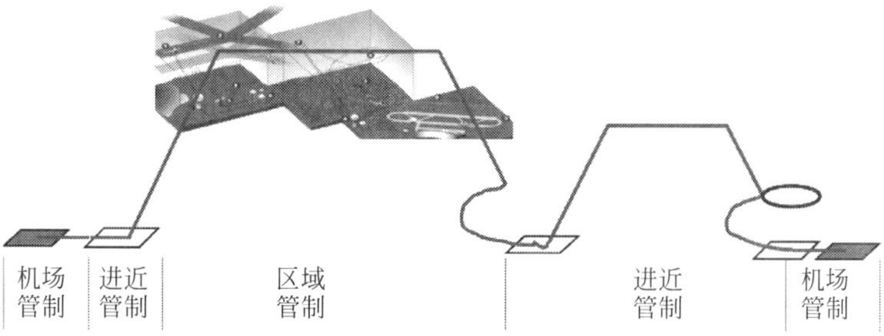

图 4-9　空中交通管制服务

(一)机场管制服务

机场管制服务是指向在机场机动区内运行的航空器以及在机场附近飞行且接受进近和区域管制以外的航空器提供的空中交通管制服务。机场管制服务由塔台管制单位负责提供,因此又称塔台管制。

1. 服务范围

塔台管制单位负责本塔台管辖范围内航空器的推出、开车、滑行、起飞、着陆和与其有关的机动飞行的空中交通服务。在不太繁忙的机场,通常只有一个塔台管制员负责整个机场从天空到地面的全部航空器的活动。在繁忙的机场,机场塔台把任务分为两部分,分别由机场地面交通管制员和机场空中管制员负责。

1) 机场地面交通管制员

控制在跑道之外的机场地面上,包括滑行道、机坪上的所有航空器的运动。在繁忙机场的机坪上可能同时有几架飞机在运动,此外还有各种车辆、行人的移动。地面交通管制员负责给出飞机的发动机启动许可、进入滑行道的许可,对于到达的飞机,当飞机滑出跑道进入滑行道后,由地面管制员安排飞机运行至机坪或候机楼。

2) 机场空中交通管制员

负责飞机进入跑道上的运动和按目视飞行规则在机场控制的起落航线上飞行的交通管制。他的任务是给出起飞或着陆的许可,引导在起落航线上飞行的起飞和着陆。他要安排飞机的起降顺序,安排合理的飞机放行间隔,以保证飞行安全。在一条跑道既用于起飞又用于着陆的情况下,机场空中交通管制员还要很好地安排起飞和着陆飞机之间的时间间隔。

2. 起落航线

飞机在机场附近不能随便飞行,必须飞一个矩形航线(立体的),其专业术语为起落航线。它有五个主要的边:一边(逆风边)、二边(侧风边)、三边(逆风边)、四边(基本边)、五边(末边)。飞机沿着五边飞,这样才能有序地起降,而不会撞到一起。起落航线是一种基本的起降飞行路线,同时飞五边也是一种重要的进近程序,如图 4-10 所示。

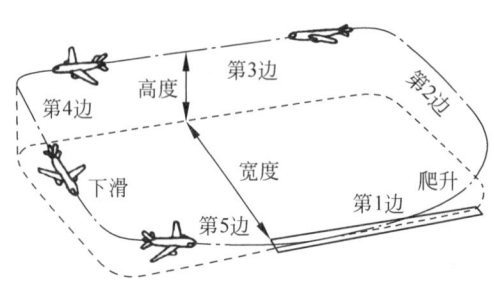

图 4-10　起落航线示意图

(二)进近管制服务

进近管制服务是指向进场或者离场飞行阶段接受管制的航空器提供的空中交通管制服务。

1. 服务范围

进近管制是从飞机场塔台管制的边界至距离飞机场 50～100km 范围内,从区域管制中心把飞机接收过来,并将其引导到目的地飞机场。在提供这样的引导时,要按顺序安排好飞机,使它们均匀地、有秩序地飞往目的地。进近管制室对所管辖的区域也分为若干个扇区,以均分管制员的工作负担。当飞机飞向或飞离飞机场大约 10km 时,进近管制室将到达的飞机"交给"飞机场管制塔台,或飞机场管制塔台将飞离的飞机"交给"进近管制室。

2. 等待航线

等待航线是指飞机待降时在等待空域的飞行航线,通常是机场高空长方形的一片区域,飞机在这一区域中往返飞行,等待机场的允许降落指令。

等待航线的平面形状像运动场的跑道,呈椭圆形,立体形状像一个螺旋形的楼梯,层层叠起。它的位置由地面的无线电信标决定。无线电信标向上发射信号,飞机就绕着这个信标盘旋飞行。航路等待空域的飞行高度层配备,每隔 300m 为一个等待高度层,最底层离地高度为 600m,最多可达 10 层。航路等待空域的最低飞行高度层不低于航线最低飞行高度。飞机每飞一层的时间为 4min,速度快的飞机飞的圈大,速度慢的飞机所飞的圈就小。有风时这个圈的形状会变成顺风边长、逆风边短的梯形。降落时等待飞机先进入最上层,层层盘旋下降,最多可以等 40min。

(三)区域管制服务

区域管制服务是指向塔台管制服务和进近管制服务以外的航空器提供的空中交通管制

服务。

区域管制服务一般由航路交通管制中心提供，该中心又称区域管制。对所管制的飞机沿航路和在空域其他部分飞行时进行引导和监视。每一个区域管制中心均有一个明确的地理区域，它把所管辖的地理区域分为若干扇区。飞机机组和管制员之间的联系用无线电话。在标明本中心的管制区域界限的边界点上，飞机被交给相邻的航路交通管制中心或交给进近管制室。

### 管制员丌连军：这是我最美的 20 年

说起我的民航缘，要从 1998 年的仲夏开始。我穿着那个年代最体面的的确良衬衣，走进了中南空管局，成为一名区调管制员。一年以后，我服从调配，来到了美丽的南海之滨，在珠海进近管制中心从事进近管制指挥工作，一晃就是 20 年的光阴。

不禁感慨，岁月似流水，洗刷着我的人生，带走了我的青春，却也给我留下了许多深刻的印记，这些印记，伴随我的成长，更见证着空管事业发展和民航强国之路的沧海桑田。

记忆里最深刻的事件，莫过于 2003 年那一场突如其来的"非典"。我所在的珠海进近管制中心，所辖南珠三角地区深圳、珠海、澳门三个重要民航运输机场以及深圳南头，珠海九洲直升机机场。作为"非典"疫情的起源地区，2003 年，深圳机场至北京的航班一度从每天 20 班次减少为每天 2 班次，而且从航空公司的数据来看，客座率平均不足 30%。虽然整个民航业受"非典"影响受到重创，但我们那时提出了一句口号，"危急时刻更要坚守"。中心那时候不仅没有减少值班人员力量，而且增加了备份人员数量，以防范突发疫情。我那时候刚入职 5 年，第一次感受到了什么是责无旁贷，什么是挺身而出。

"非典"那一年，中心全年保障航班 16 万多架次，每个人的身体和精神都顶住了疫情的考验，圆满完成了"非典"重大疫情期间航班保障任务，实现了人员和紧急医疗物资的及时送达。

在我心中，青春不止 20 年。20 年前的珠海进近中心，乘着国家改革开放、民航强国战略的东风不断发展与强盛，20 年后的中心，也会践行着"为人民服务"的民航发展理念，在南珠三角的这片天空中，守护每一位旅客的平安抵达。作为一名空管人，我将依然保持着这份初心：与中心共成长，与民航共青春。

摘自：中国民用航空局空中交通管理局网站，有改编。

## 单元三　空域管理与空中交通流量管理

民用航空飞行的航线和区域遍布全国，为了对航空运输飞行的飞机能提供及时有效的管制服务、飞行情报服务和告警服务，防止飞机空中相撞和与地面障碍物相撞，保证飞行安全，促使空中交通有秩序地运行，必须进行空域管理和空中交通流量管理。

### 一、空域管理

（一）定义

空域管理是指为维护国家安全，兼顾民用、军用航空的需要和公众利益，统一规划，合理、充分、有效地利用空域的管理工作。

（二）空域的类型

空域的划设应当考虑国家安全、飞行需要、飞行管制能力和通信、导航、雷达设施建设以及机场分布、环境保护等因素。

空域通常划分为机场飞行空域、航路、航线、空中禁区、空中限制区和空中危险区等。空域管理和飞行任务需要时，可以划设空中走廊和临时飞行空域等。

1. 机场飞行空域

机场飞行空域通常包括驾驶术飞行空域、科研试飞飞行空域、军队射击飞行空域、低空飞行空域、超低空飞行空域、海上飞行空域、夜间飞行空域和等待空域等，设在航路和空中走廊以外。仪表飞行空域的边界距离航路、空中走廊以及其他空域的边界，均不得小于10km。

2. 航路和航线区域

空中交通管制航路，根据在该航路执行飞行任务的性质和条件，划分为国内航路和国际航路。航路的宽度为20km，其中心线两侧各10km，航路的某一段受到条件限制的，可以减少宽度，但不得小于8km。

3. 空中禁区、空中限制区和空中危险区

国家重要的政治、经济、军事目标上空，可以划设空中禁区。位于航路、航线附近的军事要地、兵器试验场上空和航空兵部队、飞行院校等航空单位的机场飞行空域，可以划设空中限制区。位于机场、航路、航线附近的对空射击场或者发射场等，根据其射向、射高、范围，可以在上空划设空中危险区。

4．空中走廊

空中走廊通常划设在机场密集的大、中城市附近地区上空。空中走廊的宽度通常为10km，其中心线两侧各 5km。受条件限制的，其宽度不得小于 8km。

5．临时飞行空域

临时飞行空域是为满足通用航空空域使用临时性、不确定性的需求。临时飞行空域的使用期限应当根据通用航空飞行的性质和需要确定，通常不得超过 12 个月。

## 二、空中交通流量管理

（一）定义

空中交通流量管理是指当空中交通流量接近或达到空中交通管制可用能力时，适时地采取措施，保证空中交通量最佳地流入或通过相应的区域。

（二）目的

空中交通流量管理的目的主要是在需要和预期需要超过空中交通管制系统的可用容量期间内，为空中交通安全、有序和流量的加速提供服务，确保最大限度地利用空中交通管制系统容量，保证空中交通最佳地流向或通过这些区域，为飞机运营者提供及时、精确的信息以规划和实施一种经济的空中运输，以尽可能准确地预报飞行情报而减少延误。

（三）空中交通流量管理服务的主要工作

在某一划定的空域，当飞行量超过或即将超过空管系统的可用容量（含机场）时，用空中交通流量管理服务来支持现有的空管系统以实现最大（佳）的空中交通流量。

（1）当空管系统的容量出现饱和时，利用一切合理的方法，开展和挖掘现有航行系统的容量。如改善空管人员的生活条件，提高待遇，极大地发掘他们的潜力，加强对设施的维护。

（2）做出终端区增加系统容量的规划，以便能满足多个用户预计的活动需求。在做这样的规划时，应同时考虑到建立有效的标准仪表进/离场航线、分离的目视和仪表进/离场航线、符合噪声抑制要求的航线等。

（3）在有关国家之间加快管制协调、管制移交和管制边界等内容的谈判，力促协议尽快达成。

（4）在有关单位之间，制定好程序，改善流量管理并实现可用容量的最大利用。

（5）为了最大限度地挖掘、利用机场跑道容量，在兼顾到航空公司最佳下降航迹的情况下，设计出便于飞行的程序，减少由于人为原因而引起的程序方面的阻塞。

（6）通过对滑行道和跑道的重新设计，如在流量大的机场建立起平行的不相关的跑道，建立起快捷的滑行和联络道，实现最快的进离场飞行。

空中交通流量管理着眼于整个航路网的最佳利用及妥善处理航路饱和情况下的各种问题，牵涉到整个国家及国际的系统运作，是一个大系统工程，它是我国空中交通管理所面临的一个既现实又长远的课题。

### 北京民航三中心：亚洲最大空中交通流量管理中心

民航运行管理中心、气象中心和民航情报管理中心工程，简称民航三中心工程，是中国民用航空管理局为打造世界一流空管运行管理体系的"一号工程"，通过与航空公司、机场、军方共享各种信息，形成协同联动、指挥高效的空中交通运行服务管理体系，增强民航空管运行保障能力，进一步提升我国民航的国际地位和影响力，建成后将是亚洲第一、世界第三大空中交通流量管理中心。

民航三中心工程占地面积 $84000m^3$，包括地下一层和地上四层，最大建筑高度26m。从效果图上看，民航三中心工程以航空发动机为原型经过提取，抽象形成一个以内核（共享大厅）为圆心的相互并联的四个组成部分，外立面为柔美舒展的曲线形式，立面则采用飞机舷窗，造型犹如一朵绽放的"工业之花"。

民航局空管局局长车进军表示，"三中心"启用后将为我国乃至亚洲区域航空用户提供运行协调、流量管理、气象及情报服务，最大限度地减少大流量飞行和不正常天气对民航运行效率的影响，以满足我国民航的发展需求，适应国际民航组织面向全球航空服务布局的战略调整。

摘自：北京晚报，有改编。

## 单元四　空中交通管制设施与新航行系统

早在20世纪70年代末，航空运输量的急剧增加，使已有的空中交通管制系统不堪重负。1985年，国际民航组织提出了未来航行系统（FANS- Future Air Navigation System），又称新航行系统。新航行系统主要新在"星基"上，即系统是以空中卫星为基本特征的。导航是系统的核心，通信是系统的必要条件，监视可以说是系统安全保障的手段，三者缺一不可。

## 一、通信系统

在新航行系统中，导航和监视系统所形成的各种数据都是通过通信系统来传输的，因此通信系统是新航行系统的基础。通信系统主要涉及数据链通信、航空移动卫星业务和航空电信网。

数据链通信包括高频数据链通信（HF）、甚高频数据链通信（VHF）以及二次监视雷达（SSR）的 S 模式。高频话音和数据通信不仅可用于北极和南极区域的自动相关监视（ADS），而且在国内干线飞机上也可得到广泛应用。甚高频话音和数据通信的时延较低，数据通信速率比航空移动卫星业务高，且音质好、费用低，因此在终端交通密集区可将它应用于新系统中。

航空移动卫星业务包括话音和数据通信两种方式，它使空中飞机在任何地方都能与地面进行实时有效的通信，且在空管中心的实时监视之中。它与机载卫星导航接收机相结合，可提供对飞机的自动相关监视。

机载卫星通信系统（SATCOM-Satellite Communication System）把经处理的数字信号发往通信卫星网中的一颗卫星，卫星再把信号转发给地面站，地面站接通航空通信寻址报告系统（ACARS）和地面公共电话网络。

通信卫星起着地面站和飞机之间的通信中继作用，它把接收到的信号放大后转发，使飞机和地面站的通信联通。通信卫星要覆盖全球，就要组成一个全球的网络，地球静止轨道卫星，其轨道高度为 36000km，由 3 颗卫星组成，中、低轨道的通信卫星网需由更多的卫星来组成全球通信卫星系统。通信卫星都要有较大的供电能力来完成中继任务。

与传统的通信系统相比，新航行系统的通信系统主要增加了数据通信、卫星通信、二次雷达 S 模式数据链和航空电信网。它具有以下优点：有更为直接和有效的地空数据链；数据处理上的改善，减少信道拥挤，减少通信差错；应用中的共用性，减少工作量；更为精确的数据，减少误码率，节约成本。

## 二、导航系统

导航系统主要涉及全球导航卫星系统（GNSS）、广域增强系统（WAAS）和本地增强系统（LAAS）。

### （一）全球导航卫星系统

全球导航卫星系统主要有四大导航卫星系统，即中国的北斗卫星导航系统（BDS）、美国全球定位系统（GPS）、俄罗斯格洛纳斯卫星导航系统（GLONASS）和伽利略卫星导航系统（GALILEO）。

1. 中国的北斗卫星导航系统（BDS）

2003年5月25日，我国成功地将第三颗导航定位卫星"北斗一号"送入太空，这标志着我国成为继美国和俄罗斯之后，世界上第三个建立了完善的卫星导航系统的国家。北斗卫星导航系统由空间段、地面段和用户段三部分组成，可在全球范围内全天候、全天时为各类用户提供高精度、高可靠的定位、导航、授时服务，并具有短报文通信能力。北斗卫星导航系统空间段由5颗静止轨道卫星和30颗非静止轨道卫星组成。2018年12月，"北斗三号"基本系统完成建设，开始提供全球服务，已经具备区域导航、定位和授时能力，定位精度10m，测速精度0.2m/s，授时精度10ns。

2020年7月31日，"北斗三号"全球卫星导航系统正式开通。这一刻，北斗全球服务信号在无形时空传播开来。寰宇苍穹、星罗棋布，全球真正有了"中国北斗"的导引和陪伴。中国北斗，在21世纪世界互联互通的历史发展进程中又一次为世界贡献了中国智慧。北斗卫星导航系统在中国完全自主设计并制造的支线客机ARJ21-700飞机103架机上已进行了测试试飞，如图4-11所示。

图4-11 装载北斗卫星导航系统的ARJ21-700飞机

美人之美，美美与共。作为面向全球提供公共服务的重大空间基础设施，中国北斗卫星导航系统站在构建人类命运共同体的第一梯队，服务全球，造福人类。

2. 美国全球定位系统（GPS）

美国全球定位系统是目前最成熟的卫星定位导航系统，该定位系统于20世纪70年代开始研制，历时20年，于1994年全面建成。GPS系统由28颗卫星组成，其中包括4颗备用卫星，目前已全部布局完成。GPS全球定位系统的建立初衷是为了实现美国的军事目的，在1983年美国一架飞机坠毁，才开始提供民用功能。但最初民用的精度被美国限制，人为加入了扰码，精度仅仅达到100m，在2000年干扰被取消，全球的民用GPS接收机的定位精度在一夜之间提高了许多，大部分的情况下可以获得10m左右的定位精度。近20年来，在世界范围内，一提起全球定位系统，基本所有人想到的便是美国的GPS。GPS也几乎成了全球定位系统的代名词。

3. 俄罗斯格洛纳斯卫星导航系统（GLONASS）

俄罗斯格洛纳斯卫星导航系统是苏联从20世纪80年代初开始建设的与美国GPS系统相类似的卫星定位系统，由24颗卫星组成，原理和方案都与GPS类似。"格洛纳斯"

系统的第一颗卫星早在 1982 年就已发射成功，到 1995 年，俄罗斯耗资 30 多亿美元，才完成了"格洛纳斯"系统的组网工作，于 2007 年才开始运营。但近年来，"格洛纳斯"系统的发展还不错，目前在轨运行的卫星已达 30 颗，其服务范围已经拓展到全球，该系统的主要服务内容包括确定陆地、海上及空中目标的坐标及运动速度信息等。

4．伽利略卫星导航系统（GALILEO）

伽利略卫星导航系统是由欧盟研制和建立的全球卫星导航定位系统，该系统总共包含 30 颗卫星，其中包含 24 颗工作卫星和 6 颗备用卫星。第一颗正式卫星于 2011 年 8 月 21 日发射，2020 年所有卫星发射完成。"伽利略"系统主要是民用，仅仅在极端情况下才开启军用模式，相比之下，GPS、北斗、"格洛纳斯"更偏向于军事用途。

（二）广域增强系统和本地增强系统

在 GPS 的监测和增强方面广泛采用差分技术来提高精度，使系统成为"增强系统"。当前航空界正在部署广域增强系统和本地增强系统。广域增强系统是目前优选的方法，它可以解决海洋及边远荒漠地区的导航性能。在那些地方，既不能设置导航台点，也不能设置任何本地差分台，唯有依靠卫星导航及其广域增强系统。使用全球导航卫星系统，飞机就可直线飞行，既缩短了飞机间隔，又省时省油，并提高了安全性、准点率与空间利用率，而且能以此为基础进行自动相关监视。

新的导航系统具有以下优点：可提供全球性高精度高完好性的导航服务，可提高四维导航的精度，能够减少地面导航设备的成本投入，提高跑道利用率。

### 三、监视系统

新航行系统中的监视系统主要包括一次监视雷达、二次监视雷达和自动相关监视系统。

1．一次监视雷达（Primary Surveillance Radar，PSR）

一次监视雷达是指通过自主发射电磁波并在接收端检测到目标对电磁波的反射而对目标进行空中定位的雷达系统。它是不需要被监视者配合，完全由监视者独立完成对被监视者测量定位的监视方式，又称独立监视。

2．二次监视雷达（Secondary Surveillance Radar，SSR）

二次监视雷达又称空管雷达信标系统（Air Traffic Control Radar Beacon System）。它最初是在空战中为了使雷达分出敌我双方的飞机而发展的敌我识别系统，当把这个系统的基本原理和部件经过发展用于民航的空中交通管制后，就成了二次监视雷达系统。它是利用约定的询问应答模式对合作目标实现定位的雷达系统。二次监视雷达发射约定模式的询问信号，机载应答机接收并响应询问后发送应答信号，二次监视雷达接收处理后管制员容易获得飞机的编号、高度、方向等参数，使雷达由监视的工具变为空中管制的手段。二次监视雷达是一种需要被监视者协同工作才能完成对被监视者测量定位的监视方式，它的主天线安装在一次监视雷达的上方，通过和一次监视雷达一起工作，和一次监视雷达同步旋转。

3．自动相关监视系统

自动相关监视是新航行系统中新的监视方式之一，由卫星导航、空地数据链、先进自动相关监视系统的地面处理和显示系统组成。与地面主动监视的雷达监视不同，自动相关监视系统是依靠飞机报告位置的被动监视方式：机载电子设备（卫星导航或惯性导航）导出的位置数据通过数据链传送到地面，然后在自动相关监视终端（即新航行系统工作站）上形成空中交通信息，最终在管制员荧光屏上显示出来。它具有以下优点：可以减少位置报告的误差，可对非雷达空域进行监视，提供更为精确的位置数据，可以提供更便捷的航线，允许飞机剖面的临时改变从而提高灵活性，大大节约成本。

### 四、新航行系统

#### （一）产生

国际民航组织基于对未来商务交通量增长和应用需求的预测，为解决现行航行系统在未来航空运输中的安全、容量和效率不足问题，于1983年提出在飞机、空间和地面设施三个环境中利用由卫星和数字信息提供的先进通信（C）、导航（N）和监视（S）技术。由于当时有些系统设备仍在研制中，尚不具备所需运行条件，国际民航组织将该建议称为新航行系统（FANS）方案。

随着各种可用CNS技术的日臻成熟，人们愈加注重由新系统产生的效益，同时认识到在实现全球安全有效航空运输目标上，空中交通管理（ATM）是使CNS互相关联、综合利用的关键。ATM的运行水平成为体现先进CNS系统技术的焦点。有关系统实施规划、推荐标准和建议措施等指导性材料的制定进一步加速了新航行系统的实施。1998年，国际民航组织全体大会再次修订了全球CNS/ATM实施规划，其内容包括技术、运营、经济、财政、法律、组织等多个领域，为各地区实施新航行系统提供了更具体的指导。CNS/ATM系统在航空中的应用将对全球航空运输的安全性、有效性、灵活性带来巨大的变革。新航行系统使民用航空进入了新发展时代。

#### （二）特点

1．新航行系统是一个完整的系统

新航行系统由通信、导航、监视和空中交通管理组成。在实际应用中，虽然存在独立的可用技术和设备性能规定，但从完成安全、有效飞行任务总目标意义上认识，其中的通信、导航和监视系统以硬件设备和应用开发为主，空中交通管理则以数据综合处理和规程管理运行为主。通信、导航、监视和空中交通管理之间相辅相成，在科学的管理方法指导下，高性能的硬件设备能为实现ATM目标提供依助的手段，为空中交通高效率运行提供潜能。不论是现在ATC的目标，还是今后全球ATM的目标，都是依赖于当时可用技术和设备能力提出来的。新航行系统将各种可靠的手段（通信导航监视等）和方法（程序法规等）有机地综合在一起，将来自各信源的信息进行加工处理和利用，实现一致的和无缝隙的全球空中交通管理。在实施空中交通管理过程中，将各分系统的高性能都体现在ATM的效益上，使空中交通在任何情形下都有条不紊。

2．新航行系统是一个全球一体化的系统

新航行系统满足国际承认和相互运行的要求，对空域用户以边界透明方式确保相邻系统和程序能够相互衔接，适合于广泛用户和各种水平的机载电子设备。

随着新航行系统不断完善而产生的所需总系统性能概念，将对总系统在安全性、规范性、有效性、空域共享和人文因素方面做出规定。总系统性能成为发展新航行系统过程中普遍应用的系列标准，指导各国、各地区如何实施新系统，保证取得协调一致的运行效果，使空中交通管理和空域利用达到最佳水平，从而实现全球一体化的目标。

3．新航行系统是一个以滚动方式发展的系统

总观国际民航组织开始提出的新航行系统方案和其后一再讨论制订的CNS/ATM实施方案，在新航行系统组成中，一方面，分系统组成发生了一些变化；另一方面，国际民航组织还先后增加了所需性能的概念，具体有：所需导航性能（RNP）、所需通信性能（RCP）、所需监视性能（RSP）、所需空中交通管理性能（RATMP）和在这些性能综合条件下的所需总系统性能（RTSP）。由此可见，国际民航组织的工作方式已经从在新系统中使用和不使用什么设备的选择上转向注重制订所需性能标准上来。根据对已经颁布的RNP规定的理解和应用结果，RNP概念的应用实现了国际民航组织的预期目的。所需性能概念体现了国际民航组织发展航行系统的战略思想，即面对今后交通持续增长和新技术的不断涌现，在完善各种性能要求，并在所需性能指导下，为各国、各地区提供广泛的新技术应用空间和发展余地。在标准化的管理模式下，新航行系统会不断地吸纳新技术、新应用，并使其向更趋于理想模式的方向发展。应该说，今天的新航行系统仍然方兴未艾。

（三）新航行系统对空管体系的变革

1．陆基航行系统向星基航行系统转变

人类对空间技术的研究，解决了一些在陆地环境下无法解决的问题，卫星技术的应用

也是人类文明史发展的重要标志。卫星技术可用性的提高是使陆基航行系统向星基航行系统转变的关键。

卫星通信技术在电视广播领域已经普遍应用,经过了最先从租用、购买转发器开始,到自主发射卫星使用专用转发器的发展过程。卫星通信技术也从娱乐、日常生活发展成为能以多种速率、多种方式传输多种数据应用于各个领域。在实现陆基通信方式困难的地方,卫星通信技术已经成为重要的依赖手段。

与现行陆基导航系统相比,全球导航卫星系统具有高精度、多功能、全球性等优点,解决了航路设计受限于地面设施的问题,也为远距离或跨洋飞行提供了实时定位导航的手段。当基本卫星导航系统与可靠的增强系统结合后,可将其用于全部飞行阶段。

在建设具有相同规模和同样保证能力的常规空管系统所需经费方面,星基空管系统已向陆基空管系统提出了挑战。

2. 国家空管系统向全球一体化空管体系转变

在现行航行系统环境下,由于各国空中交通管制设施的能力不同,在管制方法和管制程序,以及在空域利用和最低间隔标准问题上缺乏一致性,对飞机有效飞行增加了额外限制。在发展空中交通管理系统过程中国家之间很少合作,使飞机不能发挥先进机载设备的能力。重要的是,现行航行系统缺乏全球覆盖性、规范性和有效性的共同基础。现行空中交通服务的安全水平仅限于某些空域范围,还不具备全球性的安全水平。这些都是现行系统无法满足未来交通增长要求和空域用户需求的原因。

随着空中交通运输量持续增长,现行条件下,空域的不连续性和国家航行系统的不一致性会极大地妨碍有限空域的最佳利用。

新航行系统中一体化的 ATM 能够使飞行员满足其计划的离港和到达时间,在最小的限制和不危及安全的情况下保持其优选飞行剖面。为此,需要区域以及国家空管系统部件、程序的协调性和标准化。以国际一致性的 ATM 标准和程序全面开发新航行系统技术。

新航行系统中的功能系统具有的全球覆盖特点,机载和地面设备之间相互联系和数据交换功能的兼容性保证了总系统能一致有效地工作。无论在境内还是跨国空域运行,全球一体化的航行系统以无缝隙的空域管理为用户提供连贯和一致性的服务。

3. 空中交通管制向自动化方式转变

空中交通管制工作由复杂的任务组成,要求管制员具有高度的技能和灵活应变的能力,如对空域的洞察力,可用信息的处理、推理和决断的独特能力。全球一体化 ATM 所显示的安全性、空域高容量和飞行有效性要求在管制员发挥其特有能力的同时,还要利用自动化手段改善管制工作效率。在航行数据采集处理、动态空域的组织、飞行状态的预测、解决冲突建议措施的选择过程中,自动化系统的快速解算能力获得更及时、更准确的结果,帮助管制员自动进行空中交通活动的计算、排序和间隔，获得更直接的航路，以在有限的空域内建立有效的飞行流量。同时，各种信息多途径自动有效的传输极大地减轻了管制员的工作负荷。

空中交通管制将以渐进方式引进自动化系统。在初期，利用计算机和有关软件协助管制员完成部分任务。应当明确，实现自动化的空中交通管制方式并不等于完全取代管制员。在实际应用中，受各种随机因素和不可预见事件的影响，飞机不可能也不总是按其预期结果运行的，因此，自动化的空中交通管制方式仍然需要管制员发挥特有的能力和展示其灵活性特点。

### 中国的北斗，世界的北斗

近年来，随着服务能力的增强，北斗系统积极融入世界事务、履行国际职责，先后进入多个国际组织标准，被国际民航组织认可为全球卫星导航系统四大核心星座之一。如今，支持北斗三号全球新信号的首个移动通信国际标准已发布，首个北斗船载终端检测标准已由国际电工委员会向全球公布，国际海事组织认可北斗系统为全球无线电导航系统，国际搜救组织正在对北斗三号搭载的搜救载荷开展标准文件制定和入网测试。北斗系统正发挥着越来越重要的作用。

党的十八大以来，北斗系统积极响应"一带一路"倡议走出国门，根据不同国家不同行业的不同需求，提供定制服务，逐渐成为人们熟知的世界品牌。

2013年，缅甸农业使用了500余台高精度北斗终端，这是北斗高精度产品首次在东南亚国家批量应用于农业数据采集、土地精细管理。

2015年，基于北斗系统的高精度接收机应用于科威特国家银行总部300m高摩天大楼建设，实现了施工过程中垂直方向毫米级测量误差。这是北斗首次在海外应用于高层建筑监测。

2018年，北斗系统参与马尔代夫阿拉赫岛海上打桩项目，提供全天候、高精度服务，实现海上打桩智能化监控、可视化作业、高精度施工。

在新加坡，基于北斗高精度的静音打桩系统可进行桩点精准管理，根据导航提示快速找到钻点位置，每个打桩点精度可达厘米级，同时大幅提高了钻机钻孔速度。

在柬埔寨，为柬埔寨政府部门综合规划、国土整治监控、基础设施建设、生态环境监控等提供了更加完整的基础信息资料，高精度服务成为该国政府基础设施建设不可或缺的一项重要技术手段。

在俄罗斯，西伯利亚电力巡线实现现场人员与管理中心双向互动，及时发现设备缺陷和危及线路安全的隐患，保证输配电线路安全和电力系统稳定。

北斗还带着满满诚意"驶入"欧洲，在中欧班列上装有北斗终端的集装箱，高精度定位导航功能让物流更便捷，实时记录列车及货品的运行轨迹，定位精度10m以内，实现了传统运输方式的升级转型。

目前，国产北斗基础产品已出口120余个国家和地区，在东盟、南亚、东欧、西亚、非洲等地得以成功应用。印度尼西亚、马来西亚、泰国等国家正积极运用北斗系统探索智慧城市建设。

中国的北斗，也是世界的北斗。新时代，作为我国一张亮丽名片，中国北斗将为构建人类命运共同体、推动人类社会发展做出新的更大贡献。

摘自：光明日报，有改编。

## 思考与练习

### 一、不定项选择题

1. 空中交通管理的发展历程是____。
   A. 目视飞行规则—仪表飞行规则—雷达管制—仪表着陆系统
   B. 目视飞行规则—仪表飞行规则—仪表着陆系统—雷达管制
   C. 目视飞行规则—仪表着陆系统—仪表飞行规则—雷达管制
   D. 仪表飞行规则—目视飞行规则—雷达管制—仪表着陆系统

2. 空中交通管理由____组成。
   A. 空中交通服务          B. 飞行情报服务
   C. 空域管理              D. 空中交通流量管理

3. 空中交通服务由____组成。
   A. 空中交通管制服务      B. 飞行情报服务
   C. 告警服务              D. 空域管理服务

4. 空中交通管制服务包括____。
   A. 雷达管制服务          B. 区域管制服务
   C. 进近管制服务          D. 机场管制服务

5. 间隔标准可分为____。
   A. 垂直间隔              B. 水平间隔

C．时间间隔　　　　　　　　D．距离间隔

6．间隔标准中的水平间隔包括____。
   A．垂直间隔和横向间隔　　　B．横向间隔和时间间隔
   C．纵向间隔和横向间隔　　　D．时间间隔和距离间隔

7．下列关于航路优先权的说法，错误的是____。
   A．进近时，两架相向飞机，各自要向右转
   B．交汇时，右面的航空器给左面的航空器让路
   C．超越时，前方飞机拥有路权
   D．起飞时，滑行的飞机为起飞飞机让路

8．真航线角在 0°～179°范围，高度由 900m 增至 8100m，每隔____m 为一个高度层。
   A．300　　　　　　　　　　　B．500
   C．600　　　　　　　　　　　D．1200

9．下列关于起落航线的叙述，正确的有____。
   A．起落航线由 5 段组成，每一航段称为一个边
   B．起落航线的第一边为顺风边，航迹平行于跑道，与着陆方向同向
   C．起落航线的第二边为侧风边，它垂直于跑道
   D．起落航线通常右旋，称为右航线

10．空域管理的目标是____。
   A．实现对可用空域的最大利用
   B．建立的空域要有灵活性，以保证空域使用各方的地位平等
   C．考虑空中交通的国际性，建立能与周边国家航路网络相衔接的航路布局
   D．以上都是

11．在机场管制范围中，机场空中管制员负责____。
   A．航空器在机场交通管制区的空中飞行
   B．航空器在机坪上的运动
   C．航空器的起飞和降落
   D．防止飞机在运动中与地面障碍物的碰撞

12．下列关于进近管制的叙述，正确的有____。
   A．进近管制是机场塔台管制和航路管制的中间环节
   B．进近航行阶段是事故多发区
   C．进近管制要向航空器提供进近管制服务、飞行情报服务和防撞告警
   D．进近管制的对象是仪表飞行的飞机

13．在机场管制范围中，机场地面交通管制员负责____。

　　A．航空器在机场交通管制区的空中飞行

　　B．航空器在空中的运动

　　C．航空器的起飞和降落

　　D．防止飞机在运动中与地面障碍物的碰撞

14．新航行系统的基础设施不包括____。

　　A．通信　　　　　　　　　　　B．导航

　　C．监视　　　　　　　　　　　D．空中交通管理

15．下列导航系统中，____以民用为主。

　　A．中国的北斗卫星导航系统　　B．美国全球定位系统

　　C．俄罗斯格洛纳斯卫星导航系统　D．伽利略卫星导航系统

二、思考题

1．空中交通管理的任务是什么？

2．空中交通服务的组成有哪些？

3．空域管理的意义是什么？

4．空中交通流量管理的目的是什么。

5．谈谈你对新航行系统的认识。

# 模块五
# 民用航空机场

在当今经济全球化背景下，机场的概念已不单纯是以往传统意义上的航空运输网络节点、旅客抵离起终点、经停站，现代化的机场日益成为集交通、物流、服务、旅游、商贸等多功能为一体的综合航空城。作为具有如此特定功能的公共设施，现代机场既是一个地区、一座城市与外界连通交流的门户和窗口，更是一个地区、一座城市对外的形象标志，机场运行模式、管理水平等全方位体现着其所在城市乃至国家的整体发展水平。

## 单元一 民用机场概述

### 一、民用机场定义及其发展历史

民用航空运输是依赖飞机在空中飞行完成的运输，但是飞机载运的旅客、货物、邮件等都来自地面，因此就需要一个场所提供民航运输的空中与地面的衔接服务，这个场所就是民用机场。民用机场提供飞机起降、停靠、航线维护和组织旅客、货物有序登机等保障服务。

民用机场的最终目的是保障民航飞机安全有效运营，因此民用机场的演变是跟随着民航飞机的性能提升而逐步发展的。从世界范围来看，民用机场大致可以划分为以下三个重要发展阶段。

（一）第一阶段：飞行员的机场

飞机最初出现时，由于尚无机场的概念，当时只要能找到一块平坦的土地或草地，能承受不大的飞机重量，就可以让飞机在上面起降了。1910年，德国出现了第一个机场，这个机场只是一片有专人管理的草地，并设有简易的帐篷，用于存放飞机及维护设备。

由于这个时期的飞机在安全性和技术方面尚不稳定，还没有被社会广泛接受，使用范围主要局限在航空爱好者的试验飞行或军事目的飞行，机场只是为飞机和飞行人员服务，基本上不为当地社会服务。这一阶段是机场发展的初始阶段，是"飞行员的机场"。

（二）第二阶段：飞机的机场

第一次世界大战极大地刺激了欧美各国航空工业的发展，随着战争的结束，大批军用飞机和生产能力面临转移的局面，其中最好的转移方向就是军用转民用。大批军用飞机得到改装从事民航运输，加之开辟了多条国家间的洲际航线，民航运输业进入第一个春天。为了满足开设航线的需要，各国在这一时期纷纷新建机场，全球很多大型机场的雏形都是在这段时间完成的。由于飞机性能的提升，原有的草地跑道和人工指挥已经不能满足需求，飞机对机场的设施提出了更高的要求，如航空管制、导航通信、跑道地面强度、安排旅客登机组织等。为了满足这些要求，机场在原有基础上出现了塔台来解决航空管制问题；采用混凝土跑道面来解决道面强度问题；建设航站楼来解决登机组织问题。诸多功能设施的出现奠定了现代大型民用机场的基础，这一时期的机场主要是为飞机服务，这一阶段的机场是"飞机的机场"，如图 5-1 所示。

图 5-1　第一次世界大战时期的机场

民用机场的大发展开始于第二次世界大战结束前夕，1944 年芝加哥会议后成立了国际民航组织，通过确立相关条例统一了全球机场设计和施工标准，使得全世界的机场建设有规则可遵守，提升了通用性。

（三）第三阶段：社会的机场

随着第二次世界大战后全球经济的高速稳定发展，世界各国经济交往的日益频繁极大地促进了运输业的发展，民航运输逐渐成为远距离运输的主要方式。民航业的大发展刺激航空制造企业生产体积更大、飞得更远的民航飞机。特别是 20 世纪 50 年代末，随着大型民用喷气式飞机的出现，飞机变成大众交通工具，航空运输业也成为发达地区经济体系的重要组成部分，成为推动地方经济发展的引擎。当然，机场的发展与城市的发展并非完全协调，随着大型飞机起降速度的增加，机场的跑道、滑行道和停机坪都要加固和延长，候机大厅、停车场、进出机场的交通设施都要新建或扩建，为了配合机场发展，在机场周围要建设大型物流园区或航空工业区，这些都对地方经济的发展起到带动作用。但是航班数量的增加和飞机大功率引擎的噪声又给机场周边的环境带来毁灭性影响。这一时期的机场俨然已经成为整个社会的一部分，机场的建设和管理要与整个城市的发展规划相一致，做到和谐统一。这个阶段的航空港是"社会的机场"，如图5-2所示。

图 5-2　现代机场

## 二、世界航空港布局

民航运输业发展水平是由地区经济发展程度决定的，当一个地区的经济发展到一个比较高的程度时必然会带来频繁的商业活动，从而为民航运输提供客源和货源。从整个世界范围来看，航空港主要分布在发达国家和地区，其中北美和欧洲的大型航空港最为密集。

根据2006年的数据，全球完成旅客周转量最大的机场是美国的亚特兰大机场，周转量排名前10位的机场有9个位于欧美。但是随着亚洲经济崛起，特别是中国经济持续多年高速增长，亚洲已经成为国际民航运输较活跃的区域之一。2019年时，美国全年运力（计划座位数）高出中国30%，而2020年随着疫情在两国相继爆发与恢复的进度不同，中国运力5月起开始超越美国，全年反超1.9%，其中白云机场凭借4377万的旅客吞吐量成为2020年世界最繁忙的机场，取代了亚特兰大机场保持22年的地位。

## 三、中国民用航空港发展概况

中国自1920年开通京津航线后，就在天津和北京出现了民用航空港，随后在全国各大城市建立了民用航空港，开辟了航线。

中华人民共和国成立前夕，能用于航空运输的民用航空港只有36个。中华人民共和国成立后，军委民航局立即着手进行了民用航空港建设工作，先是扩建天津张贵庄航空港、太原齐贤航空港和武汉南湖航空港，之后新建北京首都航空港、成都双流航空港等。

1978年实施改革开放政策之后，民用航空港建设进入飞速发展阶段，我国的四个经济特区和沿海开放城市及海南省都把民用航空港建设作为开发特区和发展本地经济的重要工作，相继新建、扩建了一批大型民用航空港。1984年后，内地省会城市以及一些大中城市也相继新建、扩建了一批中小型航空港。到2001年，我国所有的省会城市、直辖市、自治区首府、沿海开放城市和主要旅游城市都拥有设施齐全的民用航空港。

截至 2019 年年底，我国共有颁证运输机场 238 个，其中 4F 级机场 13 个，4E 级机场 38 个，4D 级机场 38 个，4C 级机场 143 个，3C 级机场 5 个，3C 级以下机场 1 个；全行业运输机场共有跑道 261 条，停机位 6244 个，航站楼面积 1629 万 $m^2$。

**2020 年中美大型机场排名"新气象"：我国运力 5 月起开始超越美国**

开年我国民航业的一大喜讯无疑是广州白云机场斩获 2020 年全球最繁忙机场称号，超越了旅客量多年蝉联冠军的美国亚特兰大机场。白云机场在 2019 年中，旅客量国内排名第三，世界排名第十一，2020 年名次上的飞跃不仅展示了白云机场在艰难的一年里逆流而上，也反映出我国航空市场的稳固内需，以及全球化对世界机场格局的微妙影响。

我国由于疫情提前得到控制，展现出更好的恢复趋势；至 2020 年年末，12 月单月我国国内运力已超同期 8.5%。整体上，我国航空客运依靠稳固的国内市场及各项市场刺激措施取得了更好的表现。

摘自：民航资源网.

## 四、民用机场分类

根据用途不同，机场可分为军用机场、民用机场和军民合用机场，如图 5-3 所示。

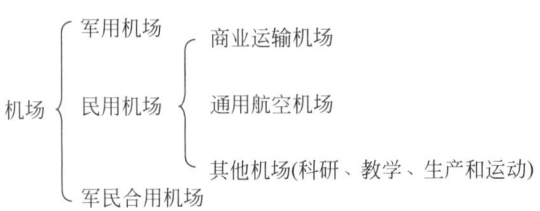

图 5-3 机场分类

民用机场是指专供民用航空器起飞、降落、滑行、停放以及进行其他活动使用的划定区域。民用机场又分为商业运输机场和通用航空机场，此外，还有供科研、教学、生产和运动用的其他机场。在商业运输机场进行的航空运输是指以航空器进行经营性的客货运输的航空活动，它与铁路、公路、水路和管道运输共同组成了国家的交通运输系统。

民用机场可按以下四种方式进行分类。

1. 按航线业务范围划分

民用机场按照其航线性质，通常分为以下几类。

（1）国际航线机场：根据国际民航组织定义，国际机场是指设有海关、边防检查（移民检查）、检验检疫等联检机构（口岸部门）和国际客、货运输业务的机场。

国际机场又分为国际定期航班机场、国际定期航班备降机场和国际不定期航班机场。国际定期航班机场是指可安排国际通航的定期航班飞行的机场；国际定期航班备降机场是指为国际定期航班提供备降的机场；国际不定期航班机场是指可安排国际不定期航班飞行的机场。

（2）国内航线机场：专供国内航线使用的机场。

（3）地区航线机场：在我国，是指供内地民航运输企业与香港特别行政区、澳门特别行政区和台湾地区之间定期或不定期航班飞行使用，并设有相应联检机构的机场。我国的地区航线机场是国内航线机场。在国外，地区航线机场通常是指为适应个别地区空管需求可提供短程国际航线的机场。

2. 按机场在民航运输系统中所起的作用划分

机场是民航运输系统网络的节点，按照其在该网络中的作用可以分为以下几类。

（1）枢纽机场：全国航空运输网络和国际航线的枢纽，运输业务特别繁忙的机场。旅客在此可以很方便地中转到其他机场。根据业务量的不同，可分为大、中、小型枢纽机场。

（2）干线机场：以国内航线为主，全方位建立跨省跨地区的国内航线，同时可开辟少量国际航线、运输业务量较为集中的机场，主要是一些省会机场。

（3）支线机场：年旅客吞吐量一般在50万以下、规划的直达航程一般在800～1500km、主要起降短程航空器的机场。

3. 按机场所在城市的地位、性质划分

依照机场所在城市的地位、性质并考虑机场在全国航空运输网络中的作用，可将机场划分为Ⅰ、Ⅱ、Ⅲ和Ⅳ四类。

（1）Ⅰ类机场：全国政治、经济、文化中心城市的机场，是全国航空运输网络和国际航线的枢纽，运输业务量特别大，除承担直达客货运输外，还具有中转功能，北京首都机场、上海虹桥机场、广州白云机场属于此类机场。

（2）Ⅱ类机场：省会、自治区首府、直辖市和重要经济特区、开放城市和旅游城市或经济发达、人口密集城市的机场，可以全方位建立跨省、跨地区的国内航线，是区域或省区内航空运输的枢纽，有的可开辟少量国际航线。Ⅱ类机场又称国内干线机场。

（3）Ⅲ类机场：国内经济比较发达的中小城市，或一般的对外开放和旅游城市的机场，能与有关省区中心城市建立航线。Ⅲ类机场又称次干线机场。

(4) Ⅳ类机场：前面所述支线机场及直升机机场。

4．按旅客乘机目的划分

旅客乘机目的不同会影响到机场的特性，而且会对机场的各项设施提出不同的需求。按照旅客的乘机目的，机场通常可分为以下三类。

(1) 始发/终程机场：通常这类机场的始发和终程旅客占旅客总数比例较高。始发和终程的飞机或返程架次占大多数。目前国内机场大多属于这类机场。

(2) 经停（过站）机场：这类机场往往位于航线上的经停点，没有或很少有始发航班飞机，只有比例不大的始发/终程旅客，有相当数量的过站旅客。飞机一般停驻时间较短。

(3) 中转（转机）机场：在这类机场中，有相当大比例的旅客乘飞机到达后，立即转乘其他航线的航班飞机飞往目的地。

此外，从安全飞行角度还可考虑为目的地着陆机场安排备降机场。一个机场可拥有多个备降机场。

### 五、航空港在经济发展中的作用

#### （一）航空港是交通体系的重要枢纽

航空港是国家运输系统中的重要结合点，是所在地区通向国内重要经济中心和通向国际的门户。如果一个地区没有航空港，它就不能直接、快速和远距离地进行人员和货物的运输，就无法适应经济全球化发展。

#### （二）航空港是对外开放的窗口

航空运输不仅是一国经济发展的重要支柱，而且是对外开放的重要基础。在国际政治、经济、科技、文化的合作与交流过程中，现代航空港是一个极其重要的窗口。航空港的运营规模标志着该地区的政治、经济和文化的发达程度，并将其展现在世界面前。

#### （三）对招商引资具有吸引力

由于航空运输的发展，工业和服务业开始向发展中国家和一些尚未开发的地区转移，以避开发达国家高昂的地价和人力成本。这些未开发地区得到投资的先决条件之一就是要建立空中进出的门户。我国自实行经济开放政策以来，发展交通的一个重要方面就是扩建、新建航空港，以改善投资环境，为外来投资参与本地经济建设提供现代化的便利条件。

#### （四）促进当地经济发展

航空港本身是一个小型社会，航空客货运服务、航空配餐、航空油料供应以及围绕旅客和货物的各种服务都带来了可观的收益和大量的就业机会。而外来的旅游者和相应行业的建设能很快改变一个城市的闭塞状态和落后面貌。

### （五）推动房地产增值

航空港的出现首先使周边地区繁荣起来，地价随之上涨，房地产增值；随着城市地位的改变，整个地区的地价上涨，这意味着整个地区财富的增加。

## 六、航空港的选址

在航空港的选址过程中，需要仔细研究分析的主要因素有空域、周边障碍物、气象条件等多方面的因素。

在航空港地址选择的备选方案的比较上，应从成本角度出发，进行定量和定性分析，以确定一个最佳方案。定量分析包括对下列情况的评估：购置土地成本，大型公用事业设施，地面准入设施，旅客的地面旅程以及对航空港周边地区的影响，如噪声污染、空气污染和水污染等。定性分析要考虑航空公司的准入门槛、适宜的可扩建能力，以及与空中交通管制的相容性等。

# 单元二　民用机场的功能分区

机场主要由飞行区、航站区和地面运输区等构成。其中，飞行区是飞机运行的区域，航站区是旅客登机的区域，是飞行区和地面运输区的结合部位，地面运输区是车辆和旅客活动的区域。每个区域都具备相应功能，但是又不能独立存在，需要相互协调配合共同保障航空港的安全、高效运行。

## 一、飞行区

飞行区是指航空港内供飞机起飞、着陆、滑行和停放的地区。它分为地面部分和空中部分。地面部分包括跑道、滑行道和机坪，以及一些辅助设施。空中部分是指机场的空域，包括飞机进场和离场的航路。

### （一）跑道

航空港一般有一至数条跑道，保证飞机至少能从相反的两个方向起飞和着陆。主跑道一般沿常年盛行风风向修建。跑道长度一般为1000～5000m，宽度为45～100m。

1． 飞行区等级

跑道决定飞行区等级。根据国际民航组织的规定，飞行区等级依据等级指标Ⅰ（飞行场地）和等级指标Ⅱ（翼展）来划分，如表5-1所示。

表 5-1 机场等级划分

| 第一位数字 | | 第二位字母 | | |
| --- | --- | --- | --- | --- |
| 数字 | 飞行场地长度 /m | 字母 | 翼展 /m | 轮距 /m |
| 1 | <800 | A | <5 | <4.5 |
| 2 | 800～1200 | B | 5～24 | 4.5～6 |
| 3 | 1200～1800 | C | 24～36 | 6～9 |
| 4 | 1800 以上 | D | 36～52 | 9～14 |
| | | E | 52～60 | 9～14 |
| | | F | 60～80 | 14～16 |

飞行区等级用两个部分组成的编码来表示。第一部分是数字，表示飞机性能所对应的跑道性能和障碍物的限制；第二部分是字母，表示飞机的尺寸所要求的跑道和滑行道的宽度。因而对于跑道来说飞行区等级的第一个数字表示所需要的飞行场地长度，第二位的字母表示相应飞机的最大翼展和最大轮距宽度。

通常，4F级机场可起降空客A380，4E机场可起降波音747、空客A340等机型，4D机场可起降波音757、波音767、空客A330等机型，4C机场可起降波音737、空客A320等机型。

2． 跑道的基本参数

跑道是飞机起飞和降落的通道，是机场最核心的功能设施。跑道的等级直接决定着机场的各项关键指标，如飞机起降架次、年旅客吞吐量、高峰小时旅客吞吐量等，除了跑道等级区别外，为了方便管理，还设定了很多基本参数，包括方向和跑道号、跑道的基本尺寸（跑道的长度、宽度和坡度）、跑道的道面和强度，跑道还必须有一定的附属区域以确保飞机起降的安全性，包括道肩、安全道和净空道等部分，如图5-4所示。

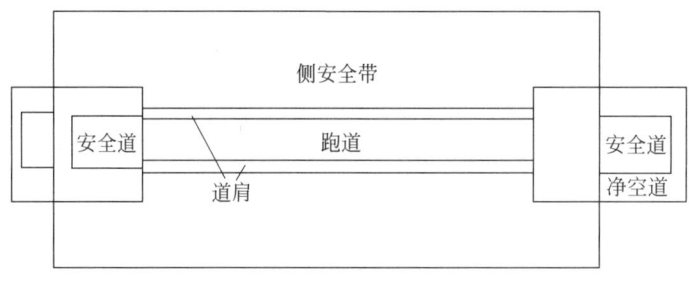

图 5-4 跑道及净空道

1）方向和跑道号

机场主跑道的方向一般和当地的主风向一致。在逆风中起降可以增加空速，使升力增加，所以跑道的方向设计是根据当地一年中的主风向来确定的，使飞机在使用该跑道的大部分时间内得到有利的风向。

跑道号按照跑道中心线的磁方向，以 10°为单位，四舍五入后用两位数字表示。例如，磁方向为 267°的跑道，其跑道号为 27；这条跑道另一端的磁方向是 87°，跑道号为 09。跑道号都是两位数，如果第一位没有数就用 0 来表示，例如，西安咸阳国际机场跑道的方向是东北 - 西南方向，指向东北的方向为 50°，跑道号就是 05；相反方向是 230°，跑道号是 23°。因此，一条跑道的两个方向有两个编号，如图 5-5 所示。

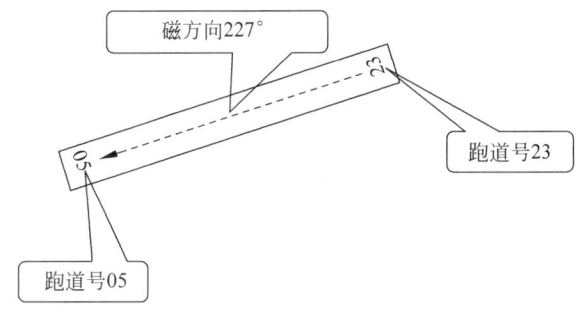

图 5-5　磁方向与跑道号标识

跑道号以宽 3m、长 9m 的明亮的白漆数字标示在跑道的端口，十分醒目，飞行员在空中可以清楚地看到跑道号。如果机场有同方向的几条平行跑道，就分别冠以 L（左）、C（中）、R（右）等英文字母，以示区别。例如，北京首都机场有两条平行的南北向跑道，西边的一条跑道是 18L 或 36R，东边的一条跑道是 18R 或 36L，如图 5-6 所示。塔台管制员只要告诉飞行员跑道号，飞行员就能确定跑道和起降方向。

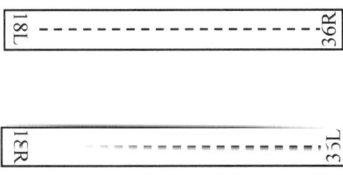

图 5-6　两条平行跑道标识

2）跑道的基本尺寸

跑道的基本尺寸是指跑道的长度、宽度和坡度。跑道长度取决于允许使用的最大飞机的起降距离、海拔高度及温度。海拔高度高、空气稀薄、地面温度高等因素，会造成发动机功率下降，因而需要加长跑道。例如，西藏昌都邦达机场的跑道长度为 4500m，是世界上"最长"的跑道。

3）跑道的道面和强度

跑道的道面分为刚性和非刚性两种。刚性道面由混凝土筑成，承载能力强，一般大型机场都采用刚性道面。非刚性道面有草坪、碎石、沥青等各类道面，承载能力弱，只能用于小型机场。

目前，大中型机场的跑道基本上都是采用钢筋混凝土结构建造。中型机场跑道厚度在20cm以上，起降波音747的大型机场跑道厚度在35cm以上。一架飞机能否使用这条跑道，主要取决于飞机轮胎对地面的压强及飞机起降的速度。对飞机而言，如果轮胎接地面积大或机轮数目多，飞机对地面的压强就小，就可以在强度较低的跑道上起降；起降速度小的飞机对地面的冲击和摩擦都较小，对跑道强度的要求也低。

4）跑道的附属区域

跑道的附属区域包括跑道道肩、跑道安全带和净空道三部分。

（1）跑道道肩。在跑道纵向侧边和相接的土地之间有一段隔离的地段，称为道肩，每侧宽1.5m。其作用是：飞机侧风偏离中心线时，不引起损害；防止翼吊发动机伸出跑道时，喷气吹起地面泥土或砂石，使发动机受损；有的机场在道肩之外放置水泥制的防灼板，防止喷气气流冲击土壤。

（2）跑道安全带。跑道安全带是在跑道的四周划出的区域，其目的是保障飞机在意外情况下冲出跑道时的安全。跑道安全带包括侧安全带和道端安全带。侧安全带是指跑道中心线向外延伸出一定距离的区域，Ⅲ级或Ⅳ级机场距离150m。道端安全带是指跑道端至少向外延伸60m的区域，安全带一般和跑道等宽。

（3）净空道。净空道为跑道端之外的地面和向上延伸的空域，宽度为150m，在跑道中心延长线的两侧对称分布，可以是地面或水面。这些空间是为飞机起降专用的，任何其他建筑物和障碍物均不得涉及这个区域。接近此区域的楼房、烟囱等在高度上都有限制，而且在顶部还要漆上红白相间的颜色，装上灯光或闪光灯，目的都是便于飞行员识别，防止碰撞。

5）跑道的维护保养

对一个机场来说，跑道是它运营的关键设施；对一架飞机来说，跑道则是它全部飞行过程中最关键的一段行程。因此，跑道在任何时候都不能出现缺损或被疏忽。一旦发现不足之处，必须迅速加以维修纠正。

飞机在降落制动时，轮胎与地面摩擦很剧烈，产生出很大的热量，使轮胎温度升高。轮胎表层的橡胶因受热而软化，可能有一部分橡胶颗粒粘在跑道上，跑道上的这段区域就会覆盖上一层黑色橡胶颗粒，它也会降低跑道的摩擦力。要定期清除这种污渍，目前多用机械刷除或者用高压水冲洗。

跑道需要定期进行检查，查看是否有裂缝、隆起、杂物等。否则由于飞机高速运动，哪怕很小的杂物、缺陷都有可能引发重大事故。

6）跑道上的标志

跑道上有用白漆画出来的各种标志（如图5-7所示），为飞行员提供各种指示和信息。各种等级跑道上的标志不完全相同，其中最主要的标志是跑道端线、跑道号和跑道中线。

跑道的起始部分称为跑道端，又称跑道出口，用跑道端线标出。跑道的两端都有跑道端线，这是与跑道垂直的一组平行的实线，长度为30m。起飞的飞机从这里起动加速，降落的飞机在到达此线之前必须停下来。在跑道端线前方可以看到跑道号，它是9m

图5-7　跑道标示

长、3m宽的白漆数字，以醒目的标志让飞行员知道使用的是哪一条跑道。一条用断续线标志出来的中心线贯穿整条跑道。飞行员在飞机起飞和降落时，时刻要将机头对准这条线。

（二）滑行道

滑行道是连接跑道各个出口和停机坪各机位运行的通道。飞机通过它从机坪的各机位滑行到指定跑道起飞端，或者通过它从降落端着陆减为滑行速度后滑行到指定停机位。通常大型机场的跑道会设计多个跑道出口与滑行道相连，使已降落的不同机型飞机迅速离开跑道，以便充分利用跑道资源，如图5-8所示。

图5-8　机场滑行道

根据滑行道的作用和位置，滑行道可分为入口滑行道、旁通滑行道、出口滑行道、快速出口滑行道、平行滑行道、联络滑行道、机坪滑行道、机位滑行道等。

1）入口滑行道

设在跑道端部，供飞机进入跑道起飞用。设在双向起飞着陆用的跑道端的入口滑行道，也作为出口滑行道。

2）旁通滑行道

设在跑道端附近，供起飞的飞机临时决定不起飞时，从进口滑行道迅速滑回用；也供跑道端进口滑行道堵塞时飞机进入跑道起飞用。

3）出口滑行道

供着陆飞机脱离跑道用，设在双向起飞着陆用的跑道端的入口滑行道也作为出口滑行道。

4）快速出口滑行道

以锐角与跑道连接并设计得使着陆的飞机可以比用其他出口滑行道更高的速度转出，从而减少占用跑道时间的滑行道。

5）平行滑行道

平行滑行道供飞机通往跑道两端使用。在交通量很大的机场，通常会设置两条平行滑行道，分别供飞机来往单向滑行使用。

6）联络滑行道

交通量小的机场，通常只设一条从站坪直通跑道的短滑行道，这条滑行道称为联络滑行道。交通量大的机场，平行滑行道之间设置垂直连接的短滑行道，也称为联络滑行道，供飞机从一条平行滑行道通往另一条平行滑行道使用。

7）机坪滑行道

滑行道系统中位于机坪上的部分，供飞机穿过机坪的滑行通道。

8）机位滑行道

机坪的一部分，只作为供近机位使用的滑行道。

滑行道的宽度由使用机场最大的飞机的轮距宽度决定，要保证在滑行道中心线上滑行，它的主起落轮的外侧距滑行道边线应不少于1.5m。在滑行道上飞机运行密度通常要高于跑道，飞机的总质量和低速运动时的压强也会比跑道所承受的略高，对滑行道的道面强度要求较高。为了方便机场降落指挥，在滑行道上都标有滑行路线。

滑行道和跑道端的接口附近设有等待区，地面上有标志线标出，飞机在进入跑道前在这个区域等待许可指令。等待区与跑道端线保持一定的距离，以防止等待飞机的任何部分进入跑道，成为运行的障碍物或产生无线电干扰，从而造成飞行危险。

（三）机坪

机坪是飞机停放和旅客登机的地方。机坪又分为登机机坪和停机机坪。飞机在登机机坪装卸货物、加油，在停机机坪过夜、维修和长时间停放。停机机坪的面积要足够大，以保证进行上述活动的车辆和人员的行动。

1．安全净距

机坪上的飞机停放要保持安全净距，安全净距的标准如表5-2所示。

表 5-2　机坪上飞机停放应保持的安全净距

| 飞行区等级指标Ⅱ | F | E | D | C | B | A |
|---|---|---|---|---|---|---|
| 停放飞机与主滑行道上滑行飞机的净距 /m | 17.5 | 15 | 14.5 | 10.5 | 9.5 | 8.75 |
| 在机位滑行通道上滑行的飞机与停放飞机及建筑物的净距 /m | 10.5 | 10 | 10.5 | 6.5 | 4.5 | 4.5 |
| 停放飞机之间以及与邻近建筑物的净距 /m | 7.5 | 7.5 | 7.5 | 4.5 | 3 | 3 |
| 停放飞机主起落架外轮与机坪道面边缘的净距 /m | 4.5 | 4.5 | 4.5 | 4 | 2.25 | 1.5 |

2．机坪的一般要求

机坪道面强度应能承受各种机型的载荷，一般不低于跑道道面强度。机坪道面应保持平坦，防止积水，机位坡度不大于 0.8%；机坪表面平整度与跑道表面的要求相同。

3．除冰坪

除冰坪是指一块供除冰飞机停放以及除冰设施运行的场地，通常设在临近机坪或跑道端附近。除冰坪的大小满足除冰飞机所需的停放面积，同时四周至少有 3.8m 宽的道面供除冰车辆运行。

从安全角度考虑，除冰坪上不能有超出障碍物限制面的物体；除冰飞机的停放位置与跑道、滑行道、仪表着陆系统信号敏感区等要保持安全净距；强度应能承受飞机的荷载；且使塔台管制员能够看到。

4．隔离机位

飞行区等级指标Ⅱ为 D、E、F 的机场必须设置一个隔离机位，用于应急、专机停放，该位置与其他航空器集中停放区、建筑物或公用地区的距离不小于 100m，并尽可能避开地下燃气、燃油管道及电力或通信电缆等设施。

（四）机场导航设备

机场导航设备又称终端导航设备，其作用是引导到达机场附近的飞机安全、准确地着陆。机场导航设备分为非精密进近设备和精密进近设备。非精密进近设备通常是指全向信标台、测距设备台和机场监视雷达，它们的作用是把飞机引导到跑道平面，但无法提供高度上的引导。精密进近设备能给出准确的水平引导和垂直引导，使飞机穿过云层，在能见度和云底高度较低的情况下，准确地降落在跑道上。目前使用最广泛的精密进近设备是仪表着陆系统，即俗称的盲降设备。

（五）机场地面灯光系统

夜间飞行的飞机在机场进近降落，需要机场地面灯光系统的助航以保证安全。机场地面灯光系统主要包括跑道灯光、仪表进近灯光、目视进近坡度指示器等。

1. 跑道灯光

机场上装有大量的各式各样的灯光，发出明亮的光芒，帮助飞机在夜间使用机场。这些助航灯光主要集中在跑道上，如图 5-9 所示。

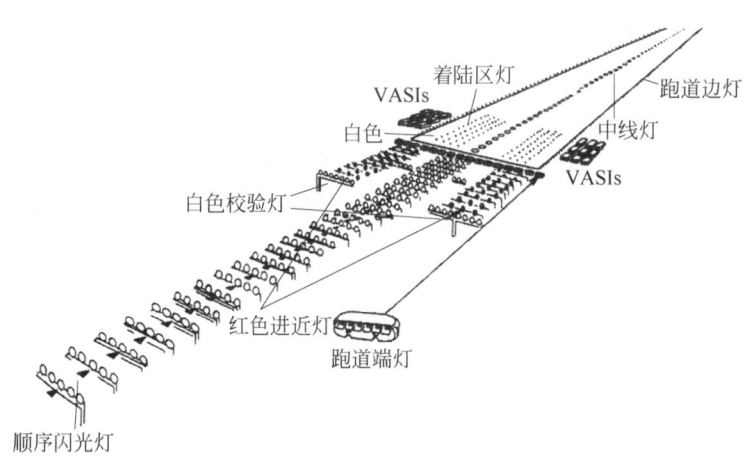

图 5-9　跑道灯光

跑道的两侧有装在金属柱上发出白色光的跑道边灯，以显示出跑道的轮廓。沿跑道的中心线，每隔 20m 有一个装在地面内的跑道中线灯，灯面与道面齐平，不怕机轮碾压，灯泡发出的是 200W 以上的强光，其亮度明显超过其他灯光。从跑道端开始的 300m 以内，中线灯发出的光是红色的；在跑道的中间部分，中线灯则发出白色的亮光，这种安排使飞行员在空中能比较容易地看出跑道的中线和跑道的两端。在跑道两端还各有一排跑道端灯，向跑道外照射出的灯光是绿色的；向跑道内照射的是红色灯光。飞机降落时，飞行员所看到的跑道近端灯是绿色的，而远端灯则是红色的，在红灯之前，飞机必须停下来。在跑道端内的道面内还有嵌入的着陆区灯，它发出的光是白色的，分布在道面上延伸出几百米，它的作用是在夜间指示飞行员把飞机降落到这个区域的地面上。

为了引导飞机的降落，跑道端之外还延伸着很长距离的灯光，这些灯光称为进近灯光，使用这部分灯光与仪表着陆系统配套，在夜间帮助飞行员确定距离和下降坡度。在跑道以外，于中心线的延长线 900m 处开始设置 5 个一排的白色强光灯，每隔 30m 设一排，一直延伸到跑道端，5 个灯中间的一个灯正好位于中线的延长线上，它们组成一列顺序闪光的灯线，每秒闪动 2 次。从飞机上向下看，这组灯光由远处一盏接一盏地闪过来，直指跑道端，并与跑道中线灯连成一条直线。在距跑道端 300m 处，在这列灯两侧又增加了两排灯，一直延伸到跑道端。这两列灯的前两排为白色灯光，用来帮助飞行员校正飞机的两翼是否水平；在它们以后的各排灯均为红色，提醒飞行员此区域不是跑道，飞机不能在这里落地。

滑行道的中线灯是绿色的，两边的边灯是蓝色的。由滑行道到停机坪，有明亮的泛光灯照明。

2．仪表进近灯光

飞机在进近的最后阶段，一般要由仪表飞行转为目视飞行。这时夜航的飞行员使用仪表进近灯光来确定距离和坡度，从而做出决断。

3．目视进近坡度指示器

为了帮助飞行员在夜间降落时准确地校正飞机下降的坡度，在跑道端附近还装设有一组或两组称为"目视进近坡度指示器（VASI）"的灯组。这是一排灯光向前方照射的强光灯。每个灯前放置一块滤光玻璃，上红下白，在灯的前方不远处有一块挡板，挡板上有可调整的窄缝。当灯光穿过窄缝时，它就沿着飞机下降的坡度照射。从飞机上看这组灯光，若飞行员看到的全是白光，表明飞机飞得过高；若飞行员看到的全是红光，表明飞机飞得过低。只有当飞行员看到的是上红下白的光，此时飞机的下降坡度才是正确的，可以安全着陆。飞机着陆后向前滑行，在跑道出口处有绿色灯光，飞行员由此驶出跑道进入滑行道。

（六）机场的净空区

机场要保证在飞机的起飞和降落的低高度飞行阶段不能有地面的障碍物来妨碍导航和飞行，因而要划定一个区域，这个区域的地面和空域要按照一定标准来控制，并把有关的地形情况标注在航图上，这个区域称为进近区或净空区。

（七）飞行区内的其他设施

1．测量基准点

测量基准点是指机场的地理位置基准点，是由国家测绘机构确定的精确的地理经度和纬度，作为这个机场的地理坐标。这一点通常选在机场主跑道的中点。

2．标高校核位置

标高是指机场的标高，即机场的海拔高度。这个位置在停机坪上，用于飞机高度表的校准。

3．空中交通管制服务设施

空中交通管制服务设施包括空中交通管制中心、塔台、气象服务中心等，如图 5-10 所示。

图 5-10 北京首都国际机场塔台

4．地面维护设施

地面维护设施是指机库、货运中心、飞机加油设施等。

5．消防和跑道维护设施

消防和跑道维护设施是指消防栓、跑道除雪车等。

## 二、航站区

航站区包括航站楼建筑本身以及航站楼外的登机机坪和旅客出入车道。它是地面交通和空中交通的结合部，是机场对旅客服务的中心地区。

（一）航站楼水平布局

航站楼为旅客上、下飞机提供各种服务。航站楼的水平布局是否合理对航站楼运营有至关重要的影响。航站楼采取何种布局，需要综合考虑旅客流量、飞机起落架次、航班类型、地面交通等因素。一般航站楼的水平布局有以下四种基本形式。

1．线型

线型即飞机停靠在航站楼墙外，沿航站楼一线排开，旅客通过登机桥上下飞机。线型布局是航站楼最基本的布局方式。旅客可以在航站楼的一侧停车，进入航站楼办理手续，并在航站楼的另一侧登机。其优点是简单、方便，缺点是只能处理少量飞机，一旦交通流量很大，有些飞机就无法停靠到位，造成延误。这种布局通常适用于航班量不大的始发/终程机场，如图 5-11 所示。

图 5-11 日照机场线型布局

## 2．指廊型

指廊型即由航站楼空侧边向外伸出若干个指形廊道，廊道两侧安排机位，从而延展了航站楼空侧边长度。飞机停靠在指廊两旁，这样就可停放多架飞机。这是目前航空港中采用比较多的一种形式。指廊上通常铺设活动人行道，使旅客的步行距离缩短，如图 5-12 所示。

图 5-12　济南国际机场指廊型布局

## 3．卫星厅型

卫星厅型即在航站楼主体空侧一定范围内布置一座或多座卫星式建筑物，这些建筑物通过地下、地面或高架廊道与航站楼主体连接，如图 5-13 所示。卫星式建筑物周围设有机位，飞机环绕卫星式建筑物停放。卫星厅和航站楼之间有活动人行通道或定期来往车辆联系。它相比指廊型优越的地方是，卫星厅内可以有很多航班，各航班旅客登机时的路程和需要的时间大体一致，旅客在卫星厅内可以得到较多的航班信息。卫星厅型的缺点是建成后不易进一步扩展。

图 5-13　巴黎戴高乐国际机场卫星厅型布局

## 4．车辆运输型

车辆运输型登机机坪又称远距离登机机坪，飞机不接近航站楼，而是停在比较远的机坪上，通过接送旅客的摆渡车来建立航站楼与飞机之间的联系。这种方式的优点是大大减少了建筑费用，并具有不受限制的扩展余地；其缺点是机坪上运行的车辆增加，机场的服务工作人员增加，旅客登机的时间增加，而且给旅客带来了容易受外界恶劣天气影响等不便，影响了服务质量。

以上各种形式并不是单一固定的，可以根据实际需要采用各种混合形式来减少延误。

### （二）航站楼

机场航站楼是供旅客完成从陆侧到空侧或者从空侧到陆侧的交通转换的场所，是机场的主要建筑物。

#### 1．航站楼的主要设施

（1）连接地面交通的设施，主要有地铁站、出租汽车站及穿梭巴士车站等。

（2）办理各种离港手续的设施，主要有旅客办票、安排座位、托运行李的柜台以及安全检查和行李提取等设施。通航国际航线的航站楼还有海关、检验检疫、边防的柜台。

（3）连接飞机的设施，主要有靠近飞机机位的候机厅或其他场所，视旅客登机方式而异的各种运送、登机设施，中转旅客办理手续、候机及活动场所等。

（4）航空公司营运部门和机场管理部门办公设施，主要有航空公司营运部门和机场管理部门必要的办公室、办公设备等。

（5）服务设施，主要有餐厅、商店、银行等。

2．航站楼的服务流程

航站楼区旅客服务流程如图5-14所示。

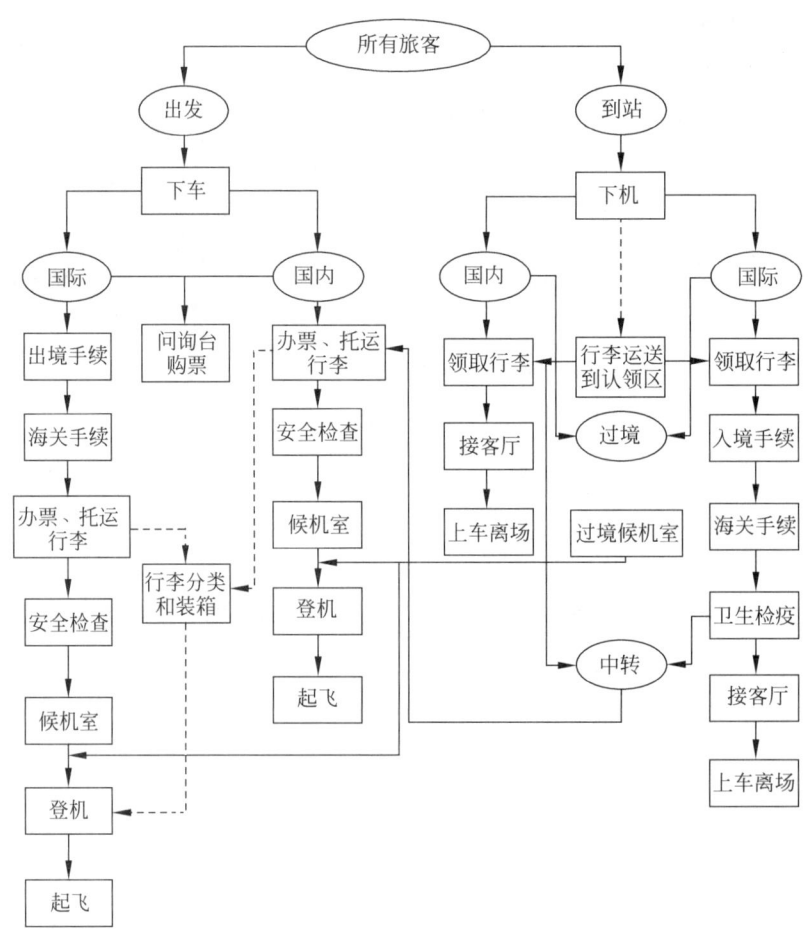

图 5-14　航站楼区旅客服务流程图

3．航站楼的两大功能区

1）旅客服务区域

旅客服务区域包括值机柜台，安检、海关、检疫部门的通道和入口，登机前的候机厅，行李提取处，旅客信息服务设施，旅客饮食区域，公共服务区，商业服务区等。

2）管理服务区域

管理服务区域包括航空港行政办公室，后勤办公和工作场所，紧急救援设施，航空公司运营办公室、签派室和贵宾接待室，民航管理部门及卫生、海关、环保、边防检查部门的办公区域等。

### 三、地面运输区

地面运输区包括机场进入通道、机场停车场和内部道路。

（一）机场进入通道

机场是城市的交通中心之一，而且有严格的时间要求，因而从城市进出机场的通道是城市规划的一个重要部分，大型城市为了保证机场交通的通畅都修建了市区到机场的专用公路或高速公路。为了解决旅客来往于机场和市区的问题，机场要建立足够的公共交通系统。有的机场开通了到市区的地铁或高架铁路，大部分机场都有足够的公共汽车线路来方便旅客出行。在考虑航空货运时，要把机场到火车站和港口的路线同时考虑在内。如图5-15所示。

图 5-15　机场进入通道

（二）机场停车场和内部道路

1. 机场停车场

除考虑乘机的旅客外，还要考虑接送旅客的人，以及机场工作人员的车辆，观光者和出租车的需求，因此机场的停车场必须有足够大的面积。但停车场面积太大也会带来不便，繁忙的机场按车辆使用的急需程度把停车场分为不同的区域，离航站楼最近的是出租车辆和接送旅客车辆的停车区，以减少旅客步行的距离。机场职工或航空公司使用的车辆则安排到较远位置或安排专用停车场。

2．内部道路

机场内道路系统在航站楼外的道路区要很好地进行安排和管理,这里各种车辆和行人混行,而且要装卸行李,特别是在高峰时期,容易出现混乱和事故。机场内道路的另一个主要部分是安排货运的通路,使货物能通畅地进出货运中心。

## 单元三 民用机场运营

### 一、世界机场的管理模式

机场的管理模式与机场的性质密切相关。传统上,所有的机场都是公有的。直到20世纪90年代,私有机场才开始明显增多。在欧美等航空业发达国家,传统上私有机场只是通用航空或航空俱乐部使用的小型机场,因此,私有机场对机场业的影响非常有限。这样,地方或国家层次上的公有形式成为机场最常见的产权形式。

目前世界上的机场管理模式分为国家管理、本地政府管理和私人企业管理三种。

(一)国家管理模式

国家管理模式是指国家的民航主管部门直接管理机场。这种管理模式在一些非市场经济国家比较流行。这种体制的优点是可以迅速适应国家政治任务的需要,并且容易和空中交通管制系统配合,集中力量,统一调度。它的缺点是和当地政府、经济社会联系不密切,不能从地方社会经济发展的角度出发考虑问题,从而形成与地方社会经济发展之间的矛盾。

(二)本地政府管理模式

世界上的大部分机场都采取这种模式。机场是当地社会经济发展的重要组成部分,由本地政府管理机场能够把地方社会经济发展的要求和机场建设统一协调起来,调动地方投资的积极性。这种形式的管理效果较好,不足之处是会和民航管理部门及非本地的航空公司产生利益上的冲突,需要协调解决。

(三)私人企业管理模式

私人企业管理模式只在英国和美国的一些小型机场中实行。机场完全按照企业经营,但受到政府相关法规的限制。这种模式主要的目标是企业利润和效益的最大化,优点是经营效率很高，但是缺点也很明显，那就是必须由政府来控制机场运营的波动性和忽视社会效益的倾向。

## 二、中国机场的管理模式

改革开放以前，我国的机场管理模式比较单一，机场完全由中央政府统一管理。改革开放以后，地方政府为了促进当地社会经济的发展，积极参与机场建设。由于机场投资主体发生了变化，单一的机场管理模式被打破，形成了多种管理模式并存的局面。

我国的机场管理模式主要有以下几类。

### （一）民航局管理

民航局管理的机场主要包括首都国际机场集团公司所属机场和民航西藏自治区管理局所属机场。首都国际机场集团公司是隶属于国家民航局的我国第一家跨地区、多元化大型机场集团公司，拥有包括北京、天津、重庆、黑龙江、吉林、内蒙古、江西、湖北、贵州9个省级行政区机场集团公司所辖的机场，并参股沈阳、大连机场，机场旅客吞吐量占全国市场份额的30%。民航西藏自治区管理局是机场属地化管理后，国家民航局下辖的唯一省级管理局。

### （二）省级机场集团管理

除首都国际机场集团公司所辖9省区市机场集团公司外，还有12家省级行政单位的全部或部分机场成立了机场集团公司，分别是上海、辽宁、河北、山西、山东、安徽、广东、广西、湖南、四川、云南、新疆，此外，陕西、青海、宁夏3省区所辖机场成立了西部机场集团公司，占西北航空市场90%左右的份额。省级机场集团管理的机场占全国机场的44.1%。机场集团通过全资购入、控股和参股所属机场进行管理，但方式也不尽相同，例如，广州白云机场按照"省属市管"的模式运行，负责人和资产属于省管，机场运行和发展由广州市管理。辽宁省机场集团公司把所属机场作为具有法人性质的子公司进行管理。云南和新疆机场集团公司把所属机场作为分公司进行管理。

### （三）地方政府委托管理

地方政府委托管理的机场，所有权隶属于省、市政府，大部分由地方国资委管理，也有的由市民航局或交通局管理。有些机场管理也有自己的特点，例如，大连机场、青岛机场由所在市成立具有法人资格的机场集团公司管理。河南省成立郑州国际航空枢纽规划建设委员会，具体推进郑州机场规划发展。

（四）航空运输企业管理

全国由航空运输企业管理的机场有 14 个，占总数的 9.2%。其中，海南航空公司管理 13 个机场，深圳航空公司管理一个机场。

### 三、机场的运行

（一）机场运行指挥中心

机场运行指挥中心是机场运行的神经中枢，它担负着机场运行的组织、指挥、协调、控制和应急救援指挥的重要职责。机场运行指挥中心主要有指挥枢纽、参谋助手、对外协调的作用。

（1）指挥枢纽的作用。机场以运行指挥部门为核心将生产运行网络、通信信息网络、组织指挥网络、安全保障网络、应急救援网络整合为统一的机场运行管理体系，实施统一的组织指挥。

（2）参谋助手作用。运行指挥部门在实施机场生产运行的管理和指挥中，可真实、全面地掌握机场生产保障的现状和信息，以及机场各生产保障单位的工作状态和存在问题，及时向机场领导反馈，为领导决策提供依据和参考意见，并将机场领导的决定和指令及时下达到各生产保障部门。

（3）对外协调作用。运行指挥部门作为机场生产运行的指挥平台，除对机场本身各部门进行组织、指挥和控制外，还必须与地方政府各部门以及驻机场运作的各航空公司、空中交通管制部门、联检单位、其他与机场生产运行有关的单位和人员进行协调。运行指挥部门的工作协调和服务保障质量直接代表了机场的形象，并对生产运行的安全、正常、高效发挥着重要作用。

（二）航班保障

航班保障服务主要分为旅客服务、货物服务及航空器服务，前两个部分将在模块六详细介绍，这部分主要介绍航空器服务。

飞机着陆之后，在重新起飞之前，必须卸载、清洁、加油以及装载旅客、行李等。飞机在经停时，一般要求在 30~45min 完成地面勤务工作，在进行航空器服务时，有十多辆服务车辆和设施为飞机提供服务，如图 5-16 所示。这类设备的充足与可靠是保障航空公司运营效率和准点运行的主要因素之一。

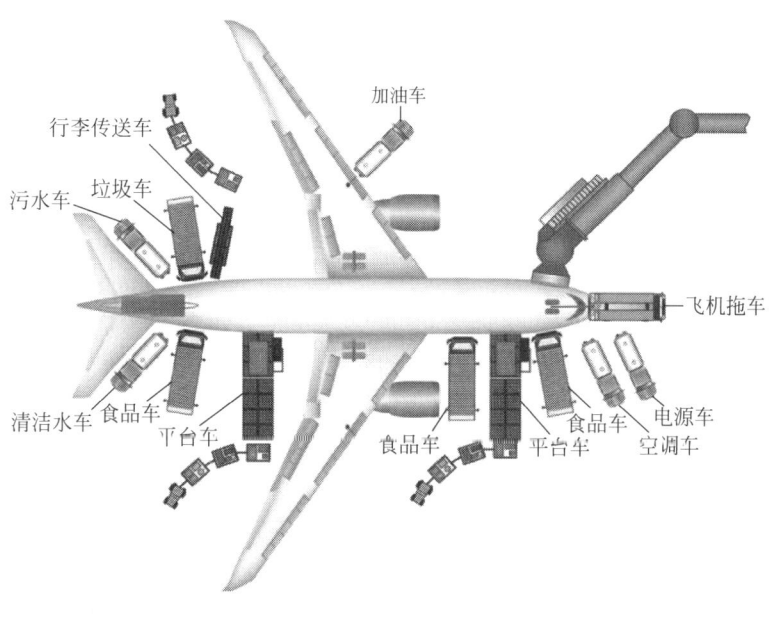

图 5-16　机坪保障服务

根据服务功能的不同，为机场提供服务保障的车辆大致可分为四种，它们分别是：飞机保障车辆、场道保障车辆、旅客服务车辆以及机场应急救援车辆。

1．飞机保障车辆

1）飞机拖车

由于飞机本身的发动机是按照每小时几百乃至上千千米的高速飞行条件而设计的，当飞机在地面上低速移动时，其能量利用率非常低，因此，通过飞机拖车的介入，可以大幅节省飞机在地面时的油量损耗，如图 5-17 所示。用于拖拽飞机的拖车可分为两种，一种是无杆拖车，另一种则是有杆拖车。

图 5-17　飞机拖车

2）行李传送车

行李传送车是用于飞机装卸行李、包裹及邮件等货物的专用设备，一般会在航班起飞前一个半小时到达作业场地，待行李全部装载完成后，就会转送至飞机货舱，如图 5-18 所示。

3）食品车

食品车是专为乘坐飞机的人们提供食品配送的车辆。食品车拥有一个液压升降系统，通过这个系统的前后、左右移动，为不同型号

图 5-18　行李传送车

的飞机提供食品装卸，如图 5-19 所示。

4）行李牵引车

行李牵引车又称行李拖车，用来将行李、货物、邮件等运送至停机位，采用的是牵引模式，最多可以牵引十几个车厢，如图 5-20 所示。

图 5-19　食品车　　　　　　　　　图 5-20　行李牵引车

2．场道保障车辆

1）机场驱鸟车

驱鸟车就是通过车载的驱鸟设备（如声波驱鸟器、驱鸟炮弹发射器及爆闪灯等）来对鸟类进行驱逐，如图 5-21 所示。

2）跑道除胶车

跑道除胶车是专门修缮机场跑道的重要设备，可以有效清除飞机起降时的刹车痕迹，该设备还能够清除机场标志线和停机坪上的油污，如图 5-22 所示。

图 5-21　机场驱鸟车　　　　　　　图 5-22　跑道除胶车

3）扫雪车

扫雪车可以及时地清扫飞行区跑道和滑行区跑道上的积雪，以免积雪对飞机的正常降落和起飞产生影响，如图 5-23 所示。

4）除冰车

除冰车可以在飞行区跑道和滑行区跑道结冰时对冰层进行快速有效的清理，如图 5-24 所示。

图 5-23　扫雪车　　　　　　　　　图 5-24　除冰车

3．旅客服务车辆

1）机场摆渡车

机场摆渡车主要是将乘客运送到远机位的飞机。机场摆渡车为了更加快速地方便乘客上下，左右两侧均设有车门，如图 5-25 所示。

2）客梯车

在没有登机桥的机坪上供旅客上下飞机，如图 5-26 所示。

图 5-25　机场摆渡车　　　　　　　图 5-26　客梯车

4．机场应急救援车辆

1）机场应急指挥车

机场应急指挥车可以起到机场应急指挥场所的作用，当机场出现应急事件时，机场应急指挥车可以提供信息的采集上报、事态发展情况等服务，使机场能够快速得到有效的控制。同时，机场应急指挥车还可以调度指挥，为事件处置、决策提供技术和装备的支持，如图 5-27 所示。

2）机场消防车

机场消防车是指专门用于预防及扑救飞机火灾，可在车辆行驶中喷射灭火剂的消防车辆。由于其工作特点及所处环境的特殊性，机场消防车较普通消防车有更高的性能要求，如图 5-28 所示。

图 5-27　机场应急指挥车　　　　　　　图 5-28　机场消防车

（三）机场的后勤维护

1．道面的维护

由于风化以及飞机往来活动等原因，跑道会逐渐老化。这种道面老化会影响飞机起飞和降落的安全。跑道维护得好，能有效延长道面的寿命。飞机在跑道上高速运动，任何小的裂缝或隆起都有可能造成爆胎或对起落架的损害，从而引发大的事故。

大型机场的跑道都使用混凝土道面，它是刚性的，承载能力强，能使用 20～40 年，但在温度变化较大时，它的膨胀和收缩会引起很大的内应力，造成道面的损坏。跑道维护人员要定期目视检查道面，在春季要增加检查次数，及时修补。中型机场多在混凝土道面上铺一层沥青。这种道面是柔性的，不耐水汽侵蚀，如果道面积水时间较长，会造成小孔、裂缝等。由于道面强度低，飞机的重着陆和暴雨都会使道面上的软材料被带走，造成空洞。因此，每隔一定时期要对跑道的强度和性能进行检测。沥青道面虽然造价比混凝土道面低，但它的维修次数和费用都要高于混凝土道面。

道面的摩擦力会随着道面的磨损、积水和污染而变化。道面的磨损可以通过及时修补来解决。跑道上的薄层积水会使机轮打滑，甚至丧失全部摩擦力。解决的方法是在道面上开出安全槽，这些槽深 6～7mm，间隔 30mm，可以将道面上的积水排干净，也可以排出轮胎摩擦产生的水蒸气和热量。跑道污染主要是由于油漆、废物和轮胎上的橡胶颗粒黏附造成的，其中最主要的是橡胶颗粒黏附，这是由于飞机降落后制动时轮胎与跑道道面摩擦而产生的。它的存在会大大降低道面的摩擦系数，消除这种污染比较费力，目前采用的方法有四种：一是高压水冲洗，水压在 300 大气压以上，而且只能在 51℃ 以上的气温下进行；二是化学溶剂溶解，酸性化学制剂用于混凝土跑道，碱性化学制剂用于沥青跑道，这种方法很有效，但会导致环境污染；三是高速冲击方法机械刷除，这种方法的设备比较昂贵；四是超声波清洗，这种方法成本较低，效果较好。

2．除雪和除冰

在中、高纬度地区，除雪和除冰是保证机场安全运行的重要工作。除雪要根据气象预报早做准备，一旦雪情妨碍飞行，就要立即行动。除雪的方法分为两种：机械方法和化学方法。化学方法的成本高、见效慢，会对环境造成污染，因此大多数机场采用机械方法除雪。除雪机械主要有推雪车、吹雪车和扫雪车，在有很厚积雪的机场，往往是三种车辆连续作业——推雪车在前除去厚雪，吹雪车在后把推雪车推到旁边的雪堆吹到远离跑道的地方，最后由扫雪车把道面打扫干净。

跑道结冰对飞机来说比积雪更危险，而除冰比除雪还困难。如果扫雪车不能将跑道结冰及时清除，一般会采用撒沙子的方法，一方面可以增加跑道的摩擦力，另一方面也加快了冰融化的速度。更先进的办法是撒加热的沙子，使沙子嵌入冰层。在紧急情况下，用喷气发动机喷出的热气流除冰也极为有效，但是噪声太大，成本很高。

3．防治鸟害

飞机起飞或降落时如果把鸟吸入发动机或者与鸟相撞，都会造成很大的危险（见图 5-29），因此驱散鸟类，使其远离机场空域是保障机场安全运行的主要任务之一。目前，国内大多机场主要采取恐吓战术、鸟类捕捉、机场环境治理、迁移栖息地四种方法驱赶鸟类。

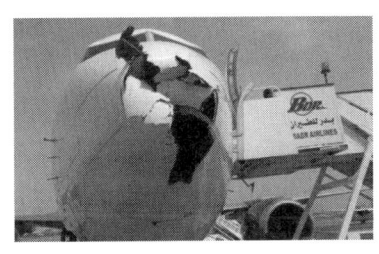

图 5-29　飞机遭鸟击

1）恐吓战术

恐吓战术是利用鸟类生理习性设置的驱鸟手段，主要采用煤气炮、录音驱鸟、猎枪驱赶、视觉威慑、豢养猛禽等方法。煤气炮是一种以煤气为燃料的爆炸装置，会发出巨大声响驱赶鸟类。录音驱鸟采用高音喇叭播放猛禽的鸣叫声或鸟类悲鸣声恐吓鸟类飞离机场。猎枪驱赶简单有效，可震慑机场鸟类。视觉威慑是在机场关键区域放置仿真人、飘带、风车、恐怖眼等吓跑鸟类。豢养猛禽采取以鸟治鸟的方式，放飞人工驯化的猛禽赶走野生鸟类。

2）鸟类捕捉

鸟类捕捉是飞行期间的一种驱鸟辅助措施，机场观鸟员通过长期观察，掌握常见鸟类在机场的主要活动范围和飞机起飞、降落关键区域，在这些区域投放捕鸟器、架设粘鸟网捕捉鸟类，以减少鸟类活动数量。

3）机场环境治理

机场环境治理是扰乱鸟类繁殖规律及切断食物链的一种综合治理手段。例如，净化机场环境，防止因垃圾受潮腐烂滋生鸟类食源；割除杂草、喷洒农药、改良草种，破坏昆虫及地下生物生存的微生态环境，减少小型鸟类食源；清理机场周围鸟窝，扰乱鸟类繁殖。

4）迁移栖息地

迁移栖息地是为了实现与鸟类和谐共存所采用的新兴驱鸟手段。在离机场一定距离处，建立适合鸟类生存的栖息地，为鸟类提供丰富的食源和适宜的活动场所，吸引原本活动在机场周围的鸟类主动撤离机场。

#### （四）机场应急救援

机场应急救援是指对机场发生的各种紧急事件做出快速反应，采取适当措施，避免或减少人员伤亡和财产损失，争取在最短的时间内使机场恢复正常运行。机场应急救援的范围一般指机场围界以内及距机场基准位置点 8km 范围内的区域。

1．紧急事件分类及等级

紧急事件分为航空器紧急事件和非航空器紧急事件。航空器紧急事件包括：航空器失事、航空器空中故障、航空器遭到劫机及爆炸物威胁、航空器相撞及涉及航空器的其他紧急事件等。非航空器紧急事件包括：对机场设施的爆炸威胁、建筑物失火、危险品污染、自然灾害、医学紧急情况及不涉及航空器的其他紧急事件。

非航空器紧急事件的应急救援响应不分等级，航空器紧急事件的应急救援响应分为以下三个等级。

（1）原地待命：航空器空中发生故障等突发事件，但该故障仅对航空器安全着陆造成困难，各救援单位应当做好紧急出动的准备。

（2）集结待命：航空器在空中出现故障等紧急情况，随时有可能发生航空器坠毁、爆炸、起火、严重损坏，或者航空器受到非法干扰等紧急情况，各救援单位应当按照指令在指定地点集结。

（3）紧急出动：已发生航空器失事、爆炸、起火、严重损坏等情况，各救援单位应当按照指令立即出动，以最快速度赶赴事故现场。

2．应急救援组织机构

机场管理机构在地方人民政府统一领导下成立机场应急救援工作领导小组。机场应急救援工作领导小组是机场应急救援工作的决策机构，通常应当由地方人民政府、机场管理机构、民航地区管理局或其派出机构、空中交通管理部门、有关航空器营运人和其他驻场单位负责人共同组成。

机场应急救援工作领导小组负责确定机场应急救援工作的总体方针和工作重点、审核机场突发事件应急救援预案及各应急救援成员单位之间的职责、审核确定机场应急救援演练等重要事项，并在机场应急救援过程中，对遇到的重大问题进行决策。

3．应急救援的人员

参加应急救援人员佩戴识别标志，识别标志明显醒目且易于佩戴，并能体现救援的单位和指挥人员。参加应急救援的人员均应佩戴这些标志。识别标志在夜间应具有反光功能，具体样式如下。

（1）救援总指挥为橙色头盔，橙色外衣，外衣前后印有"总指挥"字样。

（2）消防指挥官为红色头盔，红色外衣，外衣前后印有"消防指挥官"字样。

（3）医疗指挥官为白色头盔，白色外衣，外衣前后印有"医疗指挥官"字样。

（4）公安指挥官为蓝色头盔，蓝色警服，警服外穿前后印有"公安指挥官"字样的背心。

4．应急救援演练

应急救援演练分为综合演练、单项演练和桌面演练三种类型，机场应急救援综合演练应当至少每三年举行一次，未举行综合演练的年度应当至少举行一次桌面演练，机场各参加应急救援的单位每年至少应当举行一次单项演练。

综合演练是由机场应急救援工作领导小组或者其授权单位组织，机场管理机构及其各驻机场参加应急救援的单位及协议支援单位参加，针对模拟的某一类型突发事件或几种类型突发事件的组合而进行的综合实战演练。

单项演练是由机场管理机构或参加应急救援的相关单位组织，参加应急救援的一个或几个单位参加，按照本单位所承担的应急救援责任，针对某一模拟的紧急情况进行的单项实战演练。

桌面演练又称指挥所推演，是由机场管理机构或参加应急救援的相关单位组织，各救援单位参加，针对模拟的某一类型突发事件或几种类型突发事件的组合以语言表达方式进行的综合非实战演练。

（五）机场安全保卫

与其他公共设施一样，机场会受到一般的人为破坏或恐怖分子的袭击。这类犯罪可以是直接针对飞机，也可以是针对机场。作为机场管理部门，在做好机场运行管理的同时，还需要对机场建筑物及相关设施（包括飞机）提供高质量的安全保护，以保障旅客和工作人员的人身安全。

航空保安运行主要是指采取各种预防性措施，防止可能对飞机、机上人员和航空设施造成威胁的人员及物品接近目标或登上飞机。这些措施以通行管制和安全检查为基础。所谓通行管制，是指只允许经授权的人员进入相应的区域。为了有效实施航空安全保卫，通常根据不同的要求将相关区域划分为不同等级的保安限制区，只有工作需要必须进入的人员方可进入相应区域。安全检查是按照相关法律法规的规定，对进入控制区的所有人员和物品进行检查，对可能对航空安全造成威胁的物品分别采取不同的措施进行管理，或采取限制措施，最终目的是防止这些物品被用来破坏飞机或伤害旅客和工作人员。

从运行的角度出发，可将航空保安措施分为以下几类：分区管理措施、旅客和客舱行李（随身携带物品）的保安措施、航空货邮的安全保卫措施、飞机的安全保卫措施以及空中的安全保卫措施。

防止对民用航空的非法干扰行为，重点在于地面的预防性保安措施。机场采取的保安措施一般又分为分区管理措施、通行管制措施和安全检查措施等。

1．分区管理措施与通行管制措施

机场区域实行分区管理，不同的区域采取不同等级的保安措施。一般将机场范围划分为三个等级，即公共区、要害部位和保安限制区。公共区一般包含陆侧停车场、道路及航站楼公共区等，是公众可以自由进出的区域。要害部位是指对航空安全影响严重的区域。一般情况下，要害部位不允许无关人员进入。保安限制区是指为确保民用航空安全而对出入加以控制的机场空侧区，我国民航运行中通常又称机场控制区。保安限制区对出入采取严格的管制，严禁一切未经许可的人员、车辆和物品进入。

2．安全检查措施

20世纪60年代以来，恐怖主义的炸机和劫机事件时有发生，给旅客和航空公司造成了巨大的生命和财产损失。为了应对这一威胁，各国发展了一系列的安检设备和技术手段。为了保证安全，旅客登机前，其携带的行李要通过X光检查台。这个检查台用X光透视，然后在显示器上成像，成像的焦距可变，以便检查人员能看清楚行李中的各个细节。行李由传送带运送，自动通过X光摄像机，以加快检查的速度。旅客则要通过一个金属探测门，在探测门的框内有电磁场，如果有一定体积的金属物品通过探测门，就会发出报警信号。在X光检查机或金属探测门的检查结果不能确定时，旅客要接受开箱检查或人身检查。

**四、民用机场与航空公司的关系**

在我国，民用机场和航空公司在经济上都是独立经营、独立核算、自负盈亏。在航空公司眼中，机场是它整个航线网上的一点，它需要机场为它提供一定的设施和服务。由于各航空公司的规模不同、机型不同以及航线的不同和变动，要求机场提供的设施和服务能适应它们的要求。对于机场来说，航空公司是它的主要用户，是收入的主要来源，因而经营机场就要有必要的设备和灵活性来尽量满足航空公司的要求。机场和航空公司的关系主要有协议关系和股份关系。

（一）协议关系

航空公司根据航班、客货运载量、使用机型等情况，与机场管理部门就机场的旅客候机或货物仓储场所的使用或租赁、飞机起降与停放、车辆使用、安全检查、登机门、入口、柜台等一系列有关设施的使用等进行商谈，达成协议，签订合约。机场将按照协议提供有关服务，航空公司将按照协议支付相关费用。

为了降低成本，有些航空公司会与机场签订一份长期"一揽子"协议，向机场支付一笔费用，机场管理部门提供保障航空公司航班正常飞行所需的设施和服务。在国际上，航空公司与机场之间的长期服务协议的期限可达20～30年。

需要说明的是，航空公司在使用机场的场地、登机门、入口、柜台等设施与服务的优先与便利程度上，也存在着价格竞争。

（二）股份关系

有的航空公司由于经营亏损，难以及时支付机场使用费用，严重影响了机场的经济收益与发展。因此，在修建机场的过程中，有的机场要求大型航空公司出资参股，分担机场投资风险。有的机场营利性好，建设和经营机场本身就有投资收益，一些大型航空公司也愿意成为机场投资方。在这样的情况下，航空公司与机场存在股份关系，航空公司参与机场的建设、运营或管理，并根据双方签订的协议，从其机场的投资收益中支付机场使用费用。

航空公司与机场在航空运输市场中相互依存、相互影响、相互促进和共同发展。如上所述，机场提供服务的能力直接影响着航空公司的收益。同时，航空公司支付机场的费用与其客货运输量、起降次数、机型等因素直接相关。因此，虽然机场没有航空公司所面临的高风险，但是航空公司的经营状况直接影响机场的收益。

## 中 国 故 事

### 优化乘客体验　新技术提升服务品质

民航局通过开展服务质量提升专项行动，服务品质逐年跃升新台阶，各项便民服务举措取得实效，旅客满意度显著提升。

当前，我国机场正在推行"OneID"无接触自助刷脸的乘机服务，旅客在手机App上进行身份验证之后便可直接办理乘机手续。而在北京大兴机场，旅客们可以"刷脸"办理值机、托运手续并登机，无须反复出示证件，减少了证件核验的次数，大大节省了旅客的时间。在值机方面，中国各大机场积极引入自助设备，使旅客可以自行办理值机手续，简化操作流程、减少等待时间，大大提高了工作效率。中国民用航空局局长冯正霖在10月国务院新闻办公室举行的新闻发布会上表示，当前自助值机比例已经超过了七成。全国37家千万级机场旅客自助值机的比例已经达到了72%，通过自助值机设备、手机值机、网上值机等方式，旅客的满意度维持在较高水平。

除此之外，民用航空技术对于改善人民生活水平，促进科技发展具有重要意义。

摘自：民航资源网.

## 单元四　世界主要机场概述

### 一、美国亚特兰大国际机场

美国亚特兰大国际机场（Hartsfield-Jackson Atlanta International Airport），全称哈兹菲尔德-杰克逊亚特兰大国际机场，简称亚特兰大机场，距离亚特兰大市中心12.5km，三字代码是ATL，飞行区等级为4F，共有5条跑道，于1926年通航，如图5-30所示。

图5-30　亚特兰大国际机场

亚特兰大机场共有7座航站楼，总面积63万 $m^2$，共设247个登机廊桥；其中一座国内航站楼，一座国际航站楼，5座卫星厅型航站楼。机场有1个塔台，负责指挥飞机起降。另外，机场还设有4个机坪塔台，负责飞机在停机坪上的指挥，其中3个机坪塔台归达美航空。亚特兰大机场是达美航空的主运营基地机场，挂达美代码的航班占亚特兰大机场航班总量的80%以上；亚特兰大国际机场也是边疆航空和美国西南航空的基地机场。亚特兰大机场共有20家航空公司在此开通244条航线，通航42个国家和地区的219座城市，共227座机场，年旅客运输量达到1.1亿人次。

### 二、迪拜国际机场

迪拜国际机场（Dubai International Airport），简称迪拜机场，位于阿拉伯联合酋长国迪拜市，距迪拜市中心约10km，三字代码是DXB，飞行区等级为4F，共有2条跑道，于1984年通航，如图5-31所示。

迪拜机场共有3座航站楼，4个卫星厅型航站楼。迪拜机场是阿联酋航空、迪拜航空的枢纽机场，是印度航空、印度快运航空的中东枢纽。迪拜机场共有78家

图5-31　迪拜国际机场

航空公司在此运营,开通飞往103个国家和地区的238座城市的245条航线,年旅客运输量达8600万人次。迪拜机场对迪拜的经济发展做出了重要贡献,雇有9万名职工,直接提供超过40万个工作机会,每年创造的超过267亿美元的盈利在迪拜市生产总值中占27%。

### 三、日本东京国际机场

日本东京国际机场(Tokyo International Airport),中国常称为东京羽田国际机场,简称羽田机场,位于日本东京都,距东京都市中心17km,三字代码是HND,飞行区等级为4F,共有4条跑道,于1931年通航,如图5-32所示。

羽田机场共有3座航站楼,是日本航空、全日空航空、天马航空、北海道国际航空、亚洲天网航空和星悦航空的主运营枢纽机场,是新加坡航空的基地机场。羽

图5-32　日本东京国际机场

田机场共有41家航空公司在此开通193条客货运航线,通航90座城市,年旅客运输量达8500万人次。羽田机场带动日本经济增长约4007亿元人民币,直接带动当地就业约77万人。

## 中国故事

### 全日空与比亚迪在东京羽田机场试运行自动驾驶大巴

2021年2月12日,比亚迪携手日本航空公司全日空航空(ANA),在东京羽田机场完成了为期10天的自动驾驶大巴试运行。这台大巴将是比亚迪首台应用于实际场景的自动驾驶大巴,也是ANA对未来"简单、智能"机场设想的一次大胆尝试。

这辆比亚迪K9大巴最多可承载57人。试运行期间,工作人员在机场特定区域对大巴进行接近L3级别的自动驾驶测试,并采集重要数据信息,以帮助后期开发人员更好地完善自动驾驶功能以及提高车辆的运行效率。

该试运行项目于2018—2020年分别开展了三轮测试,2021年开展机场客运试运行,并计划于2025年真正实现无人自动驾驶大巴的机场日常运行,实现ANA构建简单和智能化机场的运营目标。

摘自:人民网.

### 四、英国伦敦希思罗国际机场

英国伦敦希思罗国际机场(Heathrow Airport),简称希思罗机场,位于英国伦敦希灵

登区南部，距伦敦市中心23km，三字代码是LHR，飞行区等级为4F，共有2条跑道，于1930年通航，如图5-33所示。

希思罗机场共有4座航站楼，212个机位，是英国航空和维珍大西洋航空的枢纽机场。希思罗机场共有70余家航空公司在此开通前往6大洲、60余个国家和地区的航线，年旅客运输量达8000万人次。希思罗机场带动英国经济增长约4337亿元人民币，直接带动当地就业约83万人。

图5-33　英国伦敦希思罗国际机场

### 五、法国巴黎戴高乐国际机场

法国巴黎戴高乐国际机场（Paris Charles de Gaulle Airport），全称巴黎夏尔·戴高乐国际机场，又名鲁瓦西机场，简称戴高乐机场，距巴黎市中心25km，三字代码是CDG，飞行区等级为4F，共有4条跑道，于1974年通航，如图5-34所示。

图5-34　法国巴黎戴高乐国际机场

戴高乐机场共有3座航站楼，设有317个机位，其中140个为廊桥机位，177个为远机位。戴高乐机场是法国航空的枢纽机场，是达美航空的欧洲航空枢纽，是地中海航空、易捷航空和伏林航空的基地机场。戴高乐机场共有83家航空公司在此开通265条航线，年旅客运输量达7600万人次。戴高乐机场通航北京、上海、广州、武汉、昆明、西安、成都、香港等中国城市，是中国旅客前往欧洲、非洲、拉丁美洲的重要枢纽。戴高乐机场直接为当地提供了87000个工作岗位，对推动法国当地就业具有积极影响，是当地经济活力的核心要素和来源。

### 六、荷兰阿姆斯特丹国际机场

荷兰阿姆斯特丹国际机场（Amsterdam Airport Schiphol），全称阿姆斯特丹史基浦国际机场，简称阿姆斯特丹机场，位于荷兰北荷兰省哈莱默梅尔境内，距阿姆斯特丹市中心15km，三字代码是AMS，飞行区等级为4F，共有6条跑道，于1920年通航，是天合联盟的总部所在地，如图5-35所示。

图5-35　荷兰阿姆斯特丹国际机场

阿姆斯特丹机场共有2座航站楼——1座民航航站楼和1座通航航站楼，设有219

个机位,其中 94 个为廊桥机位,125 个为远机位。阿姆斯特丹机场是荷兰皇家航空、荷兰泛航航空、马丁航空的枢纽机场,也是中国南方航空、伊朗航空、易捷航空、北欧航空、日本货运航空的基地机场。阿姆斯特丹机场共有 108 家航空公司在此运营,开通前往 327 个城市的航线,年旅客运输量达 7100 万人次。阿姆斯特丹机场直接为当地提供了 68000 个工作岗位,是当地经济活力的核心要素和来源。

## 七、韩国仁川国际机场

韩国仁川国际机场(Incheon International Airport),简称仁川机场,位于人韩民国仁川广域市,距首尔市中心 49km,三字代码是 ICN,飞行区等级为 4F,共有 4 条跑道,于 2001 年通航,如图 5-36 所示。

仁川机场共有 2 座航站楼,设有 212 个机位,其中 163 个客运机位、49 个货运机位。仁川机场是大韩航空、韩亚航空、首尔航空、釜山航空、仁川航空、易斯达航

图 5-36 韩国仁川国际机场

空、联邦快递、济州航空、真航空、德威航空和极地货运航空的枢纽机场,也是中国南方航空、泰国国际航空和中国东方航空的基地机场。仁川机场共有 84 家航空公司在此运营,开通前往 54 个国家和地区的 180 个城市的航线,年旅客运输量达 7100 万人次。仁川机场带动韩国经济增长约 19698 亿元人民币,直接带动当地就业约 380.8917 万人。

## 八、德国法兰克福国际机场

德国法兰克福国际机场(Frankfurt Airport),又称法兰克福·美茵机场,简称法兰克福机场,位于德国法兰克福市,距市中心 12km,三字代码是 FRA,飞行区等级为 4F,共有 4 条跑道,于 1949 年通航,也是星空联盟的总部所在地,如图 5-37 所示。

图 5-37 德国法兰克福国际机场

法兰克福机场共有 2 座航站楼,主营国内、地区和国际定期的客货运航线,有包机航班和货运服务,该机场的通航城市遍及欧洲、中东、亚洲、非洲、南美和北美等。法兰克福机场是德国规模最大的机场,机场与超过 104 个国家和地区的 297 个目的地机场通航,年旅客运输量达 8500 万人次。

## 九、新加坡樟宜国际机场

新加坡樟宜国际机场(Singapore Changi Airport),简称樟宜机场,位于新加坡东海岸

图 5-38 新加坡樟宜国际机场

选区机场大道，距新加坡市中心 17.2km，三字代码是 SIN，飞行区等级是 4F，共有 3 条跑道，于 1981 年通航，如图 5-38 所示。

樟宜机场共有 4 座航站楼，其中 T1 航站楼、T2 航站楼各有 2 个指廊，T4 航站楼有 1 个指廊。樟宜机场是新加坡航空、胜安航空、酷航航空、捷星亚洲航空、新加坡货运航空、联邦快递航空的枢纽机场。樟宜机场共有 100 余家航空公司在此运营，开通前往约 100 个国家和地区的 400 个城市的航线，年旅客运输量达 6800 万人次。樟宜机场的客流量在过去十年中稳步增长，年均增长率为 5.4%。樟宜机场以其无与伦比的乘客体验而闻名，这已成为全球互联互通、准时高效和独特周到服务的代名词。

### 十、印度德里国际机场

印度德里国际机场（Indira Gandhi International Airport），全称英迪拉·甘地国际机场，简称德里机场，位于印度德里，距首都新德里 23km，三字代码是 DEL，飞行区等级是 4F，共有 3 条跑道，如图 5-39 所示。

德里机场共有 3 座航站楼——1 座货运航站楼，2 座客运航站楼，是印度航空、印度区域航空、蓝色飞镖航空、靛蓝航空等航空公司的枢纽机场。德里机场主营国内、地区和国际定期的客货运输业务，为机场近 50 家国内外航空公司提供服务，年旅客运输量达 6800 多万人次。

图 5-39 印度德里国际机场

## 单元五　中国主要机场概述

### 一、北京首都国际机场

北京首都国际机场（Beijing Capital International Airport），简称首都机场，位于中国北京市东北郊，西南距北京市中心 25km，飞行区等级为 4F，三字代码为 PEK，于 1958 年通航，是中国三大门户复合枢纽之一、环渤海地区国际航空货运枢纽群成员、世界超大型机场，如图 5-40 所示。

首都机场由首都机场集团管理运营，拥有 3 座航站楼，有 2 条 4F 级跑道和 1 条 4E 级跑道，机位共 314 个。首都机场拥有基地航空 6 家，分别为中国国际航空、中国东方航空、中国南方航空、海南航空、首都航空、顺丰航空，首都机场有国内（含地区）航点 160 个，国际航点 136 个，共开通国内航线 132 条、国际航线 120 条，年旅客运输量达 1 亿人次。

作为欧洲、亚洲及北美洲的核心节点，首都机场凭借得天独厚的地理位置、方便快捷的中转流程、紧密高效的协同合作，成为连接亚、欧、美三大航空市场最为便捷的航空枢纽。首都机场对北京市的总体经济贡献达到 1828.35 亿元，占北京市 GDP 总额的 6.53%；为北京市总共带来 73.15 万个就业岗位，占北京市总体就业人数的 5.86%。

图 5-40 北京首都国际机场

中 国 故 事

### 北京首都国际机场推进智慧机场建设

北京首都国际机场落实建设民航强国的战略部署，聚焦高质量发展，积极推进"平安机场、绿色机场、智慧机场、人文机场"标杆体系建设。即：坚持以落实安全工作思路、守住机场安全底线为基础，打造"平安机场"标杆；坚持以机场建设运营全生命周期为主轴线，以强化落实"资源节约、环境友好、运行高效、绿色发展"为驱动要素，树立"绿色机场"标杆；坚持以"机场群智慧云平台""地域中心的机场群智慧运行服务体系""垂直一体化的机场群智慧商业服务体系"建设为支撑，构建"智慧机场"标杆；坚持"以人为本"和"文化引领"两大理念，用真情服务温暖旅客，切实保障员工权益，确立"人文机场"标杆。

北京首都国际机场携手近 100 家驻场单位，以旅客服务促进委员会、安全管理委员会、运行协调管理委员会和新闻宣传协调委员会为平台，营造"同在国门下，同是一家人"的国门文化，共同打造"中国服务"品牌。

摘自：北京首都国际机场官方网站

## 二、北京大兴国际机场

北京大兴国际机场（Beijing Daxing International Airport），简称大兴机场，位于中国北京市大兴区，距天安门 46km，距北京首都国际机场 67km，飞行区等级为 4F，三字代码为 PKX，于 2019 年通航，是世界级航空枢纽，如图 5-41 所示。

大兴机场由首都机场集团管理运营，拥有 4 条跑道，设有 223 个停机位。大兴机场开通119条航线，覆盖全球118个航点，年旅客运输量达1600万人次。大兴机场工程建设难度世界少有，其航站楼是世界最大的减隔震建筑，建设了世界最大单块混凝土板。大兴机场创造了40余项国际、国内第一，技术专利103项，新工法65项，国产化率达98%以上。上千家施工单位，施工高峰期间5万余人同时作业，全过

图5-41　北京大兴国际机场

程保持了"安全生产零事故"，全面实现廉洁工程目标。大兴机场航站楼是世界首个实现高铁下穿的航站楼，双层出发车道边世界首创，有效保证了旅客进出机场效率。机场跑道在国内首次采用"全向型"布局，在航空器地面引导、低能见度条件运行等多方面运用世界领先航行新技术，确保了运行效率和品质。机场在全球枢纽机场中首次实现了场内通用车辆100%新能源，是中国国内可再生能源利用率最高的机场。

### 三、上海浦东国际机场

上海浦东国际机场（Shanghai Pudong International Airport），简称浦东机场，位于中国上海市浦东新区，距上海市中心约30km，飞行区等级为4F，三字代码为PVG，是中国三大门户复合枢纽之一、长三角地区国际航空货运枢纽群成员、华东机场群成员、华东区域第一大枢纽机场、门户机场，如图5-42所示。

图5-42　上海浦东国际机场

浦东机场由上海机场集团管理运营，拥有2座航站楼，4条跑道，有218个机位。浦东机场有中国东方航空、上海航空、吉祥航空、春秋航空等基地航空公司，中国南方航空、中国国际航空等在上海设立分公司。上海两座机场定期航班通航49个国家和地区的280个航点。其中，国内航点156个（包括港、澳、台航点6个），国际航点124个，年旅客运输量达7600万人次。

### 四、广州白云国际机场

广州白云国际机场（Guangzhou Baiyun International Airport），简称白云机场，位于中国广东省广州市白云区，距广州市中心约28km，飞行区等级为4F，三字代码为CAN，是中国三大门户复合枢纽机场之一，如图5-43所示。

图5-43　广州白云国际机场

白云机场拥有 2 座航站楼，有 3 条跑道，设有 269 个机位。白云机场拥有基地航空 9 家，分别为中国南方航空、中国东方航空、中国国际航空、深圳航空、九元航空、海南航空、厦门航空、首都航空、龙浩航空；其中中国南方航空、九元航空、龙浩航空在广州设立总公司；深圳航空等在广州设立分公司，与近 80 家中外航空公司建立了业务往来，航线通达国内外 230 多个通航点，年旅客运输量达 6900 万人次。

白云机场所在地广州，是华南地区最大的进出口岸和重要的交通枢纽，凭借其得天独厚的地理位置及海陆空层次分明的交通体系，具有覆盖东南亚、连接欧美澳、辐射内地各主要城市的天然网络优势。未来，白云机场将打造集航空运输、高铁、地铁、城际轨道和高速公路多种交通方式于一体的综合交通中心和换乘枢纽，实现泛珠三角、珠三角地区城市与白云机场之间的有效衔接，与广州港、南沙自贸区一道在国家"一带一路"倡议、粤港澳大湾区建设、新一轮对外开放大格局中发挥更大的作用。

### 五、成都双流国际机场

成都双流国际机场（Chengdu Shuangliu International Airport），简称双流机场，位于中国四川成都，距离成都市区 16km，飞行区等级为 4F，三字代码为 CTU，于 1938 年通航，是中国八大区域枢纽机场之一，如图 5-44 所示。

图 5-44　成都双流国际机场

双流机场由四川省机场集团有限公司管理运营，拥有 2 座航站楼，2 条平行跑道，设置 178 个停机位。双流机场是四川航空、成都航空的基地机场，中国国际航空、中国东方航空、中国南方航空、祥鹏航空、深圳航空等在成都设立分公司。双流机场通航国内外城市 209 个（其中国际和地区城市 78 个，国内城市 131 个），开通航线 349 条，年旅客运输量达 5600 万人次。双流机场为西部重要的航空枢纽，对助推地方经济发展和社会开放起到了牵引作用。

### 六、深圳宝安国际机场

深圳宝安国际机场（Shenzhen Bao'an International Airport），简称宝安机场，位于中国深圳市宝安区，距离深圳市区 32km，飞行区等级为 4F，三字代码为 SZX，于 1991 年通航，是国际枢纽机场、中国干线机场之一，如图 5-45 所示。

宝安机场由深圳市机场集团管理运营，拥有 3 座航

图 5-45　深圳宝安国际机场

站楼，2 条跑道，199 个停机位。宝安机场拥有深圳航空、中国南方航空深圳分公司、翡翠货运、东海航空货运 4 家基地航空公司，通航城市 139 个，开通航线 188 个，年旅客运输量达 4900 万人次。

宝安机场将立足三角世界级城市群，依托深圳"特区、湾区、自贸区"三区叠加的独特区位优势，坚持服务城市发展，坚持客货运并举，构建发达高效的"海陆空铁"综合交通运输体系，打造面向亚太、连接欧美的客货运输网络，将宝安机场建设成为珠三角世界级机场群重要的核心机场、"一带一路"倡议布局中更具辐射能力的重要国际航空枢纽。

### 七、昆明长水国际机场

昆明长水国际机场（Kunming Changshui International Airport），简称长水机场，位于云南省昆明市官渡区长水村，在昆明市东北 24.5km 处，飞行等级为 4F，三字代码为 KMG，由云南机场集团有限责任公司运营管理，于 2012 年通航，是中国八大区域枢纽机场之一，如图 5-46 所示。

图 5-46　昆明长水国际机场

长水机场由云南机场集团运营管理，共有 2 条跑道，设有 161 个机位。长水机场设有 7 家基地航空公司，分别为东航云南有限公司、云南祥鹏航空、四川航空云南分公司、昆明航空、瑞丽航空、红土航空、南方航空云南分公司。长水机场已开通国内外航线 348 条，通航城市 173 个，其中南亚东南亚通航点已达 41 个，位列中国首位，基本实现南亚东南亚国家首都和重点旅游城市客运全覆盖，年旅客运输量达 4800 万人次。

长水机场是国家综合交通体系的重要组成部分，云南省特大型城市基础设施建设工程，承担着实践国家民航强国和云南面向西南开放桥头堡战略的重大使命，其定位是中国面向东南亚、南亚和连接欧亚的国家门户枢纽机场。

### 八、西安咸阳国际机场

西安咸阳国际机场（Xi'an Xianyang International Airport），简称咸阳机场，位于中国陕西省西安市西北方向的咸阳市，距西安市区 25km，飞行区等级为 4F，三字代码是 XIY，于 1991 年通航，是中国八大区域枢纽机场之一，如图 5-47 所示。

咸阳机场由西部机场集团管理运营，拥有 3 座航站楼，2 条跑道，设有 127 个停机位。咸阳机场基地航空公司共有 6 家，分别是中国东方航空、

图 5-47　西安咸阳国际机场

海南航空、南方航空、天津航空、幸福航空、深圳航空。咸阳机场与国内外62家航空公司建立了航空业务往来，开辟的通航点达171个，航线313条，年旅客运输量达4700万人次。咸阳机场作为西北地区的重要干线机场，对促进西北地区民航事业的发展具有积极作用，作为陕西省对外开放的门户，咸阳机场对陕西省经济和社会发展具有非常重要的意义。

### 九、重庆江北国际机场

重庆江北国际机场（Chongqing Jiangbei International Airport），简称江北机场，位于中国重庆市渝北区，距离市中心19km，飞行区等级为4F，三字代码是CKG，于1990年通航，是中国八大区域枢纽机场之一，如图5-48所示。

江北机场由重庆机场集团管理运营，拥有3座航站楼，3条跑道，设有180个停机位。江北机场拥有基地航空公司7家，分别为中国国际航空、重庆航空、西部航空、四川航空、厦门航空、山东航空、华夏航空。其中，中国国际航空、厦门航空、四川航空、山东航空等在重庆设立分公司。江北机场开通航线总数329条，通航城市203个，年旅客运输量达4500万人次。未来，江北机场将紧盯目标，以品质化发展理念为指导，推进枢纽机场、智慧机场、靓丽机场建设，努力打造成为智慧靓丽的复合枢纽、公众赞誉的机场、内陆开放的重要平台。

图5-48　重庆江北国际机场

### 十、杭州萧山国际机场

杭州萧山国际机场（Hangzhou International Airport），简称萧山机场，位于浙江省杭州市萧山区，距市中心27km，飞行区等级为4F，三字代码为HGH，于2000年通航，是中国干线机场之一，如图5-49所示。

萧山机场拥有3座航站楼，2条跑道，设有127个停机位。萧山机场拥有基地航空3家，分别为浙江长龙航空、中国国际航空、厦门航空。萧山机场共有运营的航空公司62家，通航点162个，开辟航线235条，年旅客运输量达4000万人次。萧山机场将以持续安全为前提，以改革转型、管理创新为主线，不断提升航空运输保障能力和服务水平，优化业务结构，增加航运运力，完善航线网络，打造国际知名、国内领先的大型区域性航空枢纽和现代化航空城，为浙江建设"民航强省"、促进全省经济转型升级提供强有力的支撑。

图5-49　杭州萧山国际机场

## 十一、香港国际机场

香港国际机场（Hong Kong International Airport），位于中国香港特别行政区新界大屿山赤鱲角，距香港市区34km，飞行区等级为4F，三字代码为HKG，于1998年通航，是世界繁忙的航空港之一，如图5-50所示。

图5-50　香港国际机场

香港国际机场由香港机场管理局运营管理，拥有2座航站楼，2条跑道，设有182个停机位。香港国际机场拥有基地航空5家，分别为国泰航空、国泰港龙航空、香港华民航空、香港航空、香港快运航空。国泰航空、国泰港龙航空、香港华民航空、香港航空、香港快运航空均在香港设立总公司。全球超过100家航空公司在此运营，航线总数超过220条，通航城市超过220个，年旅客运输量达7500万人次。

## 十二、澳门国际机场

澳门国际机场（Macao International Airport），简称澳门机场，位于中国澳门特别行政区氹仔岛，距离市中心约10km，飞行区等级为4E，三字代码为MFM，于1995年通航，是全球第二个、中国第一个完全由填海造陆而建成的机场，如图5-51所示。

图5-51　澳门国际机场

澳门机场由澳门国际机场专营股份有限公司管理运营，拥有1座航站楼，1条跑道，设有24个停机位。澳门机场拥有澳门航空1家基地航空，机场共开通中国国内和国外通航城市58个，年旅客运输量达960万人次。

---

❀ 思考与练习 ❀

### 一、不定项选择题

1. 关于机场的发展阶段，下列说法错误的是_____。

　　A. 机场发展的第一阶段只为飞机和飞行人员服务，只是"飞行人员的机场"

　　B. 机场发展的第二阶段是1920—1939年

　　C. 发展第二阶段的机场主要为飞机服务，称为"飞机的机场"

　　D. 1960年以后，是机场发展的第三阶段，机场成为"社会的机场"

2. 机场作为商业运输的基地，可以划分为____三大区域。
   A．飞行区、跑道和停机坪
   B．地面运输区、跑道和航站楼
   C．飞行区、跑道和航站楼
   D．飞行区、地面运输区和航站楼

3. 关于飞行区，下列说法正确的是____。
   A．飞行区是指飞机运行的区域
   B．飞行区分为空中部分和地面部分
   C．飞行区空中部分是指机场的空域
   D．地面运输区是指跑道和滑行道

4. 跑道的附属区域是指____。
   A．跑道道肩、跑道安全带、净空道
   B．跑道安全带、道端安全地带、净空道
   C．跑道道肩、跑道侧安全带、道端安全地带
   D．跑道道肩、跑道侧安全带、净空道

5. 关于跑道等级，下列说法正确的是____。
   A．跑道的性能以及相应的设施决定了可以使用这个机场的飞机等级
   B．飞行区的等级用两部分编码组成，第一部分为数字，第二部分为字母
   C．飞行区等级编码的数字部分表示相应飞机的最大翼展和最大轮距
   D．飞行区等级编码的字母部分表示所需要的跑道长度

6. 关于机坪，下列说法正确的是____。
   A．机坪分为停放和登机机坪
   B．飞机在停放机坪进行装卸货物和加油
   C．飞机在停放机坪过夜、维修和长时间停放
   D．飞机可在机坪上任意进出滑行道

7. 航空地面灯光系统主要包括____。
   A．跑道灯光、仪表进近灯光、目视进近坡度指示器
   B．跑道灯光、仪表进近灯光
   C．跑道灯光、目视进近坡度指示器
   D．仪表进近灯光、目视进近坡度指示器

8. 登机机坪的布局形式多样，下列不属于登机机坪布局形式的是____。
   A．单线式
   B．多线式

C．卫星厅式 D．车辆运送式

9．地面勤务包括____。

　　A．上、下旅客，装卸货物　　B．清除垃圾

　　C．供应食物及其他用品　　　D．供水及加燃油

10．由牵引车拖动，运送行李和小件货物的是____。

　　A．推出拖车　　　B．货运拖车

　　C．货运平车　　　D．可移动式传送带

11．下列不属于航站楼旅客服务区域的是____。

　　A．办理机票的柜台　　B．行李提取处

　　C．空港管理区　　　　D．旅客饮食区域

12．下列不属于当前世界上常见的空港管理体制的是____。

　　A．国家管理　　　B．当地政府管理

　　C．私人企业管理　D．公私合作管理

13．空港的地面运输区包括____。

　　A．空港进入通道、空港离开通道和空港停车场

　　B．空港进入通道和空港离开通道

　　C．空港进入通道、空港停车场和内部通道

　　D．空港进入通道和内部通道

14．成本低且效果好的清除道面污染的方法是____。

　　A．高压水冲洗　　B．化学溶剂溶解

　　C．高速机械刷除　D．超声波清洗

15．关于空港除雪和除冰，下列说法正确的是____。

　　A．除雪要根据气象预报及早做准备

　　B．除雪分为化学法和机械法两种

　　C．大多数机场采用化学法除雪

　　D．在紧急情况下，用喷气发动机喷出的热气流除冰也极为有效

二、思考题

1．简述机场的历史发展阶段。

2．简述机场的分类。

3．查询机场各类勤务车辆的信息及图片。

4．查询世界主要的机场资料，并简述其基本情况。

5．查询中国主要的机场资料，并简述其基本情况。

# 模块六
# 民航运输企业与运营

在综合运输体系当中，民航运输业占据主要位置，成为经济增长的"新动力"和"增长极"，对于拉动区域经济和社会发展，改变人们的生活、生产方式有着深远影响。

## 单元一 民航运输企业概述

**一、交通运输业的概念**

交通运输业是指国民经济中专门从事运送货物和旅客的社会生产部门，包括铁路、公路、水运、民航等运输部门。

**二、交通运输业的性质**

（一）交通运输业属于物质生产部门

从直接生产过程来看，生产所需原材料的运输和半成品以及零部件在各个部门之间的流通都需要运输的支持。在生产过程中，运输劳动和其他的工人劳动共同参与了价值的创造，因此运输劳动是物质生产劳动。从流通过程来看，运输工人的劳动也参加了价值的创造。可以说没有交通运输就不会有物质资料的生产和再生产，运输劳动和其他形式的生产劳动共同创造了全社会的物质财富。

（二）交通运输业属于第三产业

1986年，国家统计局已经把交通运输业的经济指标列入了第三产业，实行起来十分方便，又便于统计。第三产业主要由服务性活动组成，交通运输业被划在第三产业，当然也是着眼于它的服务性功能。例如，客运不仅为人们提供了生活服务，同时它也是劳动力再生产的一个组成部分（例如出游），它和物质生产活动也有联系。货运中消费品的运输既是生产活动在流通过程中的延续（因而是生产服务），又是消费的前提条件（因而也是消费服务）。

（三）交通运输业是网络型的基础产业之一

经济学家认为，一个国家的经济与社会的发展一般需要一些基础结构的支持，其中最重要的有三个系统：一是充足的交通运输系统；二是充足的能源与动力系统；三是充足的通信与信息系统。因此，交通运输业是网络型基础产业之一，是整个国民经济中最为庞大和重要的基础产业群。现代交通运输将整个世界联系得越来越紧密，为社会化大生产所需各种生产要素的自由流通提供了有力的保证，现代交通运输不仅影响着人类的生产活动和经济发展，而且直接影响着人们日常生活的各种经济、社交活动乃至国防的巩固。

### 三、交通运输业的特点

（一）运输并不产生有形产品

交通运输不像工农业生产有形的产品，它不改变劳动对象的物理、化学或生物属性，只改变劳动对象的空间位置。交通运输虽然创造了新价值，但这部分新价值不是通过使用价值去体现，而是追加到劳动对象原有的使用价值中去，使劳动对象的交换价值增加了。

（二）运输过程是生产过程和消费过程同时进行的

交通运输不创造有形的产品，其运输生产过程也是消费过程，对于运输供给者它是生产过程，对于运输需求者它是消费过程。

（三）运输劳动对自然条件的依赖性大

交通运输绝大部分是露天进行的，因此风险性比较大。交通运输设施只有在合适的自然条件下才能发挥作用。

（四）交通运输业具有资本密集型特征

因为交通运输不产生有形的产品，所以构成交通运输业的成本和其他产业不同，交通运输业中的固定资本所占比重异常巨大，资本的有机构成比一般产业要高，不论是交通路线的修建还是交通设备的购置。

### （五）交通运输业具有网络经济型特征

交通运输业的网络经济是指在一定的条件下，随着交通运输总产出的扩大引起平均运输成本下降的现象。

### （六）交通运输业具有外部性特征

交通运输业的外部性表现在，交通运输业的发展会促进相关地区的经济发展，它带来的利益会超过其支付费用；同时又会带来环境污染、气候变化等问题，并且当交通拥挤超过一定程度时，运输服务自身就不能以一种完全有效的方式提供给人们，这些带来了交通运输的外部成本。但是交通运输业所产生的效益和成本并没有由交通运输经营企业承担，这就使得交通运输业具有显著的外部性特征。

## 四、民航运输的特点

### （一）民航运输的高科技特性

民航运输生产的主要工具是飞机。当代世界上的波音777、空客A380等都可以说是世界先进科学技术及其工艺水平的结晶。此外，如通信导航、气象、航行管制、机场建设等无不涉及高科技领域。

### （二）民航运输的高速度

与其他运输方式相比，高速度无疑是民航运输最明显的特征。民航运输的高速度特征使其在物流中具有无可比拟的优势。现代喷气运输机时速一般在900km左右，是火车的5～10倍，是船舶的20～30倍。

### （三）民航运输的灵活性

民航运输不受地形、地貌、山川、河流的阻碍，只要有机场，有航空设施保证，即可开辟航线。如果用直升机运输，机动性更强。对于自然灾害的紧急救援、对于各种运输方式物流不可到达的地方，均可采用飞机填补空缺的方式，以满足特殊条件下特殊物流的要求。

### （四）民航运输的安全性

民航运输平稳、安全，货物在物流中受到的振动、撞击等均小于其他运输方式。尤其当飞机在10000m高空飞行时，飞机将不受低空气流的影响，更能体现出航空运输的安全性。据国际民航组织统计，每亿客千米乘客的死亡数由1965年的0.34人，降到1984年的0.2人，比其他运输方式的安全性更好。

（五）民航运输的国际性特征

严格来说，任何运输方式都有国际性，都有可能在国家间完成运输任务。这里所要体现的国际性是指国家间的交往中民航运输的特殊地位。民航运输的飞行标准、航空器适航标准、运输组织管理、民航管制、机场标准等都有国际上统一的规范和章程，否则从一个国家飞到另一个国家，运输就无法组织。国际民航组织特定了各种法规、条例、公约来统一和协调各国的飞行活动和运营活动。

（六）民航运输建设周期短，回收快

民航运输建设主要包括飞机、机场和其他辅助保障设施。一般来说，修建机场比修建铁路周期短，投资回收快。

（七）民航运输在物流中占的比重小

民航运输与其他运输方式相比，运输量少得多。一方面受其运量的限制，另一方面运输成本高，一般的货物运输使用民航运输经济上不合算。

## 五、航线的分类与设立

（一）航线的分类

航线可分为国际航线、国内航线和地区航线三大类。

（1）国际航线是指飞行的路线连接两个或两个以上国家的航线。在国际航线上进行的运输是国际运输，一个航班如果其始发站、经停站、终点站有一点在本国国境以外领土上，则都称为国际运输。

（2）国内航线是指在一个国家内部的航线，又可以分为干线、支线和地方航线。

① 国内干线：连接国内民航运输中心的航线，这些航线的起止点都是重要的交通中心城市，在这些航线上航班数量大、客流密度高、客流量大，如京—广线、京—沪线和沪—昆航线等。

② 国内支线：各中小城市和干线上的交通中心联系起来的航线，支线上的客流密度远小于干线，支线上的起止点中有一方是较小的空港，因而支线上使用的客机大都是150座以下的中小型飞机。

③ 地方航线：把中小城市连接起来的航线，客流量很小，一般只飞行50座左右的飞

机,它和支线的界限不是很明确,过去一般把省内航线称为地方航线,现在国外把支线和地方航线统称为区域性航线。

(3)地区航线是指在一国之内,各地区与有特殊地位地区之间的航线,如我国内地与港、澳、台地区的航线。

(二)航路的开辟和航线的设立

1. 航路的开辟

航路的开辟是指在原来没有航线的情况下,建立各种基础设施和服务系统,使航空器得以运行。这项工作主要由民航主管当局统一规划并协调工作的进程,如修建机场、建立导航台、空管服务系统等都需要前期的大量研究,要研究经济发展方向,政治、军事需要,开辟的可能性(包括政治上的和技术上的),以及运行后的使用量等,建立机场和航路设施都需要大量投资,与国外通航要和外国政府协商。因此,开辟新航路主要由民航主管当局确定,航空运输的需求是开辟航路时要考虑的主要因素。

2. 航线的设立

航线的设立是指航路已经开通,作为一个民航运输企业是否要经营这条航线上的运输。一个航空公司是否设立一条航线首先应考虑这条航线的市场状况,包括市场的大小、市场的预测、市场的竞争情况及可能占据的市场份额;其次是技术要求,要有什么样的机队,选用什么样的机型及相应的维修训练等配套设备和各类专业人员的水平;最后,在前两项要求都满足后应做出合理的班次计划,测算收入及利润水平,在决定投入航线后,向主管当局申请,经审查批准后,就可以开航。

### 六、航空公司运输质量与经济技术指标

民航运输企业的竞争主要是运输质量的竞争,航空运输质量又从安全质量、运输期限质量和服务质量三个方面来衡量。

(一)安全质量

民航运输中安全是基础,对于民航运输企业而言,安全质量用飞行安全率、旅客安全运输率和货运损失赔偿金率来衡量。

飞行安全率 = 安全飞行架次÷实际飞行架次×100%

旅客安全运输率 = (客运总人数－旅客伤亡人数)÷客运总人数×100%

货运损失赔偿金率 = 赔偿金额÷期间总收入×100%

对于整个民航运输业的安全指标,使用每亿客千米死亡人数和每十万飞行小时的事故

次数来考核。

## （二）运输期限质量

运输期限质量主要有航班正点率和超期率。航班正点率是指正常运行的航班数与实际运行的航班总数之比，反映民航运输航班实施运行的状况，是考核民航运输的生产组织能力、管理水平和运输服务质量的重要指标。

一个正常航班包括三个要素：一是在公布的离站时间以前关好舱门，二是在公布的离站时间后1min内起飞，三是在公布的到达站时间正常着陆。任何航班只要不符合三个条件中的一条，就为不正常航班。航班提前起飞、延误、取消、合并、备降等情况属于不正常航班。造成航班不正常的因素是多方面的，主要是承运人因素（如运力调配、机械故障、运输服务等）和天气原因（如始发站、中途站、到达站和航路天气不适航等）。

$$航班正点率 = 正常运行航班数 \div 实际运行航班总数 \times 100\%$$

2019年国内航空公司正点率排名如表6-1所示。

表6-1　2019年国内航空公司正点率排名

| 排名 | 航空公司 | 到港准点率 |
| --- | --- | --- |
| 1 | 春秋航空 | 80.53% |
| 2 | 山东航空 | 79.57% |
| 3 | 南方航空 | 78.56% |
| 4 | 东方航空 | 76.62% |
| 5 | 四川航空 | 76.47% |
| 6 | 中国国际航空 | 75.22% |
| 7 | 海南航空 | 74.14% |
| 8 | 天津航空 | 71.70% |
| 9 | 深圳航空 | 70.97% |
| 10 | 厦门航空 | 66.35% |

超期是指没有在规定期限内将货物运达目的地并交付。

$$超期率 = 超期货物吨数 \div 总运输货物吨数 \times 100\%$$

## （三）服务质量

服务质量是指在整个运输过程中民航运输企业为满足旅客或货主需求，提供方便、及时、舒适的照顾和帮助，使旅客感到满意，使货物能完好交付。对于客运服务质量没有定量客观指标，主要靠对旅客的调查或问卷进行分析。货运服务可通过货损率和货差率来衡量。

$$货损率 = 货物损坏吨数 \div 同期货物总运输吨数 \times 100\%$$

$$货差率 = 货物差错件数 \div 同期货物总运输件数 \times 100\%$$

（四）运输生产经济技术指标

运输生产指标是运输企业运输生产经营活动的质量方面的反映，也是运输企业工作量和生产成果的综合性指标。运输生产指标分为数量指标和质量指标两种。数量指标常以绝对数表示，质量指标常以相对数表示。

1．数量指标

数量指标包括运输量、周转量和吞吐量。

（1）运输量。运输量是指运输企业使用运输工具承运旅客、行李邮件和货物的数量，其中包括旅客运输量、行李运输量和货邮运输量。运输量不考虑运输距离的远近，以旅客、货邮、行李为计算单位，是反映工作量的实际指标。

（2）周转量。周转量又称运输换算周转量，其中包括旅客周转量、货邮周转量和运输总周转量，是运输企业使用运输工具承运的旅客、行李邮件、货物的数量与它们运输距离的乘积，计算单位为吨千米。

① 旅客周转量：是反映旅客位移的数量和距离的复合指标，是运输企业承运的旅客数量与运输距离的乘积，单位以人千米表示。

$$旅客周转量（人千米）= 旅客人数 \times 运输距离（千米）$$

② 货邮周转量：是指运输企业承运的行李（不含手提行李）、邮件货物的重量与运输距离的乘积，习惯上把行李周转量、邮件周转量、货物周转量之和称为货邮周转量。

$$货邮周转量（吨千米）= 运输量（吨）\times 运输距离（千米）$$

③ 运输总周转量：是指运输企业承运的旅客（我国一般按每人75kg计算）、行李、邮件、货物的重量与运输距离乘积的总和。它是运输产品总量，是反映企业运输生产的规模和生产水平的综合指标。

$$运输总周转量 = 旅客周转量（吨千米）+ 货邮周转量（吨）$$

（3）吞吐量。吞吐量又分为旅客吞吐量和货邮吞吐量，是指运输企业使用运输工具把所承运的旅客、行李、邮件、货物运进和运出的数量，该指标可反映旅客、货物的运送能力。

2．质量指标

质量指标包括座位利用率、载运率、航班正常率和飞机利用率。

（1）座位利用率。座位利用率是指航空器承运的旅客数量与航空器可提供的座位数量之比，简称客座率。它反映航空器座位利用程度和组织客源销售工作的好坏，是空运企业的重要指标。

$$座位利用率 = 航班旅客数 \div 航班可提供座位数 \times 100\%$$

2019 年国内航空公司座位利用率排名如表 6-2 所示。

表 6-2　2019 年国内航空公司座位利用率排名

| 排名 | 航空公司 | 座位利用率 |
| --- | --- | --- |
| 1 | 春秋航空 | 90.81% |
| 2 | 天津航空 | 79.74% |
| 3 | 中国国际航空 | 79.63% |
| 4 | 海南航空 | 78.62% |
| 5 | 厦门航空 | 76.23% |
| 6 | 东方航空 | 75.91% |
| 7 | 南方航空 | 75.83% |
| 8 | 深圳航空 | 72.68% |
| 9 | 四川航空 | 72.26% |
| 10 | 山东航空 | 66.26% |

（2）载运率。载运率是指航空器执行航班飞行任务时的实际业务载运量与可提供的最大业务载运量之比，它反映飞机载运能力的利用程度和运输生产组织管理水平，是航班管理的重要指标，也是编制航班计划、调整航班密度的重要依据。

$$载运率 = 实际业务载运量 \div 最大业务载运量 \times 100\%$$

飞机每天的飞行小时数称为飞机日利用率。飞机日利用率是航空公司经营水平的一项重要指标。中短程飞机由于起降较多，在中途机场停留占用了一些时间，一般平均日利用率在 6h 以上，远程飞机可达到 11～12h。但驾驶飞机需要消耗飞行员大量体力，基于安全精飞的原则，各国民航当局都对飞行员的飞行时间做出了严格的规定。现在被普遍采用的规定为：飞行员连续飞行时间不得超过 4h；每月累计飞行时间不得超过 100h。用此规定来防止疲劳驾驶。

（3）盈亏平衡。航空公司运输生产经济技术指标主要是从盈亏平衡分析来说明。盈亏平衡分析是指把一种飞机的收入和成本与载运率联系起来分析，得出飞机在营运中的盈亏情况。

$$\text{盈亏平衡点载运率} = \text{货邮单位成本} \div \text{货邮收益} \times 100\%$$

航空公司达到盈亏平衡点载运率，就说明公司的运力与航空运输市场需求是相适应的。当航空公司的载运率达到一定值时，其营业成本和收入相抵，营业利润为 0，此时的载运率就是盈亏平衡点。显然，盈亏平衡点越低，表明公司为实现盈利所需的载运率要求越低。若载运率大于盈亏平衡的载运率，则航空公司进入获利区域，载运率越大，获利就越多。当然，载运率也不能过大，否则飞机载运量就会发生溢出。若载运率小于盈亏平衡的载运率，航空公司就会进入亏损区域，载运率越小，亏损就越严重。利用盈亏平衡的载运率对航空公司运力进行配置，做到货运运力与市场需求相适应，需要适时地调整航空公司的规模。当外部环境的变化有利于航空货运的发展，航空货运市场需求增加时，应当扩大航空公司规模，增加运力；否则，应当压缩规模，减少运力，使航空公司始终不浪费资源，运力与航空运输市场需求相适应，处于保本或赢利状态。

$$\text{盈亏平衡客座率} = \text{客运单位成本} \div \text{客运收益} \times 100\%$$

一架飞机全年的平均客座率必须要达到盈亏平衡点以上才能实现盈利。公司的利润目标是事先就确定好的，在计算各项费用时也要首先设定目标客座率。如果实际客座率低于目标客座率，而且载运量显著小于载运力时，就必须采取紧急措施来提高客座率，例如，可以在短期内采取采用小飞机和停飞一些航线、降低票价、强行推销（用较少的促销费用提高飞机客座率）等促销手段。根据中外航空公司的一般经验，如果把所有经营性的成本支出均摊在每个航班、每架飞机上，常用机型营运的盈亏平衡点都在 60% 客座率左右。目前，我国航班的盈亏平衡点用客座率表示，为 58%～60%。

## 单元二　民航运输企业运营

### 一、航空公司的组织结构

航空公司（Airlines）是指以各种航空飞行器为运输工具，以空中运输的方式运载旅客或货物的企业。作为一个服务于旅客或货物的民航运输企业，航空公司的组织结构主要有行政管理、航务管理、工程维修和运输营销四大部分。我国航空公司组织结构如图 6-1 所示。

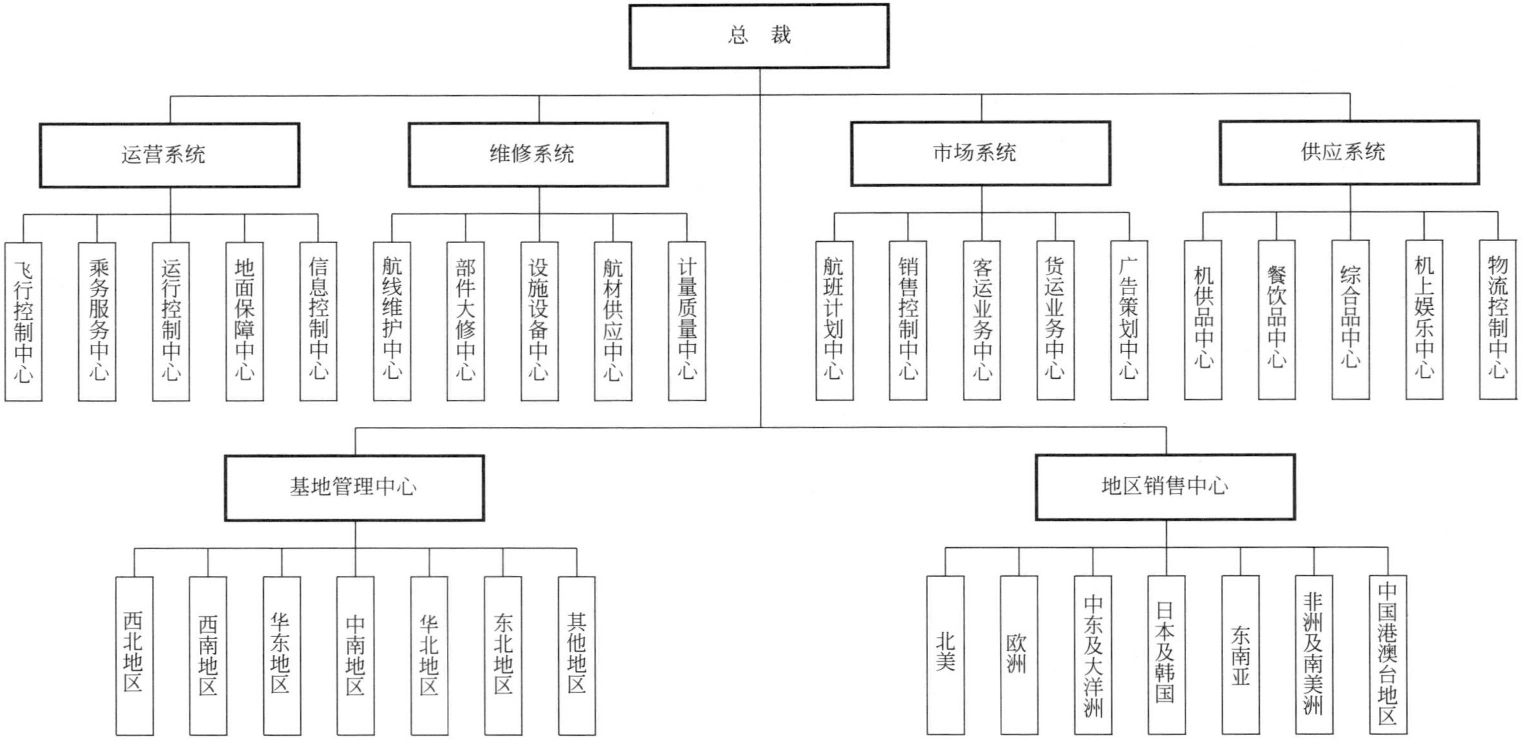

图 6-1 我国航空公司组织结构

## （一）决策层

### 1. 董事长办公室

董事长办公室是董事长的办事机构，负责董事会和董事长的日常事务。秘书局负责处理董事会和董事长的日常事务；股东局负责处理股东咨询、查询事务，负责接待股东来访；关系室负责处理对外关系、对外联系和政府联系事务；研究室负责经营战略、经营决策的研究管理，负责政策咨询与经济、金融、科技、航空、企管、商务、航务、机务等方面的课题研究与管理。

### 2. 咨询委员会

咨询委员会是总裁的智囊团，由政府代表、经济金融界权威人士、教授学者、企管专家、民航总局代表、航空界权威人士、国内外有影响的航空公司总裁组成。其中，外部委员应占三分之二以上，因为外部委员大都知识渊博、见多识广、消息灵通，具有很高的政策、专业水平和提出问题的敏锐洞察力；况且又不在企业任职，观察、解决问题的立场更为公正、客观，从而在进行经营决策时站得更高、看得更远，进而提高决策的科学性、准确性和稳定性。

## （二）执行层

执行层由四大系统（运营系统、维修系统、市场系统、供应系统）和两大中心（基地管理中心、地区销售中心）组成，具体负责日常航班生产的指挥活动。

### 1. 运营系统

运营系统将日常航班生产经营体系中几乎所有涉及航班生产的各个部门全部纳入，以便切实提高运营效率和效果。运营系统下设飞行控制中心、乘务服务中心、运行控制中心、地面保障中心和信息控制中心。

（1）飞行控制中心：是飞行操作系统。负责执行国际、国内航班、专机、包机的机组任务；负责机组人员的组织、调配；负责飞行人员的安全、技术管理与改装训练管理。

（2）乘务服务中心：是空中服务系统。负责执行国际、国内航班、专机、包机的乘务组任务；负责乘务人员的组织、调配；负责乘务人员的服务质量、客舱应急设备与业务管理。

（3）运行控制中心：是签派指挥系统。负责进出港航班飞机的调度签派管理；负责进出港飞机的机坪地面指挥与航班正常率管理；负责进出港航班飞机的综合服务质量监督管理；负责事故调查与旅客投诉的处理；负责国内外航空公司航务代理管理；负责航班信息、通信业务、航行情报、飞机性能、导航数据库的管理；负责外国政府、航空公司和企业商务飞行的航务代理；负责国际国内航班航线的申请与航班时刻协调管理；负责驻场单位的协调管理。

（4）地面保障中心：是地面服务系统。负责国际、国内旅客运输、货邮运输、机票销售管理；负责地面服务、货物装卸的管理；负责运输载重平衡、货物运价管理；负责航班信息的收集、整理、分析、发布；负责行李查询、服务咨询的管理；负责 VIP 及航班不正常服务管理；负责国际、国内航班机上清洁管理；负责与航班有关的延伸服务管理；负责外国航空公司地面代理管理；负责外国航空公司民航雇员的管理；负责外国政府和企业商务飞行的地面代理。

（5）信息控制中心：是计算机系统。负责整个航空公司系统的信息管理、处理和服务；负责软件开发与应用；负责软件开发、维护升级和运行保障的建立、规划与使用。

2．维修系统

维修系统是飞机维护系统。负责各类机型的维修维护、定检、大修，承担其他航空公司委托代理的各种飞机的维修。维修系统下设航线维护中心、部件大修中心、设施设备中心、航材供应中心和计量质量中心。

（1）航线维护中心：主要负责国际、国内航班飞机的航前、航后日常维护管理；负责外站机务维修管理。

（2）部件大修中心：主要负责飞机部件、发动机的定检、换发、大修管理。

（3）设施设备中心：主要负责各种维修、维护设备设施的制造、改装、修理。

（4）航材供应中心：主要负责飞机航空器材的订购、供应、仓储管理。

（5）计量质量中心：主要负责设备、器材的计量检测、管理，维护质量的控制管理。

3．市场系统

市场系统是航班销售与服务系统。负责航空运输市场的营销管理、广告管理、货运管理，下设航班计划中心、销售控制中心、客运业务中心、货运业务中心和广告策划中心。

（1）航班计划中心：主要负责国际、国内航空运输市场的开发、拓展；负责销售网络的规划、实施和航班计划管理。

（2）销售控制中心：主要负责国际、国内航班机票销售控制管理；负责国内外地区销售管理。

（3）客运业务中心：主要负责国际、国内客货运输业务、机票运价管理；负责客、货运代理人的管理。

（4）货运业务中心：主要负责国际、国内货物运输和邮件运输管理业务、货邮运价管理。

（5）广告策划中心：主要负责对外媒体的广告策划、投放、监制；负责对外形象的广告宣传；负责国内外各类展览会、博览会的策划、实施以及公共关系活动，包括新闻发布会、记者招待会和公益活动。

4．供应系统

供应系统是采购与配置系统。它将除航材以外的采购、供应、配置活动集中统一管理。下设机供品中心、餐饮品中心、综合品中心、机上娱乐中心和物流控制中心。

（1）机供品中心：主要负责机上供应品（包括餐用具、装饰具、杯子、毛巾等）、礼品、免税品的采购、供应、配置与配发管理。

（2）餐饮品中心：主要负责机上餐食、饮料、酒类、小吃食品等的采购、供应、配置与配发管理。

（3）综合品中心：主要负责服装、航空油料、设施设备、生产资料等物资的采购、供应、配置与配发管理。

（4）机上娱乐中心：主要负责机上娱乐系统（音乐、影视、报刊）的管理，按照国际航空娱乐协会和国家音像管理部门的规定、要求负责包括音像节目的采购、制作拷贝、配置及设备维护。

（5）物流控制中心：主要负责机供品、餐饮品、综合品和机上娱乐系统所有物品的保管、运输、收发和仓储等物流控制管理。

基地管理中心是遍及全国各地的分子公司管理系统。它把过去原有的分子公司和国内营业部进行重新编排，按照重点地区进行划分管理。国内营业部不再单独作业，全部并入基地管理系统。统一负责本地区内航空运输业务的管理；负责空勤机组、乘务组的管理；负责客运、货运、服务、机票销售管理；负责飞机维护、定检管理；负责航班签派、航线申请管理。基地管理中心一般按区域可设：华东、华北、中南、西南、西北、东北和北京、上海、广州、深圳基地管理中心。

地区销售中心是国际及中国港澳台地区办事处系统。它把原有的办事处按照地理位置和客货运输量进行整合。统一负责所辖地区的客货运输业务。地区销售中心一般可设：日本及韩国、东南亚、中东及大洋洲、北美、欧洲、非洲及南美洲、中国港澳台地区销售中心。

（三）职能层

职能层由四大总部组成，设置十分简捷，是总部的职能管理部门，协助总裁进行公司的经营管理。

1．行政总部

行政总部主要有总裁办公室和综合管理部。

（1）总裁办公室：主要负责日常事务、文秘、档案管理；专包机任务管理；护照与签证管理;协调政府、企业间和驻场海关、边防、机场当局、空管、航油、安检等有关单位的关系。

(2)综合管理部:负责行政、基本建设、车辆设备、总务和房屋、物业管理。

2．管理总部

管理总部主要有企管研发部和财务结算部。

(1)企管研发部:负责经营战略、经营决策研究管理;负责中长期规划、计划管理;负责机队规划与引进管理;负责经济活动分析与计划统计管理;负责运输服务质量管理;负责企业形象与标志的设计、策划、监制、督导;负责经济指标考核管理;负责整个系统的信息反馈、监督控制管理;负责业务流程规章管理与标准化、规范化、程序化管理。

(2)财务结算部:负责国际、国内票务收入与结算管理;负责财务政策、法规管理与投资管理;负责财务计划、预决算、经济活动分析管理;负责融资租赁与外汇管理。

3．技术总部

技术总部主要有飞行安全部和机务工程部。

(1)飞行安全部:负责飞行专业管理与安全监察管理;负责飞行技术与天气标准放飞管理;负责航务与技术引进管理;负责空防安全管理。

(2)机务工程部:负责机务专业管理与安全管理;负责机务专业技术与放行标准管理;负责机务与飞机设备设施引进与技术改造管理。

4．人事总部

人事总部主要有人力资源部和教育培训部。

(1)人力资源部:主要负责劳动工资、劳动保险的管理;负责定员定编、技术职称的管理;负责组织人事、组织机构管理;负责人才资源、人才开发管理;负责工资总额、奖励基金、福利基金的管理。

(2)教育培训部:主要负责飞行、乘务、机务、商务专业培训;负责干部职工培训、经理进修培训;负责飞行员、乘务员模拟舱培训管理。

## 二、航班组织

(一)航班的定义和分类

1．定义

飞机从始发航站起飞,经过中间的经停站,最后到达终点站的经营性运输飞行称为航班。

2．分类

航班按不同的性质有多种分类方法。

（1）按经营区域可以分为国际航班、国内航班和地区航班。

① 始发站、经停站或终点站中有一站以上在本国国境以外的航班称为国际航班。

② 始发站、经停站或终点站全部在一国境内的航班称为国内航班。

③ 始发站、经停站或终点站中有一站在一国内有特殊安排地区中的航班称为地区航班，这些地区如我国的香港、澳门、台湾地区等。

（2）按经营时间分为定期航班和不定期航班。

① 定期航班是指列入航班时刻表有固定时间运行的航班。定期航班又分为长期定期航班和季节性定期航班。长期定期航班在我国执行的时间为两年，在此期间内，班期、时刻、航班号不能随意更改，要确保航班的正常性，如有旅客，不论人数多少都要飞行，如遇特殊情况需要改变也必须事先通报，并取得批准。季节性航班是指根据季节不同有不同时刻、班期安排的航班，航班的时刻和班次按季节进行重新安排，我国按冬春、夏秋两季，一年安排两次。

② 不定期航班又称包机飞行，是没有固定时刻的运输飞行，是根据临时性任务进行的航班安排。

一个航空公司的主要业务和信誉建立在定期航班的基础上，因而空管部门和签派部门在航班安排发生矛盾时，优先的次序为长期定期航班、季节性定期航班，最后是不定期航班。

（3）国内航空运输按航班飞行任务性质的不同分为正班、加班和包机运输飞行。

① 正班运输飞行又称班期飞行，是指按照规定的航线，定机型、日期和时刻的运输飞行。它是航空公司运输经营的主要形式。

② 加班运输飞行是指根据临时性的需要，在正班运输飞行以外增加的运输飞行。

③ 包机运输飞行是指由包机单位提出申请，经承运人同意并签订包机合同，包用航空公司的飞机，在固定或非固定航线上，按约定的起飞时间、航程、载运旅客、货物或者客货兼载的飞行。包机运输飞行一般是由于旅客身份重要、人数较多；或货物的性质特殊、数量较大；或任务紧迫，利用航班不能满足要求；或客货运输的起讫地点不在现有的航线上而采用的一种临时性的专用航空运输飞行。如图6-2所示，是在2020年年初抗击新型冠状病毒肺炎疫情中，我国的民航包机运输援鄂医疗队。

图6-2　我国的民航包机运输援鄂医疗队

> **中国故事**
>
> **民航包机运输援鄂医疗队**
>
> 2020年年初,一场新型冠状病毒肺炎疫情突如其来。大敌当前,全国人民携起手来,用不同的方式,共同战"疫"。2月18—21日,民航局组织协调第八批包机紧急运输医疗队,共组织78架包机运输全国各地近8000名医护人员和部分医疗物资驰援湖北各地。其中,成都航空连续派出4架国产ARJ21支线客机执飞成都—武汉的四川省医疗支援队包机,并由民航西南地区管理局党委书记刘军、民航四川监管局副局长孙文胜等执飞,这也是国产客机首次助力抗击疫情的包机任务。
>
> 按照国务院疫情联防联控机制需求,国航、东航、南航、海航、厦航、山航、成都航、吉祥航、河北航、江西航、西部航、北部湾航、奥凯航、圆通航、重庆航、华夏航、贵州航、长安航、长龙航、福州航20家航空公司,分别将上海、天津、重庆、内蒙古、吉林、河北、河南、安徽、山西、山东、黑龙江、辽宁、海南、福建、四川、江苏、贵州、陕西、江西、广东、广西、浙江、甘肃、宁夏、云南25省(区、市)46支医疗援助队和医疗物资送达湖北武汉、宜昌等地。

(二)航班号的编排

1. 航班号

为便于组织运输生产,每个航班都按照一定的规律编有不同的号码以便于区别和管理,这种号码称为航班号。各航空公司的航线、航班及其班期和时刻等,按一定规律汇编成册,即形成常见的航班时刻表,根据飞行季节的不同和客流流量、流向的客观规律,国内按冬春、夏秋两季,一年调整两次航班时刻表。

2. 航班时刻表

夏秋航班时刻表为每年3月最后一个星期日开始使用,冬春航班时刻表为每年10月最后一个星期日开始使用。

3. 国内航班号的编排

国内航班号由各个航空公司的两字代码加4位数字组成,航空公司代码由民航局规定公布。后面的4位数字第一位代表航空公司的基地所在地区,第二位表示航班的基地外终点所在地区(1为华北,2为西北,3为华南,4为西南,5为华东,6为东北,8为厦门,9为新疆),第三、第四位表示这次航班的序号,单数表示由基地出发向外飞的去程航班,双数表示飞回基地的回程航班。

例如,CA1202是由西安飞往北京的航班,CA是中国国际航空公司,第一位数字1

表示华北地区，国航的基地在北京，属于华北地区；第二位数字 2 表示航班的基地外终点在西北地区，西安属于西北地区；02 为航班序号，其中末尾数字 2 表示回程航班。

再如，MU5305 是由上海飞往广州的航班，MU 是中国东方航空公司代码，第一位数字 5 代表上海所在的华东地区，第二位数字 3 代表广州所在的华南地区，05 为序号，单数是去程航班。

4．国际航班号的编排

国际航班号由航空公司代码加 3 位或 4 位数字组成，第一位数字表示航空公司，后两位数字是航班序号，单数为去程航班，双数为回程航班。

例如，CA982 是由纽约飞往北京的航班，是由中国国际航空公司承运的回程航班。

根据航班号可以很快地了解到航班的执行公司、飞往地点及方向，这对管理和乘客来说都非常方便。时至今日，随着新兴航空公司和航班越来越多，很多航班号无法套用原来的规律。

（三）航班时刻表的制定

一般而言，航班时刻表的制定涉及很多因素，其中主要包括以下几项。

（1）制定航班时刻表的基础是企业运力，即航空公司的飞机数量及运行情况。

（2）航班时刻表制定的依据是市场调查，在市场调查的基础上对航班运行期内的市场做出预测，并根据预测和以往经验制定出切合实际情况的航班时刻表。

（3）航班时刻表是航空公司整体的行动计划，因而必须从整个航线网来考虑航班安排，如航线之间的衔接以及和地面、水路交通的衔接，这样才能发挥整个航线的效益。

（4）航空运输对时间极为敏感，在航班时刻上要尽量与旅客的需求相适应。航班的起飞时刻和到达时刻是国内旅客选择航班的重要考虑因素。由于航线上有其他公司和机场容量的限制，在安排时不可能把所有的航班都安排在最佳时间。因此，必须综合考虑，有时还要做出让步。

（5）组织航班还涉及飞行、维修、供应等各个部门，因而制定航班时刻表要有这些部门的参与，以保证各个部门之间的工作周期和能力相协调。

（6）在实际运行时不可避免地要出现一些和原来设想不同的情况，如需求的变化、气象条件影响航班正常等，在制定时刻表时要尽可能考虑到这些变化，并留有一定的备用运力以保证执行的灵活性。

（四）航班出港作业流程

航空公司在组织一个航班并保证它的正点飞行时，需要公司多个部门的相互配合，如表 6-3 所示。维修部门要对飞机进行维修和检查，决定飞机是否能够飞行；航务部门负责收集气象情报，安排机组和制订飞行计划，并把飞行计划通知空管部门；销售部门销售机票，办理货物托运；供应部门供应机上用水、配餐、加油；运输部门为旅客办理手续；旅客通过安检，登机；货运部门把货物和行李装入机舱，计算载重和平衡，由货舱单、旅客名单和平衡图组成随机文件交付机长，经放行后，飞机才可以起飞，飞机到站后，又重复这一过程，飞往下一站。整个工作流程一环紧扣一环，形成一个工作链，任何一环脱节都会影响到航班的正常运行，如果有任何的改动，也会牵涉各个不同部门的工作。各个部门协调配合得好，就会缩短时间，提高飞机的利用率，使整个公司的效益增加。

### 三、民航运输企业的经济运行

1．收入

航空公司所拥有的收入包括运输收入、通用航空收入和其他收入。运输收入还可以分为三大类，分别是飞机客票、货运和辅助收入。飞机客票收入就是售卖机票获得的收入；货运收入是指航空公司通过航空运输货物获得的收入；而辅助收入则是指航空公司在客票销售之外，通过对旅客直接销售产生的，或者作为一种旅行体验间接产生的收入，包括增值服务、基于佣金的产品、常旅客计划里程出售和广告收入。

2．成本

1）成本的分类

航班涉及的运行成本主要分为固定成本和可变成本两大部分。

（1）固定成本：主要包括以下部分。

① 人力成本：主要包括飞行员、乘务员、机务等相关人员的工资以及福利成本。

② 飞机折旧：主要包括航材消耗件摊销，高价周转件摊销，飞发折旧，飞发大修理的分摊。就当前中国民航来说，这是所有民航企业中的成本核算的主要部分。

③ 餐食及机上供应品费用：飞机上餐食和饮料等机供品的费用。

④ 民航基础建设基金：国家规定的用于民航基础建设的费用。

⑤ 销售费用：主要指代理人为公司贡献销售后取得的提成。

⑥ 财务费用：主要指公司与银行或公司进行融资租赁时，产生的利息费用。

⑦ 驻外机构费用：驻外机构的各种费用（包括人员薪资和设备等费用）的分摊。

⑧ 管理费用：涉及的范围比较广泛，为保证公司正常运行所涉及的所有费用都可以归到这一费用中，包括公司管理人员的薪资、福利、各种设备等。

⑨ 起降服务费：飞机在机场起落时，机场公司所收取的起降费用。

⑩ 外站航班代理费和航路费：主要指外站航班的航务代理费用和管制部门征收的航路费。

⑪ 其他杂项成本，如广告费等。

表 6-3 航班出港作业流程

| 日期 | | 航班号 | | 航线 | | 关舱门时刻 | |
|---|---|---|---|---|---|---|---|

| 部门 | 120 | 110 | 100 | 90 | 80 | 70 | 60 | 50 | 40 | 30 | 20 | 10 | 0 |
|---|---|---|---|---|---|---|---|---|---|---|---|---|---|
| 机务维护 | 冬季到现场准备 | | | | 其他时间到现场准备 | | 飞机到站或拖到机位 | | 飞机保养与维护 | | 拖车准备脱离 | | 车辆离开 |
| 值机 | | 准备办理手续 | | 开始手续 | | 办理手续 | | 停止手续，旅客登机，检查人数 | | | | | 人员撤离 |
| 装卸队 | | | | | | | 特种车辆到位 | | 装卸行李与货物 | | 送舱单上飞机 | | 车辆离开 |
| 食品公司 | | | | | | | | 车辆到位 | 食品装卸 | 车辆离开 | | | 关货舱门 |
| 综合服务 | | | | | | | | 车辆到位 | 客舱清洁、抽污水等 | 车辆离开 | | | |
| 客舱服务 | | | 乘务组准备 | | | | | | 报告机长报刊杂志上飞机 | 乘务组就位 | 引导旅客就位核对人数 | | 关舱门 |
| 航空安全队 | | | | 安全员准备 | | | | 安全员就位 | 舱安全检查 | | 安全监控 | | 人员撤离 |
| 飞行组 | | | | 飞行员准备 | | | | 机组就位 | | | 起飞前准备 | | 请示推出 |
| 油料公司 | | | | | | | | 加油车到位 | 加油 | 车辆离开 | | | |
| 客梯车 | | | | | | | 客梯车到位 | | | 结束 | | | 撤离 |
| 上一航班开舱门时刻或拖到机位时刻 | | | | | | 实际关舱门时刻 | | | 延误原因 | | | | |

（2）可变成本：主要指飞机执行航班时，实际航段耗油所需的费用。由于实际的航段耗油与当日具体的客货总重量（即业载），以及当天的天气和飞机的性能好坏有关，通过 AOC 的 sabre 系统，一般在起飞前 2～3h，可以具体算出。

2）航空公司成本的影响因素

影响航空公司运营成本的因素繁多，包括外部因素和内部因素。外部因素包括政府政策、市场需求、生产要素价格、天气状况等。内部因素通常包括航空公司的企业战略、公司规模、财务政策、航线长度和网络结构及辐射范围、航班密度、飞机利用效率、基地位置、要素生产率、航班的安全性、服务质量等。对于影响航空公司成本的内部因素，又可以进一步分为结构性因素和执行性因素。结构性因素包括机队规模、飞机属性、航线结构、人机比、服务类型、技术情况等。执行性因素则包括全员参与程度、飞机利用情况、质量管理力度、服务效率等。

## 单元三　民航客运业务

### 一、售票

（一）客票的定义

客票是指由承运人或代表承运人所填开的被称为"客票"及行李的凭证，包括运输合同条件、声明、通知等内容。电子客票是普通纸质机票的一种电子映象，是一种电子号码记录。根据国家税务总局、民航总局规定（国税发〔2006〕39 号），2006 年 6 月 1 日起使用"航空运输电子客票行程单"（以下简称"行程单"）作为旅客购买电子客票的报销凭证，如图 6-3 所示。

图 6-3　航空运输电子客票行程单

（二）销售渠道

1．售票处销售渠道

售票处销售渠道是指由航空公司或者其授权的销售代理人在固定的对公众开放的营业场所从事客票销售及相关服务的客票销售方式。

2．呼叫中心销售渠道

呼叫中心销售渠道最初形成于航空公司的电话客服中心，随着20世纪90年代固定电话和21世纪前十年移动电话在中国的普及，航空公司纷纷推出了电话服务平台，用于为购票旅客提供各种信息和业务办理服务。由于销售流程的逐渐简化、支付方式的轻松便捷，航空公司开始意识到呼叫中心是可以成为其重要销售渠道的。目前，呼叫中心被航空公司赋予更多职能，除了国内、国际机票销售外，还增加了客票退改签、新产品促销、常旅客服务等更加全面的功能。

3．互联网销售渠道

互联网销售渠道是民航机票电子化后的必然产物。以互联网技术为代表，信息技术的快速发展改变着世界传统经济模式，当航空客票销售邂逅了信息技术，就产生了航空电子商务这一新型的渠道模式，也就是互联网销售渠道。

（三）运价

1．普通票价

（1）公布票价：我国民航运输对外公布的客运价，是单个成人的单程全票价。

（2）折扣票价：是在单个成人单程全票价的基础上打折的票价。

2．服务等级票价

服务等级票价分为头等舱票价（F）、公务舱票价（C）、普通舱/经济舱票价（Y），航空公司根据企业经营特点自行制定票价相关标准并对外公布，具体查阅航空公司文件。

3．旅程方式票价

旅程方式票价分为单程票价（直达），来回程票价（往返），联程、分程票价（联接、中转、缺口）。

4．儿童票价

凡旅客购买儿童票时，均应按单程F、C、Y舱票价50%的实际数收费。（正常情况下，儿童或婴儿免交机场建设税，儿童正常退票，婴儿全退。）年满12周岁的儿童购买全票，即成人票，与成人同价。年满2周岁未满12周岁的儿童应按相应舱位票价的50%购买儿童票，提供座位。满14天未满2周岁的婴儿按相应舱位票价的10%购买婴儿票，无座位，如要提供座位需购买儿童票，个别航空公司（MF）有婴儿座的除外。旅客带婴儿超过一名时，其中一名婴儿需购买儿童票，提供座位。未满5周岁的儿童乘机必须有成人陪伴，大于5周岁小于12周岁的儿童乘机可以无成人陪伴，需提前3天到航空公司申请并办理相关手续。

5．优惠票价

（1）凡革命伤残军人在国内乘坐民航飞机时，可凭《革命伤残军人抚恤证》享受按国内航线Y舱全票价的50%购票，必须提前3天在航空公司办理，需交机场建设税。

（2）团体旅客优惠票价：统一组织的人数在10人（含）以上，航程、乘机日期、航班号相同的旅客称为团体旅客，可享受一定折扣优惠。

6．免费票

免费票需要机建燃油税，票面价为0，有免费行李额。由航空公司特殊批准的旅客，凭免费证明给予免费乘机。货运包机押机人员凭包机货运单和包机单位乘机介绍信可填开免费客票，在客票的票价计算栏内写明包机运输协议书号码。

（四）购票所需证件

旅客购票时需持以下证件。

（1）中国旅客购票，须提供本人居民身份证。

（2）法定不予颁发或尚未领取居民身份证的人民解放军、人民武装警察官兵及其文职干部和离退休干部分别使用军官证、警官证、士兵证、文职干部证或离退休干部证件。

（3）尚未领取居民身份证和士兵证的，可使用当地公安机关或在部队出具的临时身份证，临时身份证应贴有本人近期照片，写明姓名、性别、年龄、工作单位、有效日期并加盖公章。

（4）16岁以下未成年人购票乘机时，可使用学生证、户口簿或暂住证。

（5）年满16周岁未满18周岁尚未领取身份证件的，可凭户籍所在地派出所出具的临时身份证明购买机票。

（6）外国游客，华侨，港、澳、台胞购票，须出示有效护照、回乡证、台胞证、居留证、旅行证或公安机关出示的其他有效身份证件；

（7）购买儿童票（2～12周岁）、婴儿票（2周岁以内），应提供儿童、婴儿出生年月的有效证明。

（8）重病旅客购票，须持有医疗单位出具的适于乘机证明，经承运人同意后方可购票。

（9）全国人民代表大会代表、全国政协委员，凭本届全国人民代表大会代表证、全国政协委员证购票。

（五）客票有效期

客票自旅行开始之日起，一年内运输有效。如果客票全部未使用，则从填开客票之日起，一年内运输有效。

（1）普通票价的客票，无论是单程、来回程还是环程，有效期均为自实际出发日之日起，一年内有效；若客票未曾使用，则为填开客票之日起，一年内有效。例如2021年8月1日出票的客票，有效期至2022年7月31日24点。

（2）特种票价的客票（折扣客票）有效期，适用航空公司公布的条件。

（3）对于日期变更过的客票（即进行过改期的客票），需以最原始第一张客票的出票日来计算。例如2021年8月1日出票的客票，出发日为2021年9月1日，但旅客于2021年8月15日改期至2021年9月10日出发，而该票的有效期仍至2021年7月31日24点。

（六）客票变更

1．客票变更的定义

旅客购票后，如要求改变航班、日期或舱位等级称为客票变更。

2．一般规定

（1）变更包括改变航班、日期、舱位、承运人或航程等信息。

（2）变更手续费按对应航段的票面价格计算，以人民币元为单位，尾数四舍五入至个位。

（3）自愿变更需重新计算票价，票价差额按对应航段的票面价格计算；如有票价差额，任何时候均需补收。

（4）特殊产品及特殊运价的退改签规则按具体产品规定执行。

3．自愿变更手续费收费标准

航空公司根据企业经营特点自行制定客票变更相关收费标准并对外公布，具体查阅航空公司文件。

4．非自愿变更

非自愿变更免收变更手续费。

（七）退票

1．客票退票的定义

退票分为自愿退票和非自愿退票。自愿退票是指旅客购票后自愿退票；非自愿退票是指由于承运人的原因不能按规定的时间、日期、舱位成行而退票。

2．一般规定

（1）退票手续费按对应航段的票面价格计算，以人民币元为单位，尾数四舍五入至个位。

（2）按未使用航段的退票时间距离客票票面上列明的航班起飞时间，收取适用时间段的退票手续费。

（3）客票部分使用退票规则：客票部分使用后退票，扣除已使用航段票面价格，按未使用航段的退票时间距离客票票面上列明的航班起飞时间，收取适用时间段的退票手续费，余额退还旅客。

（4）特殊产品及特殊运价的退改签规则按具体产品规定执行。

（5）依据《中国民航旅客、行李国内运输总条件》中的规定，退票须在客票有效期内办理。

（6）旅客在客票有效期内办理退票时，未使用的机场建设费和燃油附加费一并退还。

3．自愿退票手续费收费标准

航空公司根据企业经营特点自行制定退票相关收费标准并对外公布，具体查阅航空公司文件。

4．非自愿退票

非自愿退票免收退票手续费。

## 二、值机

（一）值机的定义

值机是为旅客办理登机牌手续、打印登机牌、收运旅客的托运行李、安排旅客的座位的统称。

（二）值机方式

1．柜台值机

柜台值机是指在航空公司值机柜台人工办理，是最普遍的一种值机方式，如有托运行李，则必须到值机柜台办理值机。

2．机场自助值机

机场自助值机是指旅客在机场借助专门的值机设备，自行完成旅行证件验证、选择座位、打印登机牌，如果需要交运行李，则在专设柜台完成行李交运的值机工作方式。

3．网上值机

网上值机是指旅客自行通过互联网登录航空公司离港系统的自助值机界面，操作完成身份证件验证、选择确定座位并打印 A4 纸登机牌，如果需要交运行李，则旅客登机前在专设柜台完成行李交运，以自行打印的 A4 纸登机牌通过安检并登机的值机工作方式。

4．手机值机

手机值机是指旅客使用手机上网登录航空公司离港系统的自助值机界面，自行操作完成身份证件验证、选择并确定座位，航空公司以短信形式发送二维条码电子登机牌到旅客手机上，旅客到达机场后在专设柜台完成行李交运、打印登机牌或者直接扫描二维码，完成安检登机。

5．短信值机

短信值机是指旅客通过发送和接收短信息的方式办理值机手续。

### 三、行李运输

（一）行李的定义

行李是旅客在旅行中为了穿着、使用、舒适或方便的需要而携带的物品和其他个人财物，除另有规定外，包括旅客托运行李和自理行李。

（二）行李的分类

承运人承运的行李，按照运输责任分为托运行李和非托运行李，航空公司根据企业经营特点自行制定行李的尺寸相关标准并对外公布，具体查阅航空公司文件。

1．托运行李

托运行李是指旅客交由承运人负责照管和运输并填开行李票的行李。承运人在收运行李时，必须在客票的行李栏内填写行李的件数及重量，并发给旅客作为认领行李用的行李牌识别联。

2．非托运行李

非托运行李是指经承运人同意由旅客带入机舱自行负责照管的行李。如一定量的食品、书报、照相机、大衣等、易碎品、贵重物品、外交信袋等特殊物品可以作为非托运行李由旅客带入客舱内。

（三）免费行李额

免费行李额是根据旅客所付运价、乘坐舱位等级和乘坐的航线决定的。航空公司根据企业经营特点自行制定免费行李额相关标准并对外公布，具体查阅航空公司文件。

## 四、安全检查

### （一）安全检查的定义

安全技术检查简称安全检查，是指在民用机场实施的为防止劫（炸）飞机和其他危害航空安全事件的发生，保障旅客、机组人员和飞机安全所采取的一种强制性的技术性检查。

### （二）安全检查的权限

（1）行政法规的执行权。

（2）检查权。安检部门的检查包括以下几个方面。

① 对乘机旅客身份证件的查验，通过对旅客身份证件的核查，防止旅客用假身份证件或冒用他人身份证件乘机，发现和查控通缉人员。

② 对乘机旅客的人身检查权，包括使用仪器和手工检查直至搜身检查。

③ 对行李物品的检查权，包括使用仪器和手工开箱（包）检查。

④ 对货物、邮件的检查权。

⑤ 对进入候机隔离区和登机人员的身份证件的核查和人身检查权。

（3）拒绝登机权。

① 在安全技术检查中，当发现有故意隐匿枪支、弹药、管制刀具、易燃、易爆等可能用于劫（炸）机的违禁品及危险品的旅客时，安检部门有权拒绝其登机，并将人与物一并移交机场公安机关审查处理。

② 在安全技术检查过程中，对手续不符合规定和拒绝接受检查的旅客，安检部门有权拒绝其登机。

（4）候机隔离区监护权。

① 候机隔离区没有持续实施管制的，在使用前，安检机构应当对候机隔离区进行清查。

② 安检机构应当派员在候机隔离区内巡视，对重点部位加强监控。

③ 经过安全检查的旅客应当在候机隔离区内等待登机。如遇航班延误或其他特殊原因离开候机隔离区的，再次进入时应当重新经过安全检查。

④ 候机隔离区内的商店不得出售可能危害航空安全的商品。商店运进商品应当经过安全检查，并接受安检机构的安全监督。

（5）航空器监护权。

① 对出、过港航空器实施监护。

② 应机长请求，经机场公安机关或安检机构批准，安检人员可以进行清舱。

（三）安全检查相关规定

1．关于禁止随身携带及禁止托运的物品的有关规定

中国民用航空局规定，在中国境内乘坐民航班机禁止随身携带或托运以下物品。

（1）枪支、军用或警用械具（含主要零件）及其仿制品。

（2）爆炸物品，如弹药、烟火制品、爆破器材等及其仿制品。

（3）管制刀具。

（4）易燃、易爆物品，如打火机（气）、火柴、酒精、油漆、汽油、煤油、苯、松香油、烟饼等。

（5）腐蚀性物品，如盐酸、硫酸、硝酸、有液蓄电池等。

（6）毒害品，如氰化物、剧毒农药等。

（7）放射性物品，如放射性同位素等。

（8）其他危害飞行安全的物品，如有强烈刺激气味的物品，可能干扰机上仪表正常工作的强磁化物等。

2．关于禁止随身携带但可托运的物品的有关规定

中国民用航空局规定，在中国境内乘坐民航班机禁止随身携带以下物品，但可放在托运行李中托运。

（1）菜刀、水果刀、大剪刀、剃刀等生活用刀。

（2）手术刀、军刀、雕刻刀等专业刀具。

（3）文艺单位表演用的刀、矛、剑。

（4）带有加重或有尖钉的手杖、铁头登山杖，棒球棍等体育用品。

（5）斧、凿、锤、锥、扳手等工具和其他可以用于危害航空器或他人人身安全的锐器、钝器。

（6）超出可以随身携带的种类或总量限制的液态物品。

3．关于液态物品携带的有关规定

1）乘坐国际及地区航班

（1）乘坐从中国境内机场始发的国际、地区航班的旅客，其携带的液态物品每件容量不得超过100ml。容量容积超过100ml，即使该容器未装满液体，亦不允许随身携带，需办理交运。盛放液态物品的容器，应置于最大容积不超过1L的、可重新封口的透明塑料袋中。每名旅客每次仅允许携带一个透明塑料袋，超出部分应交运。盛装液态物品的透明塑料袋应单独接受安全检查。

（2）在候机楼免税店或机上所购物品应放在封口的透明塑料袋中，且不能自行拆封。

旅客应保留购物凭证以备检查。

（3）婴儿随行的旅客携带液态乳制品，糖尿病或其他疾病患者携带必需的液态药品，经安全检查确认无疑后，可适量携带。

（4）旅客因违反上述规定造成误机等后果，责任自负。

2）乘坐国内航班

（1）乘坐国内航班的旅客一律禁止随身携带液态物品，但可办理交运，其包装应符合民航运输有关规定。

（2）旅客携带少量旅行自用的化妆品，每种化妆品限带一件，其容量容积不得超过100ml，并应置于独立袋内，接受开瓶检查。

（3）来自境外需在中国境内机场过站或中转的旅客，其携带入境的免税液态物品应置于袋体完好无损且封口的透明塑料袋内，并需出示购物凭证，经安全检查确认无疑后方可携带。

（4）有婴儿随行的旅客，购票时可向航空公司申请，由航空公司在机上免费提供液态乳制品；糖尿病患者或其他患者携带必需的液态物品，经安全检查确认无疑后，交由机组人员保管。

（5）旅客因违反上述规定造成误机等后果，责任自负。

4．关于打火机、火柴的有关规定

禁止旅客随身携带打火机、火柴乘坐民航班机（含国际/地区航班、国内航班），也不得放在托运行李中托运。

5．关于携带锂电池乘坐民航班机的有关规定

（1）不允许在托运行李中夹带锂电池，只可以随身携带。

（2）旅客可以携带为个人自用的内含锂或锂离子电池或电池的消费用电子装置（手表、计算器、照相机、手机、手提电脑、便携式摄像机等）。

（3）对备用电池必须单个做好保护以防短路，并且仅能在手提行李中携带，备用电池每人限带两个。

（四）安全检查程序

机场安全检查（见图6-4）程序如下。

（1）行李物品检查：旅客进入机场大厅时首先将行李物品放入电视检测机的传送带上，工作人员通过电视荧光屏检查后贴上"××机场行李安全检查"的不干胶条。

（2）旅客证件检查：旅客办理完毕行李托运和登机手续后，将护照、机票、登机牌等交检查员核验并在登机牌上加盖安全检查印章。

（3）手提行李物品检查：将随身携带的手提行李物品放在电视检测机的传送带上，由检查人员通过荧光屏检查。如发现有异物，须由检查人员开包检查。

（4）旅客身体检查：旅客通过特设的探测门，进行身体检查。如发出报警声，还需用探测器再查，或重新返回，将可能发出报警声的钥匙、打火机等金属物品取出，直到通过时不再发出报警声为止。

图 6-4　机场安全检查

### 五、载重平衡

航空器的载重与平衡是航空公司运行控制中心（AOC）的核心业务之一，值机员关闭柜台后，配载员通过控制客舱内旅客座位的安排，以及货舱内行李和货物的装载，合理、科学地安排飞机上旅客、货物、邮件、行李的位置，不仅使飞机的重心处于安全允许范围内，还要尽可能节油，从而保证飞机安全、经济地抵达目的地。

长期以来在世界范围内，很多航空安全事件、事故征候及事故的发生缘于航空器的载重平衡存在错误，我国亦不例外。因此，航空器的载重平衡是航空器运营人的一项非常重要的工作，以下分几个方面简要介绍航空器的载重与平衡的基本知识。

#### （一）飞机的载重

1．飞机的最大业务载重量

飞机由于自身结构强度、客货舱容积、运行条件及运行环境等原因，都必须有最大装载量的限制。飞机是在空中飞行，要求具有更高的可靠性和安全性以及更好的平衡姿态，而货物装载量、装载位置和旅客客舱座位分布直接影响飞行安全和飞机平衡。因此，严格限制飞机的最大装载量对飞行安全至关重要。

飞机的最大起飞全重、最大落地全重、最大无油全重、最大起飞油量、航段耗油量、飞机的最大业务载量和空机重量是飞机制造商在交付用户时提供的静态业务数据。

2．飞机的最大起飞全重（MTOW）

飞机的最大起飞全重是飞机在起飞线加大马力起飞滑跑时全部重量的最大限额。

限制飞机的最大起飞全重的因素主要有：飞机的自身结构强度、发动机的功率、刹车效能限制及起落架轮胎的线速度要求。

影响飞机的最大起飞全重的因素主要有以下几种。

（1）大气温度和机场标高。

（2）风向和风速。

（3）起飞跑道的情况：跑道越长，起飞重量可以越大，因为可供飞机起飞滑跑的距离越大。例如，当跑道长度达到3200m时，可以起降大型飞机；当跑道长度只有1700m时，只能起降中小型飞机。

（4）机场的净空条件：机场的净空条件是指机场周围影响飞机安全、正常起降飞行的环境条件，例如高建筑物、高山、鸟及其他动物的活动等情况。

（5）航路上单发超越障碍的能力。

（6）是否使用喷水设备。

（7）受襟翼放下角度的影响。

（8）噪声的限制规定等。

3．飞机的最大落地全重（MLDW）

飞机的最大落地全重是在飞机设计和制造时确定的飞机着陆时全部重量的最大限额。

限制飞机的最大落地全重的因素主要有：飞机的机体结构强度和起落架允许承受的冲击载荷、飞机的复飞爬高能力。

影响飞机的最大落地全重的因素主要有：大气温度与机场标高、风向和风速、跑道的情况、机场的净空条件。

4．飞机的最大无油全重（MZFW）

飞机的最大无油全重是指除去燃油之外所允许的最大飞行重量。规定飞机的最大无油全重，主要是考虑机翼的结构强度。

5．飞机的基本重量（BW）

飞机的基本重量是指除去业务载重和燃油外，已完全做好飞行准备的飞机重量。主要包括以下几种。

（1）空机重量。它是指飞机本身的结构重量、动力装置和固定设备（如座椅、厨房设备等）的重量、油箱内不能利用或不能放出的燃油润滑油重量、散热器降温系统中的液体重量、应急设备等重量之和。飞机的空机重量由飞机制造厂提供，记录在飞机的技术手册内。

（2）附加设备重量。包括服务用品及机务维修设备等。

（3）空勤组及随身携带物品重量。每种机型的空勤组人数是确定的，称为标准机组或额定机组。机组的组成一般用"驾驶员人数/乘务员人数"的格式表示。如有随机机组，但不承担本次航班任务，则再加"/随机机组人数"。超过或少于标准机组时应对飞机基本重量进行修正。

（4）服务设备及供应品重量。每种机型的供应品重量是确定的，称为额定供应品重量。

（5）其他应计算在基本重量之内的重量，如飞机的备件等。

每架飞机的基本重量一般情况下是不变的，但实际飞行时，有时机组人数、随机用具、服务设备和供应品、随机器材等项重量都可能发生变动，此时需要按规定在基本重量的基础上对增减重量进行修正。修正后的基本重量反映了本次执行航班任务的飞机实际的基本重量，因此在计算最大业务载重量时应采用修正后的基本重量。

6．飞机的起飞油量（TOF）

飞机的起飞油量是指飞机执行航班任务时携带的全部燃油量。起飞油量包括航段耗油量和备用油量两部分，但不包括地面开车和滑跑所用油量。

（1）航段耗油量（TFW）：飞机由起飞站到目的站航段需要消耗的燃油量。航段耗油量是根据航段距离和飞机的平均地速以及飞机的平均小时耗油量而确定的，计算公式如下：

$$航段耗油量 = 航段距离 \div 飞机平均地速 \times 平均小时耗油量$$

（2）备用油量（RFW）：飞机由目的站飞到其备降机场并在备降机场上空还可以飞行45min所需耗用的油量。有时由于目的站因为某种原因不能降落，需要飞机在其备降机场降落，因此执行航班任务的飞机都应携带备用油量。

备用油量的计算公式如下：

$$备用油量 = \left( \frac{目的站与其备降机场距离}{飞机的平均地速} + \frac{45}{60} \right) \times 平均小时耗油量$$

由起飞油量的组成可知，起飞油量的计算公式如下：

$$起飞油量 = 航段耗油量 + 备用油量$$

（3）关于油量的说明如下。

① 某些飞机有最少油量的规定，就是当飞机按照最大起飞全重起飞时，尽管所飞的航程可能很短，但起飞油量也不得少于一定的重量。

② 有些飞机有最大着陆油量的规定，就是备用油量不得超过一定数量限额。

③ 飞机携带的燃油是供发动机燃烧而产生推力的。

以上这些规定都是从机翼结构强度方面考虑的。

（二）飞机的平衡

1．飞机平衡的种类

飞机的平衡有俯仰平衡、横侧平衡和方向平衡三种，本书在模块三中已介绍，这里就不再阐述。

**2．飞机的重心**

飞机的各个部位都具有重力，所有重力的合力为整个飞机的重力，飞机重力的着力点为飞机的重心。飞机的重心是一个假设的点，假定飞机的全部重量都集中在这个点上并支撑起飞机，飞机就可以保持平衡。飞机做任何转动都是围绕飞机的重心进行的。飞机重心的位置取决于载重量在飞机上的分布，除了在重心位置以外，飞机上任何部位的载重量发生变化，都会使飞机的重心位置发生移动，并且重心总是向载重量增大的方向移动。

限制飞机重心位置的因素有：飞机的安定性和飞机的操纵性。

**3．重心位置的表示方法**

（1）翼弦。在飞机机翼上任何部位的横截面中，机翼前部称为机翼前缘，机翼后部称为机翼后缘。前缘和后缘之间的直线段称为机翼的翼弦。由于现代飞机机翼的几何形状不是简单的矩形而常为锥形后掠状，因此飞机机翼上从翼根至翼尖之间每一处的翼弦的长度一般都是不相同的。

（2）标准平均翼弦（SMC）。在所有翼弦中，长度等于机翼面积与翼展之比的翼弦称为标准平均翼弦，用 SMC 表示。

（3）平均空气动力弦（MAC）。假想一个矩形机翼，其面积、空气动力特性和俯仰力矩等都与原机翼相同。该矩形机翼的翼弦与原机翼某处的翼弦长度相等，则原机翼的这条翼弦即为平均空气动力弦，用 MAC 表示。

每种机型的平均空气动力弦和标准平均翼弦的长度和所在位置都是固定的，都已在飞机的技术说明书中写明。因此就可以把飞机的重心投影到平均空气动力弦上（或标准平均翼弦上，但较少用），然后以重心投影点与平均空气动力弦的前缘之间的距离占平均空气动力弦长度的百分之几来表示重心的位置。

**（三）飞机的实际业务载重量**

飞机的实际业务载重量是指飞机上实际装载的旅客、行李、邮件和货物的重量之和。

飞机的大小不同，其业务载重量差别很大，小型飞机只有几百千克，大型飞机有一百多吨，航空公司在计算实际业务载重量时，行李、邮件、货物的重量按照实际重量计算，旅客的体重计算方法按照民航局对承运人颁布的相关规定计算。采用的方法是大型航空器持有人使用标准旅客平均体重，按照成人、儿童、婴儿分别计算，这个重量是依据我国人口普查数据和航空公司抽样调查得出的，是国际上普遍采用的方法，根据我国人口普查数据和旅客出行方式随身携带物品的变化，航空公司可以对这个重量进行修正。对于小型航空器来说，所有重量要求采用实际重量，中国民航最早规定国内航班每位成人体重按

72千克计算，每位儿童体重按 36 千克计算，每位婴儿体重按 8 千克计算；国际航班每位成人体重按 75 千克计算，每位儿童体重按 40 千克计算，每位婴儿体重按 10 千克计算。目前由于各航空公司情况不同，采用标准不尽相同，但不论采用什么重量标准都是经过行业主管部门批准的，航空公司不能未经批准改变旅客的标准平均体重。

飞机的业务载重量是动态数据，只有在飞机起飞前半个小时左右才能知道飞机的实际业务载重量，它的准确性直接影响飞行安全。一般而言，大型航空器持有人不会因为飞机超载而把准备登机的旅客落下，现在的飞机设计非常先进，大型航空器超载的现象很少，即便是真的超载也不会落下旅客，航空公司首先应该把货物、邮件落下。

## 单元四　民航货运业务

### 一、民航货物运输概述

（一）民航货物运输的定义

民航货物运输是指一地的货物（包括邮件）通过航空器运往另一地的运输，这种运输包括市区与机场的地面运输。根据运输的始发地、约定的经停地、目的地的不同，可将其分为民航国内货物运输和民航国际货物运输。

在民航货物运输发展的过程中，航空公司为了区分运送物品的特征以及适应航空运输市场竞争的需要，通常将广义的民航货物运输分为以下三种。

1. 普通意义上的民航货物运输

它通常是指需要航空运送的普通物品。由于航空运输速度快、不受地理条件限制，同时成本远高于任何一种基于地面的运输方式，因此民航货物主要以有时间性要求、颠簸易受损的精密仪器设备或路程远、交通不便的物品等为主。

2. 航空邮件

自从飞机问世以来，人类首先尝试的就是利用飞机运送邮件。航空邮件服务的出现，使人类的相互交流更加便捷。但是随着现代电子通信网络的发展，如互联网、传真机、电视电话会议系统等的应用，航空邮件市场受到前所未有的冲击。

3. 航空快递

航空快递是航空运输市场竞争的产物，它除了普通意义上的民航货物运输外，还提供专门的限时快速递送服务。

早期的快递业务是指重量轻和体积小的物品快速运送服务，在航空运输发达和竞争激烈的今天，普通意义上的民航货物运输与航空快递的区别渐渐变得模糊。

（二）民航货物运输的形式

民航货物运输不仅是空中运输，还包括与之相关的部分地面运输。其运输形式一般有以下六种，至于采用什么形式，承运人与货物托运人或货主之间必须达成运输协议才能交运或受理。

1．普货运输

普货运输是指对运输、装卸、保管等环节无特殊要求的普通货物进行的运输。具体指除了急件运输、特种运输、包机包舱运输、货主押运之外的普通货物运输。

2．急件运输

急件运输是指货物托运人要求以最早的航班或在限定的期限内将货物运达目的地。该种运输形式需经承运人同意才能受理。

3．特种运输

特种运输是指在收运、储存、保管、运输及交付过程中，因货物本身的性质、价值、体积或重量等条件需要特殊处理的货物运输，如鲜活易腐物品、动物、贵重物品、危险品等的运输。

4．包机运输

货物托运人包用整架飞机的舱位运送货物，这种形式称为包机运输。

5．包舱运输

货物托运人包用飞机的部分舱位运送货物，这种形式称为包舱运输。

6．货主押运

由于货物的性质特殊，在运输过程中需要托运人派专人随机专门照料、监护运送的一种运输形式，称为货主押运。

二、民航货物的托运

（一）托运书

民航货物托运书（Shipper's Letter of Instruction），简称SLI，由发货人自行填写，是发货人用于委托承运人或其代理人填开航空货运单的一种表单，表单上列有填制货运单所需各项内容，并应印有授权承运人或其代理人代其在货运单上签字的文字说明。承运人或其代理人可据此填制货运单，因此托运书应由发货人签字、盖章，以明确责任。托运人必须在上面填写主要项目：托运人名称、地址及账号，收货人名称、地址及账号，代理人名称及城市名称，货物的始发站、到达站、件数、重量及包装方式等，如图6-5所示。

中国民用航空总局
GENERAL ADMINISTRATION OF CIVIL AVIATION OF CHINA
国际货物托运书
SHIPPER'S LETTER OF INSTRUCTION

货运单号码
NO. OF AIR WAYBILL

| 始发站<br>AIRPORT OF DEPARTURE | 到达站<br>AIRPORT OF DESTINATION | 供承运人用<br>FOR CARRIER USE ONLY<br>航班/日期<br>FLIGHT/DATE　　航班/日期<br>FLIGHT/DATE |
|---|---|---|
| | | |
| | | |
| | | 已预吨位<br>BOOKUP |
| 收货人姓名及地址<br>CONSIGNEE'S NAME AND ADDRESS | | 运费<br>CHARGES |
| 另请通知<br>ALSO NOTIFY | | |
| 托运人姓名及地址<br>SHIPPER'S NAME AND ADDRESS | | |

| 托运人声明的价值<br>SHIPPER'S DECLARED VALUE<br>供运输用　供海关用<br>FOR CARRIAGE　FOR CUSTOMS | 保险金额<br>AMOUNT OF INSURANCE | 随附文件<br>DOCUMENTS TO ACCOMPANY AIR WAYBILL |
|---|---|---|

| 件数实际毛重(公斤)<br>NO.OF PACKAGES<br>ACTUAL GROSS WEIGHT(KG) | 运价类别<br>RATE CLASS | 收费重量<br>CHARGEABLE WEIGHT | 费率<br>RATE /CHARGE | 货物品名及数量（包括体积或尺寸）<br>NATURE AND QUANTITY OF GOODS (INCL. DIMENSIONS OR VOLUME) |
|---|---|---|---|---|
| | | | | |

在货物不能交与收货人时，托运人指示的处理办法
SHIPPER'S INSTRUCTIONS IN CASE OF INABLITY TO DELIVER SHIPMENT AS CONSIGED

处理情况
HANDLING INFORMATION

托运人证实以上所述全部属实并愿遵守承运人的一切载运章程
THE SHIPPER CERTIFIES THAT THE PAPTICULARS ON THE FACE HE　REOF ARE CORRECT AND AGREES TO THE CONDITIONS OF CARRIAGE OF THE CARRIER.

托运人签字日期　　经手人日期
SIGNATURE OF SHIPPER　　DATE　　AGENT　　DATE

图 6-5　民航国际货物托运书

## （二）货运单

### 1．航空货运单的定义

航空货运单（Air Waybill）简称 AWB，是托运人和承运人之间缔结的货物运输合同

契约，同时也是承运人运输货物的重要证明文件。

2．航空货运单的作用

航空货运单是货物托运人和承运人所使用的最重要的运输文件，其作用归纳如下。

（1）承运人和托运人缔结运输契约的初步证据。

（2）承运人收运货物的证明文件。

（3）托运人支付运费的凭证。

（4）保险证明，如托运人要求承运人代办保险。

（5）供向海关申报的文件。

（6）供承运人发运交付和联运的单证路单 WAYBILL。

（7）承运人之间的运费结算凭证。

（8）货物储运过程中的操作指引。

3．航空货运单的分类

1）航空主运单（Master Air Waybill，MAWB）

凡是由航空公司签发的航空运单都称为主运单。主运单是航空公司据以办理货物运输和交付的依据，是航空公司和托运人订立的运输合同的证明，每一批航空运输的货物都有自己对应的航空主运单。

2）航空分运单（House Air Waybill，HAWB）

集中托运人在办理集中托运业务时签发的航空运单称为航空分运单。在集中托运的情况下，除了表明航空公司与集中托运人之间的货物运输合同的航空主运单外，集中托运人还应该签发航空分运单，用以表明集中托运人与托运人之间订立的货物运输合同。

4．航空货运单的构成

航空货运单由三联正本、六联副本和三联额外副本组成，如表6-4所示。

表6-4 航空货运单的构成

| 序号 | 名称 | | 留用对象 | 颜色 |
| --- | --- | --- | --- | --- |
| 1 | 正本3 | original 3 | 交托运人 | 蓝色 |
| 2 | 副本9 | copy 9 | 交代理人 | 白色 |
| 3 | 正本1 | original 1 | 交填开货运单的承运人或其代理人 | 绿色 |
| 4 | 正本2 | original 2 | 交收货人 | 粉红色 |
| 5 | 副本4 | copy 4 | 提取货物收据 | 黄色 |
| 6 | 副本5 | copy 5 | 交目的站机场 | 白色 |
| 7 | 副本6 | copy 6 | 交第三承运人 | 白色 |

续表

| 序号 | 名称 | | 留用对象 | 颜色 |
|---|---|---|---|---|
| 8 | 副本 7 | copy 7 | 交第二承运人 | 白色 |
| 9 | 副本 8 | copy 8 | 交第一承运人 | 白色 |
| 10 | 额外副本 10 | extra copy 10 | 供承运人使用 | 白色 |
| 11 | 额外副本 11 | extra copy 11 | 供承运人使用 | 白色 |
| 12 | 额外副本 12 | extra copy 12 | 供承运人使用 | 白色 |

（1）正本：分为蓝色、绿色和粉红色，共三联。每联正本的背面都印有运输契约条款。蓝色联（正本3）交托运人，是承运人或其代理人接收货物的依据；绿色联（正本1）由填开货运单的承运人或其代理人留存，作为记账凭证；粉红色联（正本2）随货物同行，在运输目的地交付给收货人，作为核收货物的依据。

（2）副本：分为黄色和白色，至少六联，也可随需增加。黄色联（副本4）为提货依据；白色联（副本5～9）分别发给代理人、运输目的站和第一、第二、第三承运人用于业务处理。

（3）额外副本：白色，共三联（额外副本10～12），供承运人使用。

### 三、民航货物的运输

民航货物的运输过程包括出港环节和进港环节。

（一）货物出港操作流程

货物出港操作流程一般是指将货物交到航空公司后，到货物装上飞机的整个流程。

1．预审

由国际吨位控制室开具国际货物订舱单，作为配载人员进行配载工作的依据。

2．整理单据

需要整理的单据有三种：已入库的大货单据、现场收运的货物单据、中转的散货单据。

3．过磅和入库

检查货物板、箱组装情况，高度、收口等是否符合规定；将货物过磅记录重量，并悬挂吊牌；对装有轻泡货物的板箱，查看运单，做好体积记录；在计算机中输入板箱号码、航班日期等，将货物装上货架。

4．出港

配载全部完成后，制作平衡交接单，并对航班所配货物的运单进行整理核对，制作舱单。

(二）货物进港操作流程

货物进港操作流程是指飞机到达目的地机场后，航空公司将货物卸下飞机直到交给货运代理人的整个流程。

1．进港航班预报

填写航班预报本，以当日航班进港预报为依据，在航班预报本中逐项填写航班号、机号、预计到达时间，在每个航班到达之前，了解到达航班的货物装机情况及特殊货物的处理情况。

2．办理货物海关监管

有关人员将货运单送到海关办公室，由海关人员在货运单上加盖海关监管章。

3．分单业务

在每份货运单的正本上加盖或书写到达航班的航班号和日期，认真审核货运单，联程货运单交中转部门。

4．核对运单和舱单

核对运单份数与舱单份数是否一致，做好多单、少单记录，将多单运单号码加在舱单上，多单运单交查询部门。

5．计算机输入

根据标好的一套舱单，将航班号、日期、运单号、数量、重量、特种货物、代理商、分批货、不正常现象等信息输入计算机，打印出国际进口货物航班交接单。

6．交接

中转货物和中转运单、舱单交操作部门，邮件和邮件路单交邮局。

**四、民航货物的交付**

货物运送到目的站之后，除另有约定外，承运人或其代理人应立即向收货人发出到货通知。收货人到达后，交付的流程如下。

（1）检查提货人的证明和证件。

（2）计收相关费用。各国在目的站收取的费用有不同规定。目的站计算收取的相关费用一般包括：保管费、航空运费（到付）、运费到付手续费、地面运费等其他费用。

（3）交付货物。

① 交付货物时，应会同提货人对货物进行检查，如果提货人对货物外包装状态、货物件数或重量提出异议，应当场查验或复重，按规定出具货物运输事故记录或在货运单上注明货物状况，双方签字或盖章。如有必要，应通知商品检验检疫部门对货物进行鉴定。

② 提货人提取货物时，应在货运单货物交付联的收货人栏签注姓名、有效身份证件号码、日期和联系电话。

（4）录入货物交付信息。货物交付后，应在货运计算机系统中录入货物交付信息，内容包括提货人名称、身份证件号码、提货日期和联系电话等。

## 单元五　世界主要民航运输企业概述

### 一、英国航空公司

英国航空公司（British Airways）又称不列颠航空，简称英航，总部设在英国伦敦，主要运营基地是伦敦希思罗机场，二字代码是BA，票证代号是125，是"寰宇一家"的创始成员之一，英航标识如图6-6所示。

图6-6　英国航空标识

英航成立于1924年，全球航班网络覆盖75个国家的150多个目的地。英航是全球较大的国际航空公司之一，每年乘载约3600万名乘客。英航自1980年起为中国提供服务，目前每周有7个航班由北京直飞伦敦，每周有6个航班从上海直飞伦敦，每周3个航班从成都直飞伦敦。英航专属的伦敦希思罗机场第五航站楼于2008年投入服务，航站楼每年可以服务3000万名旅客。

### 二、法国航空公司

法国航空公司（Air France）简称法航，总部设在法国巴黎，主要运营基地是巴黎戴高乐国际机场和巴黎奥利国际机场，二字代码是AF，票证代号是057，是"天合联盟"的创始成员之一，法航标识如图6-7所示。

图6-7　法国航空标识

法航成立于1933年，2004年收购荷兰皇家航空公司，并因此组成了法国航空—荷兰皇家航空集团，该集团在法国的法律之下成立。法国航空—荷兰皇家航空集团是世界上较大的航空公司之一，2018年，世界品牌实验室编制的《2018世界品牌500强》揭晓，法航排名第202位。

### 三、德国汉莎航空股份公司

德国汉莎航空股份公司（Deutsche Lufthansa）简称汉莎航空，又称德航，总部设在德国科隆，主要运营基地是法兰克福国际机场，二字代码是LH，票证代号是020，是"星空联盟"的创始成员之一，汉莎航空标识如图 6-8 所示。

汉莎航空于 1926 年在德国柏林正式成立。如今汉莎航空已发展成为全球航空业领导者和成功的航空集团，拥有六个战略服务领域，包括客运、地勤、飞机维修、航空餐食、旅游和 IT 服务，在全球拥有 400 多家海外子公司及附属机构。汉莎航空的核心业务是经营定期的国内及国际客运和货运航班，飞行网络遍布全球 450 多个航空目的港。汉莎航空是中国市场上最大的欧洲航空公司，拥有中欧航线上最频繁的直飞航班，每周多个直飞航班覆盖中国北京、上海、香港、南京、青岛、沈阳等多个城市。

图 6-8　德国汉莎航空标识

### 四、新加坡航空有限公司

新加坡航空有限公司（Singapore Airlines）简称新航，是新加坡的国家航空公司，总部设在新加坡，主要运营基地是新加坡樟宜机场，二字代码是 SQ，票证代号是 618，隶属于"星空联盟"，新航标识如图 6-9 所示。

图 6-9　新加坡航空标识

新航成立于 1947 年，20 世纪 70 年代是新航发展最快的一段时期，公司业务扩展到印度次大陆等亚洲 22 个城市，并且开始购置波音 747 型飞机。20 世纪 80 年代，新航开拓了美国、加拿大和欧洲业务，后又开辟了非洲航线。新航主要经营国际航线，在东南亚、东亚和南亚拥有强大的航线网络。除此之外，新航的业务还有跨太平洋航班，包括以 A340-500 来营运的全球最长的直航航班"新加坡—纽约"和"新加坡—洛杉矶"。新航还是首个营运全球最大型的客机 A380 的航空公司。

### 五、美国航空公司

美国航空（American Airlines）简称美航，总部设在美国得克萨斯州，主要运营基地是芝加哥奥黑尔国际机场、达拉斯—沃斯堡国际机场、洛杉矶国际机场、迈阿密国际机场和纽约肯尼迪国际机场，二字代码是 AA，票证代号是 001，是"寰宇一家"的创始成员之一，美航标识如图 6-10 所示。

图 6-10　美国航空标识

美航的成立可以追溯到 1939 年成立的全美航空公司，现发展成世界上最大的航空公司，通航城市达 200 余个，经营国内外定期航班至北美、加勒比海、南美、欧洲和亚洲。美航的机队由近 900 架飞机组成，每日从芝加哥、达拉斯、沃斯堡、洛杉矶、迈阿密和纽约六大枢纽起飞的航班数量超过 3500 个班次。美航的国际航线接近 100 条，包括伦敦、马德里、圣保罗、东京和上海等重要国际大都市。

## 六、日本航空公司

日本航空公司（Japan Airlines）简称日航，是日本的国家航空公司，总部设于日本东京，主要运营基地是东京成田国际机场（国际线）和东京羽田国际机场（国内线），二字代码是 JL，票证代号是 131，是"寰宇一家"的创始成员之一，日航标识如图 6-11 所示。

图 6-11　日本航空标识

日航起源于 1953 年，当时是由日本政府立法成立的国有航空公司。1954 年，日航开办了第一条飞往美国的跨太平洋国际航线。经过 30 年的扩展，日航在 1987 年实现完全民营化。2002 年，日航与当时日本第三大航空公司日本佳速航空合并。在 2010 年申请破产保护，但仍拥有日本航空业者中最多的国际航线及搭乘人次。日本航空公司是日本乃至整个亚洲规模较大的航空公司之一，世界 500 强企业之一，也一度被视作"日本株式会社"第二次世界大战后经济繁荣的骄傲象征。

## 七、卡塔尔航空公司

卡塔尔航空公司（Qatar Airways）简称卡塔尔航空，总部设于卡塔尔多哈，主要运营基地是多哈国际机场，二字代码是 QR，票证代号是 157，隶属于"寰宇一家"，卡塔尔航空标识如图 6-12 所示。

图 6-12　卡塔尔航空标识

卡塔尔航空成立于 1993 年。最初卡塔尔航空由卡塔尔部分王室成员控股，1997 年一个新的管理团队获得卡塔尔航空管理权。当前，卡塔尔航空由卡塔尔政府和个人投资者各占 50% 股份。卡塔尔航空是 2006 年在多哈举行的第 15 届亚运会官方指定航空公司。2015 年通过对来自 110 个国家的 1900 万航空旅客调查，卡塔尔航空获得了年度最佳航空公司大奖，该奖被称为航空界的奥斯卡。

## 八、阿联酋航空公司

阿联酋航空公司（Emirates Airlines）又称阿拉伯联合酋长国航空公司，简称阿联酋航空，是阿联酋的国家航空公司，总部设于迪拜，主要运营基地是迪拜国际机场，二字代码是 EK，票证代号是 176，阿联酋航空标识如图 6-13 所示。

图 6-13　阿联酋航空标识

阿联酋航空成立于 1985 年，是全球发展较快的航空公司之一，是世界为数不多的清一色大型飞机的航空公司。阿联酋航空订购的空客 A380 飞机总数达到 140 架，截至 2020 年，已接收 93 架 A380，阿联酋航空拥有最年轻及现代化的机队，客机平均机龄只有 55 个月。2002 年开辟了迪拜至中国内地的货运航班。2003 年该公司开通了上海至迪拜的直航客运航班，上海由此成为阿联酋航空在中国内地最主要的货运与客运基地。

## 九、新西兰航空公司

新西兰航空公司（Air New Zealand Limited）简称新西兰航空，是新西兰最大的航空公司，总部设在新西兰奥克兰，主要运营基地是奥克兰国际机场、惠灵顿国际机场和基督城国际机场，二字代码是NZ，票证代号是086，隶属于"星空联盟"，新西兰航空标识如图6-14所示。

图6-14 新西兰航空标识

新西兰航空的历史可以追溯至1940年成立的塔斯曼帝国航空有限公司。新西兰航空是南太平洋地区的主要航空承运人之一，开通太平洋地区至世界其他地区的航线，航线网络遍及新西兰、澳大利亚、太平洋沿岸国家。新西兰航空提供新西兰国内和往返澳大利亚、西南太平洋、亚洲、北美和英国等国际航线的旅客和货物航空运输的服务。

## 十、韩国大韩航空公司

韩国大韩航空公司（Korean Air Lines）简称大韩航空，是韩国最大的航空公司，总部设在韩国首尔，主要运营基地是仁川机场（国际）和金浦机场（国内），二字代码是KE，票证代号是180，是"天合联盟"的创始成员之一，大韩航空标识如图6-15所示。

图6-15 大韩航空标识

大韩航空成立于1969年，前身是1946年成立的韩国国家航空。大韩航空是全球20家规模较大的航空公司之一，每天飞行近400个客运航班，穿梭于40个国家的126个城市之间。截至2020年，大韩航空拥有160架飞机，包含空客A380、A330系列和A300系列，以及波音777系列、波音737系列和波音747系列。大韩航空于1994年进入中国市场，是在中国开设航线最多的国际航空公司。大韩航空一共在中国开通了30余条客运航线，每周运营约200个航班，覆盖北京、上海、青岛等21个城市。此外，货运航线方面，大韩航空一共在中国开通了多条货运航线，每周运营38个航班，覆盖北京、上海、广州等城市。

## 单元六　中国主要民航运输企业概述

截至2020年，中国共有66家航空公司，其中内地52家航空公司，港澳台地区14家航空公司。这些公司分属多个集团，除国有的"南航""东航""国航"三大航空公司之外，海航、川航、深航、厦航、山航、上航、藏航、邮政也基本上由国有资产控股。

## 一、中国国际航空股份有限公司

中国国际航空股份有限公司（Air China）简称"国航"，总部设在北京，主要运营基地是北京首都国际机场和成都双流国际机场，是中国唯一载国旗飞行的民用航空公司，二字代码是CA，票证代号是999，隶属于"星空联盟"，国航拥有中国历史最长的常旅客计划凤凰知音。

国航其前身中国国际航空公司成立于1988年。根据国务院批准通过的《民航体制改革方案》，2002年，中国国际航空公司联合中国航空总公司和中国西南航空公司，成立了中国航空集团公司，并以联合三方的航空运输资源为基础，组建新的中国国际航空公司。

国航的企业标识由一只艺术化的凤凰和中国改革开放的总设计师邓小平书写的"中国国际航空公司"以及英文"AIR CHINA"构成，如图6-16所示。"凤凰"是中华民族远古传说中的祥瑞之鸟，为百鸟之王。国航标志是凤凰，颜色为中国传统的大红，造型以简洁舞动的线条展现凤凰姿态，同时又是英文"VIP"（尊贵客人）的艺术变形。国航推崇的凤凰精神的核心内涵是"传递吉祥，引领群伦，超越自我"。国航具有深厚的历史积淀，身为中国民航业发展的践行者、推动者、引领者，秉承凤凰精神，致力于打造完美航程，传递平安吉祥，致力于引领行业发展，打造"国家名片"，致力于创新进取，追求事业辉煌。

图6-16　国航标识

国航承担着中国国家领导人出国访问的专机任务，也承担许多外国元首和政府首脑在国内的包机任务，这是国航独有的国家载旗航的尊贵地位。国航辖有西南、浙江、重庆、内蒙古、天津、上海、湖北、贵州和西藏分公司，华南基地以及工程技术分公司等，国航主要控股子公司有中国国际货运航空有限公司、澳门航空股份有限公司、深圳航空有限责任公司、大连航空有限责任公司、北京航空有限责任公司等，合营公司主要有北京飞机维修工程有限公司，另外，国航还参股国泰航空、山东航空等公司，是山东航空集团有限公司的最大股东。

截至2020年，国航（含控股公司）共拥有以波音、空中客车为主的各型飞机699架，平均机龄6.96年。经营客运航线已达770条，其中国际航线137条、地区航线27条、国内航线606条，通航国家（地区）43个，通航城市187个，其中国际65个、地区3个、国内119个。通过与"星空联盟"成员等航空公司的合作，将服务进一步拓展到195个国家（地区）的1317个目的地。

## 二、中国南方航空股份有限公司

中国南方航空股份有限公司（China Southern Airlines）简称南航，总部设在广州，主要运营基地是广州白云国际机场和北京大兴国际机场，二字代码是CZ，票证代号是784，2007年南航加入"天合联盟"，2020年南航退出"天合联盟"，南航常旅客计划为南航明珠俱乐部。

南航成立于1991年，是中国运输飞机最多、航线网络最发达、年客运量最大的航空公司，拥有厦门、河南、贵州、珠海等8家控股航空运输子公司，新疆、北方、北京等16家分公司，在杭州、青岛等地设有23个境内营业部，在新加坡、纽约、巴黎等地设有56个境外营业部。

2019年，南航旅客年旅客运输量达1.52亿人次，居亚洲第一、世界第六，货邮运输量居世界第八。截至2020年，南航运营飞机超过860架，是全球首批运营空客A380的航空公司。南航每天有3000多个航班飞往全球40多个国家和地区、224个目的地，航线网络1000多条，提供座位数超过50万个。

南航选择木棉花作为航徽的主要内容，一方面是因为公司创立时总部设在中国南方地域广州，木棉花航徽既可以显示公司的地域特征，也可顺应南方人民对木棉花的喜爱和赞美；另一方面是以木棉花所象征的坦诚、热情的风格，塑造公司的企业形象，表示自己将始终以坦诚、热情的态度为广大旅客、货主提供尽善尽美的航空运输服务。南航标识如图6-17所示。

图6-17 南航标识

## 三、中国东方航空集团有限公司

中国东方航空集团有限公司（China Eastern Airlines）简称东航，总部设在上海，主要运营基地是上海虹桥国际机场和上海浦东国际机场，二字代码是MU，票证代号是781，隶属于"天合联盟"，东航常旅客计划为东方万里行。

东航前身为1988年成立的中国东方航空公司，在2002年，以原东航为主体，兼并原中国西北航空公司，联合原云南航空公司组建而成中国东方航空集团有限公司。现主要从事国内和国际航空的客、货、邮、行李运输、通用航空等业务及延伸服务。借助"天合联盟"，东航构建起以上海为核心枢纽、通达全球175个国家1150个目的地的航线网络，年旅客运输量超过1.3亿人次。

东航以传统的红、蓝、白三色圆形为标识，诞生于1988年东航已经伴随着东航人走过了32个年头，核心元素"飞燕"，承载对旅客和顺吉祥的祝愿，红蓝两色的燕子标识，更彰显出东航"时尚、动感、活力"的国际化发展定位，东航标识如图6-18所示。

图6-18 东航标识

## 四、海南航空股份有限公司

海南航空股份有限公司（Hainan Airlines）简称海航，总部设在海南海口，主要运营基地是海口美兰机场和北京首都国际机场，二字代码是 HU，票证代号是 880，海航常旅客计划为金鹏俱乐部。

海航成立于 1993 年，是中国四大航空公司之一，拥有波音 787、波音 737 系列、空中客车 A350 系列和空中客车 A330 系列为主的年轻豪华机队，适用于客运和货运飞行，为旅客打造独立空间的优质头等舱与宽敞舒适的全新商务舱。海航共运营飞机 226 架，其中主力机型为波音 737-800 型客机。海航在我国民航界最善于资本运作，首都、祥鹏、西部、金鹏、北部湾、福州、长安、桂林、乌鲁木齐、大新华等多家航空公司都是由它与各地的地方政府合作创办的，而中国新华航空和山西航空直接并入了海航运营。

海航企业标识分别由"大鹏金翅鸟"的金翅膀、头顶日月宝珠（如意珠）、金角、鸟嘴造型、如意祥云等元素组成。海航企业标识的环形构图，从东方文化传说中的大鹏金翅鸟幻化而成，海航将为中华民族而振翅高飞，其势将无穷而无限，图形底部是浪花的写意表达，寓意海航将一石激起千重浪，惊涛拍岸，卷起千堆雪，水浪纹又是云纹，云蒸霞蔚，水浪花凝成两朵如意，意为海航愿天下人和谐一家的情怀，海航标识如图 6-19 所示。

图 6-19　海航标识

## 五、深圳航空有限责任公司

深圳航空有限责任公司（Shenzhen Airlines）简称深航，总部设在广东深圳，主要运营基地是深圳宝安国际机场，二字代码是 ZH，票证代号是 500，隶属于"星空联盟"，深航常旅客计划为凤凰知音。

深航成立于 1992 年，通过增资，国航持有深圳航空股权由原先的 25% 增至 51%，成为深圳航空的控股股东。深航是主要经营航空客、货、邮运输业务的航空运输企业，设立广州、南宁、沈阳、郑州、无锡、常州六个基地分公司和民航货运、工贸、广告、旅游、航空配餐、酒店六个二级公司。深航控股常州机场，管理无锡机场，与美国梅萨航空合资成立了鲲鹏航空有限公司，由深航出资持有 80% 股权控股成立了昆明航空有限公司。

图 6-20　深航标识

深航的标识是"民族之鹏"，是中国传统文化和现代文化集合的图腾。图案和谐融汇，红金吉祥映衬，凝聚东方文化的精髓，挺拔傲立，充满生机，体现果断进取的精神。标识造型气势磅礴，沉着矫健，呈高瞻远瞩、胸怀万物、根基稳固之三态，一为睿智定乾坤，二是同心创辉煌，三生万物盛千里，代表深航"沉稳，诚信，进取"的理念，深航标识如图 6-20 所示。

## 六、厦门航空有限公司

厦门航空有限公司（Xiamen Air）简称厦航，总部设在福建厦门，主要运营基地是厦门高崎国际机场，二字代码是 MF，票证代号是 731，隶属于"天合联盟"，厦航常旅客计划为白鹭俱乐部。

厦航成立于 1984 年，是中国首家按现代企业制度运行的航空公司，经过三十多年的持续发展，厦航现已成为中国民航独具特色的航空公司。厦航年旅客运输量近 4000 万人次，已有超过 1000 万人加入厦航常旅客计划。厦航目前运营国内外航线近 350 条，航线网络覆盖全中国、辐射东南亚和东北亚，随着阿姆斯特丹、悉尼、纽约、洛杉矶等洲际航线的陆续开通，实现了航线网络对欧洲、美洲和大洋洲的全覆盖，并借助"天合联盟"将航线网络延伸至全球。

截至 2020 年，厦航机队规模达到 206 架飞机，平均机龄 6 年，是世界上较年轻的机队之一。厦航是中国民航业保持盈利时间最长的航空公司，中国唯一的实现连续 33 年盈利，在全球航空公司金融评级中，名列中国航空公司之首。

厦航标识为"一鹭高飞"，象征着传承中变革的厦航，寓意美好，凸显厦航新战略的恢宏气势，同时将"向高飞、向远飞、向外飞"的发展战略和企业文化的核心要素"诚信、坚毅、和谐、精进"进行了完美的形象展示，厦航标识如图 6-21 所示。

图 6-21　厦航标识

## 七、上海航空股份有限公司

上海航空股份有限公司（Shanghai Airlines）简称上航，总部设在上海，主要运营基地是上海浦东国际机场，二字代码是 FM，票证代号是 774，隶属于"天合联盟"，上航常旅客计划为东方万里行。

上航前身是上海航空公司，成立于 1985 年，是中国第一家多元化投资的商业性质有限责任航空企业。2010 年，上航成为东航的成员企业。上航拥有以波音及空客为主的先进机队 100 余架，开辟国内航线百余条，还通达了日本、韩国、泰国、澳大利亚、新加坡、吉隆坡、布达佩斯等 17 条中远程国际及地区航线，年运输旅客 1239.54 万人次。

上航标识为红尾翼上翱翔的仙鹤，如图 6-22 所示。上航标识主体呈变形简化的白鹤，象征吉祥、如意、展翅飞翔，并将公司名称的缩写"SAL"也组合进图案中，鹤翅与鹤颈连成的柔和曲线代表"S"，鹤头代表"A"，鹤翅与鹤尾相连代表"L"。外形呈上海的"上"字，整体为红尾翼上翱翔的白鹤。上航将鹤作为标识的主体，就是祝愿公司万事如意，不断勇往直前。标识内涵为安全平稳、稳健有力、蓬勃向上、欣欣向荣、百折不挠、一往无前。

图 6-22　上航标识

## 八、四川航空股份有限公司

四川航空股份有限公司（Sichuan Airlines）简称川航，总部设在四川成都，主要运营基地是成都双流国际机场，二字代码是 3U，票证代号是 867，川航常旅客计划为金熊猫俱乐部。

川航的前身是成立于 1986 年的四川航空公司，2002 年，由四川航空公司为主联合中国南方航空股份有限公司、上海航空股份有限公司、山东航空股份有限公司、成都银杏餐饮有限公司共同发起设立了跨地区、跨行业、跨所有制、投资主体多元化的股份制航空公司四川航空股份有限公司，截至 2020 年，川航机队共 169 架，为中国国内最大的全空客机队航空公司。

川航的航徽是一只海燕，它奋力翱翔、志存高远的气质，与川航人"咬定青山"的企业精神紧密契合。圆圈代表地球，四条波浪纹寓意百川赴海，奔流涌进，上善若水，厚德载物，同时对应川航"真、善、美、爱"的核心价值观，象征着川航从内陆起飞，萃取陆地文明的稳定持重与海洋文明的外向开拓，以"东成西就，南北纵横，上山出海，网络搭台"的战略布局，架起一座座贯通南北、联通中外的空中金桥，川航标识如图 6-23 所示。

图 6-23　川航标识

## 九、山东航空股份有限公司

山东航空股份有限公司（Shandong Airlines）简称山航，总部设在山东济南，主要运营基地是济南遥墙国际机场和青岛胶东国际机场，二字代码是 SC，票证代号是 324，山航常旅客计划为凤凰知音。

山航的前身是成立于 1994 年的山东航空有限责任公司，1999 年，山东航空集团有限公司、浪潮集团有限公司、山东华鲁集团有限公司、山东省水产企业集团总公司和鲁银投资集团股份有限公司发起重组而成山东航空股份有限公司，其中山东航空集团有限公司由中国国际航空股份有限公司、山东省经济开发投资公司等十家股东合资组成。如今，山航建立起波音 737 单一机队，飞机总数达到 131 架，在济南、青岛、烟台、厦门、重庆、北京、乌鲁木齐、贵阳等地设有分公司和飞行基地，形成了以山东、厦门、重庆为支点，"东西串联、南北贯通"的航线网络布局。目前经营航线共 290 多条，每周 4300 多个航班飞往全国 80 多个大中城市，并开通韩国、日本、泰国、印度、柬埔寨等周边国家及中国台湾、

图 6-24 山航标识

中国香港等地区航线。

山航标识里的三个"S"形曲线代表擅长飞翔、纪律严明的飞燕,同时也是团结一致的象征。飞燕的三个"S"形翅膀,看上去像"山"字,三个"S"分别代表"山东""成功""安全",山航标识如图 6-24 所示。

## 十、春秋航空股份有限公司

春秋航空股份有限公司(Spring Airlines)简称春秋航空,总部设在上海,主要运营基地是上海虹桥国际机场和上海浦东国际机场,二字代码是 9C,票证代号是 089,春秋航空的常旅客计划为绿翼会员。

春秋航空设立于 2004 年,是首个中国民营资本独资经营的低成本航空公司,也是首家由旅行社起家的低成本航空公司。截至 2021 年,春秋航空机队规模达 102 架。开通了往返于日本、韩国、泰国、马来西亚、柬埔寨等 10 余条国际及地区航线,以及北京、上海等国内航线,共 70 余条。

春秋航空的标识运用了春秋航空的英文首字母"S"进行设计,如图 6-25 所示。采用了三个 S 相互重叠、交叉组合而成,表现出了互动、团结联结。

3S 释义如下。

(1) Sun、Sea、Sand。

(2) 汽车的方向盘,飞机的螺旋桨,轮船的推进器。

(3) Safety(安全)、Smile(微笑)、Sincerity(真诚)。

图 6-25 春秋航空标识

## 十一、国泰航空有限公司

国泰航空有限公司(Cathay Pacific Airways Limited)简称国泰航空,总部设在中国香港,主要运营基地是香港国际机场,二字代码是 CX,票证代号是 160,是"寰宇一家"的创始成员之一,国泰航空常旅客计划为马可波罗会、亚洲万里通。

国泰航空创立于 1946 年,旗下的子公司包括港龙航空及华民航空,拥有 145 架飞机,通达全球 52 个国家的 200 多个目的地,2020 年,国泰航空宣布停止运营国泰港龙航空。

国泰航空的航徽结合中国书法笔触与飞鸟展翅的姿态,体现国泰的"亚洲特色"。但由于徽标造型与鱼翅相近,国泰航空被部分人称为"鱼翅航空",国泰航空标识如图 6-26 所示。

## 十二、澳门航空股份有限公司

澳门航空股份有限公司（Air Macau）简称澳门航空，总部设在中国澳门，主要运营基地是澳门国际机场，二字代码是 NX，票证代号是 675，澳门航空常旅客计划为凤凰知音和澳尊会。

图 6-26　国泰航空标识

澳门航空成立于 1994 年，现运营国内外航线 31 条。澳门航空的标识由代表着澳门的莲花和象征着和平的鸽子组成。展翅的鸽子展示澳门航空对安全、可靠、优质服务的要求，树立美好形象，提供一流服务，让旅客在安全、祥和与舒适的环境

图 6-27　澳门航空标识

中遨游世界，力求成为立足本澳、服务亚太、质量一流的航空公司，澳门航空标识如图 6-27 所示。

# 单元七　航空公司联盟

航空联盟是两个或两个以上的航空公司之间所达成的合作协议。全球最大的三个航空联盟是星空联盟、天合联盟及寰宇一家。最大的航空联盟"星空联盟"主要占据着亚洲、欧洲和南美地区市场，"天合联盟"主要在北美地区"称霸"，而"寰宇一家"则在大西洋区拥有相当的优势。

## 一、三大航空联盟

1. 星空联盟

星空联盟（Star Alliance）是 1997 年正式成立的国际性航空公司联盟，总部在德国法兰克福，其标识如图 6-28 所示，标识中星形图案的五个部分代表着五人创始航空公司：北欧航空、泰国航空、加拿大航空、汉莎航空和美国联合航空。

图 6-28　星空联盟标识

2020 年，星空联盟成员已发展到 26 家航空公司，是迄今为止历史最悠久、全球规模最大的航空联盟。星空联盟标语为"地球联结的方式（The way the Earth connects）"。星空联盟成立的主要宗旨是希望借由各成员所串联而成的环球航空网络，提供乘客一致的高品质服务以及全球认可的识别标志，并加强每个联盟成员在本地及全球所提供的服务以及发展统一的产品服务。联盟成员航空公司

涵盖全球五大洲的航线，将使星空联盟的全球航空网络更为广泛及完整。

2. 寰宇一家

寰宇一家（One World）是1999年正式成立的国际性航空公司联盟，总部初期设在加拿大温哥华，后搬至美国纽约，其标识如图6-29所示。寰宇一家是由美国航空、英国航空、国泰航空、澳洲航空、原加拿大航空五家分属不同国家的大型国际航空公司发起成立的。

2020年，寰宇一家成员已发展到13家航空公司，其联盟口号是"Travel Bright"。成员航空公司及其附属航空公司在航班时间、票务、代码共享、乘客转机、飞行常旅客计划、机场贵宾室以及降低支出等多方面进行合作。

图6-29 寰宇一家标识

3. 天合联盟

天合联盟（Sky Team Alliance）是2000年成立的国际性航空联盟，总部设在荷兰阿姆斯特丹史基浦国际机场，其标识如图6-30所示。天合联盟是由法国航空、达美航空、墨西哥航空和大韩航空联合发起成立的。

2020年，天合联盟成员已发展到19家航空公司，其联盟口号是"我们更关注您！（Caring more about you！）"。联盟通过其伙伴

图6-30 天合联盟标识

关系向旅客提供了更多的实惠，包括各成员间常旅客计划合作，共享机场贵宾室，提供更多的目的点、更便捷的航班安排、联程订座和登记手续，更顺利的中转连接，实现全球旅客服务支援和"无缝隙"服务。对于其成员来讲，天合联盟则以低成本扩展航线网络、扩大市场份额、增加客源和收入而带来了更多的商机，并且可以在法律允许的条件下实行联合销售、联合采购降低成本，充分利用信息技术协调发展。

## 二、航空联盟的意义

（一）对航空公司而言

1. 市场优势

三大航空联盟的整体收入占全球航空市场的65%份额，三大联盟的成员共计有58家各国知名航空公司。这些成员航空公司之间可以做到资源共享，扩大航线网络，使未拥有航线的航空公司得以快速扩大经营范围。

2. 成本优势

在成本控制上，各大航空联盟之间的航空公司可以共用维修设施、运作设备，以降低飞机维护成本。同时，各联盟可以联合销售、联合采购燃油，为联盟下的航空公司供应燃

油，这大大降低了各航空公司的运营成本。

（二）对旅客而言

1．共享航空公司服务

对于乘客来说，可以通过联程航班一票到达更多的目的地，并且可共享联盟下所有成员航空公司的常旅客计划，在旅行中能够得到更好的转机、转签、共享机场休息室等服务。

2．票价优势

由于航空联盟下的航空公司成本减少，所以乘客通常可以用更低廉的价钱购买机票。

3．跨航空公司兑换服务

按照航空联盟的协议规定，同联盟下，乘客可跨公司累计里程，用里程兑换机票时也可任意选定同联盟下的任意航空公司。这样的跨航空公司兑换服务大大便利了乘客，让乘客具有更多的选择权。

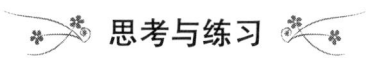

### 思考与练习

**一、不定项选择题**

1．运输是借助运输工具实现运输对象＿＿＿＿的活动。
　　A．空间位置变化　　　　　　　　B．地理位置变化
　　C．从一个城市转移到另一个城市　　D．由静止到运动

2．定期航班运输飞行是根据＿＿＿＿，按照规定航线、定机型、定日期、定时刻的飞行。
　　A．飞行计划　　　　　　　　　　B．飞行利用计划
　　C．市场需要　　　　　　　　　　D．班期时刻表

3．北京—上海航线属于＿＿＿＿。
　　A．国内航线　　　　　　　　　　B．国际航线
　　C．地区航线　　　　　　　　　　D．支线航线

4．班次是在单位通常为＿＿＿＿的时间内飞行的航班次数。
　　A．三天　　　　　　　　　　　　B．一周
　　C．一个月　　　　　　　　　　　D．一季度

5．客票是由＿＿＿＿填开的。
　　A．承运人　　　　　　　　　　　B．授权代理人
　　C．承运人或代表承运人　　　　　D．以上都不对

6．下列年龄的儿童，＿＿＿＿可按无成人陪伴儿童承运。

A. 3岁　　　　　B. 16岁　　　　　C. 10岁　　　　　D. 4岁

7. 从上海飞往成都的航班，符合航班号编排原则的航班号是____。

  A. MU5411　　　B. MU5422　　　C. MU4513　　　D. CA4502

8. 安全检查中，以下物品可以带上飞机的是____。

  A. 武器　　　　　　　　　　B. 手机

  C. 放射性物品　　　　　　　D. 打火机

9. 一般不采用航空货运运输的是____。

  A. 急用货物　　　　　　　　B. 大米

  C. 鲜花　　　　　　　　　　D. 快运包裹

10. 航空货运的形式可以分为____。

  A. 普通货物运输　　　　　　B. 包机运输

  C. 急件运输　　　　　　　　D. 以上都是

11. 下列货物中，航空货运应该最先发运____。

  A. 救灾、抢险物品　　　　　B. 贵重物品

  C. 急件　　　　　　　　　　D. 中转物品

12. 英国航空公司的二字代码是____。

  A. YG　　　　　B. BA　　　　　C. AB　　　　　D. EA

13. 中国国际航空公司的票证代号是____。

  A. 784　　　　　B. 783　　　　　C. 472　　　　　D. 999

二、思考题

1. 航线设立的依据是什么？
2. 简述航班出港作业流程。
3. 简述客票销售的渠道。
4. 简述值机的主要方式。
5. 简述货物出港流程。
6. 简述加入航空联盟的意义。

# 模块七 通用航空

通用航空作为民用航空的重要组成部分，能够满足短途运输，偏远地区、地面交通不便地区人民群众的基本出行需求，并在农业、工业、教学实践等方面发挥着重要作用。而民用无人机作为通用航空的重要组成部分，在航拍、农业、快递运输、灾难救援、测绘、电力巡检等领域有着广泛的应用。

## 单元一  通用航空概述

### 一、通用航空的概况

（一）通用航空的定义

通用航空是指使用民用航空器从事公共航空运输以外的民用航空活动，包括从事工业、农业、林业、渔业和建筑业的作业飞行以及医疗卫生、抢险救灾、气象探测、海洋监测、科学实验、教育训练、文化体育等方面的飞行活动。通用航空业是以通用航空飞行活动为核心，涵盖通用航空器研发制造、市场运营、综合保障以及延伸服务等全产业链的战略性新兴产业体系。

（二）通用航空在航空业中的位置

通用航空是民用航空的重要组成部分，如图 7-1 所示。

（三）通用航空的分类

通用航空的应用范围十分广泛，根据《通用航空经营许可管理规定》（交通运输部令 2016 年第 31 号），通用航空共分为四大类 31 项。

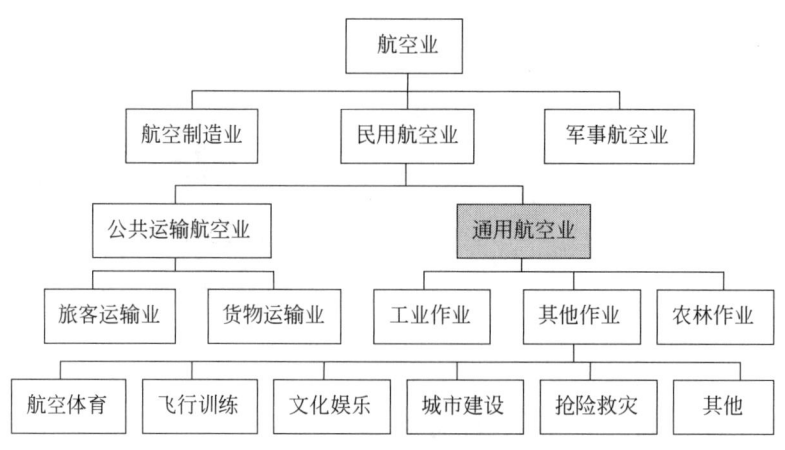

图 7-1 通用航空在航空业中的位置

1．甲类

陆上石油服务、海上石油服务、直升机机外载荷飞行、人工降水、医疗救护、航空探矿、空中游览、公务飞行、私用或商用飞行驾驶执照培训、直升机引航作业、航空器代管服务、出租飞行、通用航空包机飞行。

2．乙类

空中游览、直升机机外载荷飞行、人工降水、航空探矿、航空摄影、海洋监测、渔业飞行、城市消防、空中巡查、电力作业、航空器代管、跳伞飞行服务。

3．丙类

私用驾驶员执照培训、航空护林、航空喷洒（撒）、空中拍照、空中广告、科学实验、气象探测。

4．丁类

使用具有标准适航证的载人自由气球、飞艇开展空中游览；使用具有特殊适航证的航空器开展航空表演飞行、个人娱乐飞行；运动驾驶员执照培训、航空喷洒（撒）、电力作业等经营项目。

## 二、通用航空的发展历程

### （一）国外通用航空的发展与现状

1．发展历程

第一次世界大战结束后，一些国家陆续将飞机用于工农业生产，揭开了通用航空的序幕。1920年以后，在美国和欧洲出现了大量的私人飞机，有的大公司和企业开始用自己的飞机为高级员工提供交通服务，出现了公务航空。为了向私人和企业提供飞机维修和燃油、买卖二手飞机、飞机租赁等服务，在美国出现了以机场为基地的通航服务站，形成了完整的通用航空供需市场。

第二次世界大战后，由于航空技术的高速发展和大量飞机转为民用，通用航空得到迅猛发展，通用航空应用的领域更加广泛，除了在农业方面从事更多的工作之外，还发展了空中游览服务等业务。1950年，直升机进入了通用航空市场，大大拓宽了通用航空服务的范围，开始有了海上石油平台的服务，山区或无机场地区的救援、联络、空中吊挂等服务内容。由于跨国公司的出现，公务航空也得到了巨大的发展。

进入20世纪80年代，由于全球性的经济衰退，通用航空飞机的相对饱和，技术创新减少和国家对通用航空飞机生产厂商的限制，导致通用航空开始下滑并陷入低谷。

20世纪90年代以来，随着世界经济的持续增长，政府出台鼓励政策，航空产品推陈出新，使通用航空在20世纪90年代后半期呈现复苏和重新崛起的态势。

2．现状

据统计，目前全世界约有通用航空飞机33.6万架，占所有民用飞机的90%。通用航空产业是经济发达国家重要的支柱产业，在美国，通用航空产业对经济GDP贡献率已经达到1%，并呈现加速发展态势。美国运输部、商务部、联邦航空安全局共同组织地方政府、大学、国家实验室和工业部门提出了"小飞机运输系统（SATS）"计划、通用航空动力（GAP）计划等重要国家发展计划引导通用航空产业发展。未来，通用航空产业将引领继动力交通后人类交通运输的"第四次革命"。

目前，美国拥有通用航空飞机约24万架，约占全球的2/3。相比之下，商业航班用的运输机只有4655架，约为通用航空飞机的1/50。通用航空飞机飞行时间超过2700万小时，是航班飞机飞行时间的近两倍，每年载客1.45亿人次。通用航空飞机通航5400个机场，而定期航班通航的机场只有580个。全国拥有60多万名飞行人口，大多数人是在通用航空飞机上学习飞行。全球有私人飞行驾照的人中有一半以上在美国。目前美国通用航空业资产约170亿美元，每年创产值约510亿美元，全部产品中约1/4出口，为超过100万个劳动力提供了就业机会。

除美国外，加拿大、澳大利亚、巴西等领土面积与中国接近的国家都是通用航空发展大国。这些国家的通用航空产业发展路径与美国类似，通用航空需求是经济发展的必然产物，这些国家对于通用航空的监管相对宽松，为行业发展提供了有利条件，同时国内机场建设和自主通用航空制造业快速发展，与快速增长的通用航空需求实现良好匹配。通用航空产业在这些国家都经历了超过20年的快速增长，最终成为国民经济的重要增长点，并带动大量就业，对制造、电子、旅游等相关产业形成巨大拉动作用。国外研究称，通用航空产业的投入产出比达到1∶10。

（二）我国通用航空的发展与现状

1．新中国成立前的发展历程

中国通用航空发展历程最早可以追溯到 1912 年，当时冯如驾驶自制飞机在广州上空进行的飞行表演，揭开了中国航空事业发展的序幕。1931 年，浙江省水利局租用德国汉莎航空公司的飞机在钱塘江支流浦阳江的航空摄影活动，开启了中国通用航空的首次商业活动。从起步时间来看，1908 年美国空军购买第一架飞机，1911 年再次购买 5 架飞机用于训练飞行员及载客飞行。与美国相比，中国自 1912 年开始出现飞行表演，通用航空事业在世界范围内的起步较早。

2．新中国成立后的发展历程

1951 年，民航广州管理处派出飞机在广州市上空执行了 41 架次的灭蚊飞行任务，开启了我国通用航空发展的新篇章。自 1952 年建立第一支通用航空队伍"军委民航局航空农林队"起，全国各地陆续成立了大量通用航空队伍及通用航空公司，中国通用航空业的规模开始逐步扩大。

3．通用航空发展现状

1）通用航空主体概况

根据中国民用航空局《2019 年民航行业发展统计公报》数据显示，截至 2019 年年底，获得通用航空许可证的企业共 502 家；通用航空在册航空器 3640 架（不含无人机），其中固定翼 2200 架，直升机 1216 架，运动类飞机 224 架。通用航空机场方面，在册通用航空机场 246 座。

2）通用航空市场

我国通用航空行业已经进入了一个高速发展期。以 2018 年为例，全年通用航空生产飞行小时中，载客类作业完成 8.47 万小时，比上年增长 7.9%；作业类作业完成 15.39 万小时，比上年增长 6.4%；培训类作业完成 30.65 万小时，比上年增长 18.6%；其他类作业完成 4.99 万小时，比上年增长 200.5%；非经营性完成 34.21 万小时，比上年增长 0.8%。总体运营处于盈亏平衡状态，但在国家持续性的补贴下，仍有大部分企业处于亏损状态，我国通用航空业急需加快管理和技术创新。

通用航空是一个很大的市场，这个市场由航空器使用者、制造厂和经营服务部门组成。使用者中包括通用航空公司、非航空企业的机队和私人飞机拥有者，服务经营者的主要企业形式是通用航空服务站，这些服务站把通用航空制造厂和使用者联系起来。他们在经营多项通用航空活动外又为使用者提供买卖飞机、维修等一系列服务，成为通用航空业中的一个重要环节。

### 三、通用航空的组织形式

（一）专业通用航空公司

这是我国通用航空企业的主要形式。截至2020年，我国经民航局批准的这种航空公司有502家，他们的资金来源主要是中央政府的各部门或地方政府，在全国范围内开展业务，其他各公司规模都较小，飞机数量在10架以下，只在一个或几个省内服务。公司的组织形式和航空运输公司基本相同，公司内航行、维修、商务等部门齐全。由于通用航空的很多业务带有强烈的季节特性（农、林业航空）和不固定性（救援），这些公司的业务通常不是全年饱和的。另外，有的业务还带有一定的社会公益性质，因而利润很低甚至不能盈利，经常性亏损阻碍了这种类型企业的发展。目前，这类企业有的已经和其他公司合并（如中国通用航空公司并入东方航空），有的也在经营航空运输或其他业务，以适应市场经济发展。

（二）航空运输公司兼营运通用航空业务

这类公司以航空运输为主业，下属一个通用航空分部或飞行队，完成一定的通用航空作业任务。这种形式的好处是不必设立整套的行政机构、维修和后勤保障系统，因而效益得到提高。存在的问题是在一个公司内如何协调好航空运输和通用航空两种类型的任务，使其互相协调、互相补充而不致相互矛盾。

（三）通用航空服务站（固定基地经营站）

这是国外通用航空服务企业的主要形式。它以一个机场为依托，主要为通用航空的飞行服务，也为一定的通用航空飞机提供其他类型的服务。例如，为通用航空提供加油、维修、机库等航线服务，经营飞机备件或整个飞机的交易，进行飞行训练，出租飞机和从事专业航空的飞行任务。美国有近4000家这类企业，有的规模很大，有许多个基地，有的规模很小，只从事某一方面工作，这些基地都租用或占用机场的一定区域，在这个区域中独立展开业务，机场（特别是为通用航空服务的机场）与这些服务站有着互利的关系，因而有些服务站得到机场的资助。由于通用航空服务站业务多样，其作为通用航空的一个部分，得到了稳定的发展，20世纪80年代后期，在新的经济条件下为了取得规模效益，一些小的航空服务站正向着连锁经营发展。随着我国私人飞机的增加，这类站点也开始在我国更多的地方出现。

### (四)非航空企业的公务机队(社团航空)

从 20 世纪 70 年代开始,企业出现大型化和国际化的趋势,这使得一些大公司和大型组织开始考虑拥有自己的机队来为其高级经理人员和客户服务,或是运送职员或货物。前一种情况如一些大公司的经理人员要到相距上千千米的几个子公司去处理业务,或是把重要的客户接到生产现场进行参观或谈判。后一种情况如在澳大利亚北部的一些矿区,要使用飞机运送职工从几百千米外来上班,这样做会给公司增加效益,改善形象。据统计,世界 500 强企业 70% 都有自己的公务机,这类公司都设有一个航空部或飞行部来管理飞行事务,小的航行部只有一个主任飞行员和其他工作人员管理 1 架飞机;大的航行部则管理一个机队,有一个完整的飞机和维修队伍,并要制订相应的发展和培训计划。

### (五)飞行训练机构

飞行训练机构是通用航空的一个重要部分,在 20 世纪我国仅有一所民航飞行学院培养商业运输的驾驶员。到了 21 世纪,国家政策放宽,民营的和合资的初级飞行学员培训学校不断出现,初级飞行学员的需求迅速扩大,飞行训练作为一个部门将会高速发展。

### (六)个体经营者

个体经营者是私人拥有、自驾航空器者,除了一部分人是专门为个人出行或娱乐外,有相当部分是为了经营,争取报酬,它相当于地面上的出租车业务。这部分个体公司为零散的航空需求提供灵活的服务,如旅游观光、运送紧急人员和货物等,使专业航空服务深入偏远地区和更广泛的领域,它需要通用航空服务站、机场、维修单位的支援。

## 四、通用航空对相关产业的作用

### (一)通用航空促进上游产业发展创新

通用航空的发展将直接催生航空领域科技创新。通用航空的直接关联行业包括航空器的设计、制造,机载、空管、机场等设备和信息技术,航空器、空管和维修、机场建设运营等,这些领域高度密集了大量先进技术,通用航空的发展客观上将驱动航空领域科技创新。

通用航空的发展将带动高科技产业发展。通用航空的间接关联行业包括航空航天、空间技术、先进材料、钢铁冶金、机械制造、自动控制、特种加工、电子信息等一系列高科技产业,通用航空发展的联动作用将推动高科技产业发展。

通用航空将有力促进地区经济结构转型升级。例如美国堪萨斯州的威奇托市,在

20世纪初还是美国主要的农产品和化工品产区。第二次世界大战之后，威奇托抓住了美国通用航空大发展的机遇，转变经济发展方式，在本地区汇集世界上最大的几家通用飞机制造企业，超过350家世界级通用航空供应商及十余家专业院校，生产了美国70%的通用航空飞机，成为世界通用航空高端制造之都。

（二）通用航空服务于国民经济三次产业

通用航空涉及门类多样，是目前为数不多的能够同时服务于国民经济三次产业的行业。通用航空专业作业中的农林喷洒、航空播种、航空监护直接服务于国民经济第一产业的农业；通用航空作业中的航空探矿、航空巡视、航空引港、石油飞行、航空吊挂、带电作业、物探遥感等直接服务于国民经济第二产业的工业；而私人飞行、公务飞行、娱乐休闲、航空广告、观光旅游、航空运动则服务于国民经济第三产业。此外，抢险救援、警航、海上救援、医疗服务等提高了城市服务水平，保护了人民群众生命财产安全。通用航空执照培训还为民航业输送了大量飞行员。

通用航空的应用提升了传统作业效率。通用航空对国民经济第一、第二产业的服务主要是提升了原有作业的效率。例如，使用通用飞机进行稻田播种，可将单劳动力管理稻田面积从 1~1.5 亩提升到 350~1000 亩；用直升机进行农林喷洒作业，一亩成本在6元左右，而人工需要四五十元，且飞机效率更高，一天能喷洒上千亩；使用通用航空器在山区进行探矿，可在几小时飞行作业时间内完成人工需要数天甚至数周的工作；上海港每月为六七千艘船舶提供引水服务，锚地距港口超过100海里，在使用船只派遣引水员的情况下需要十几个小时，船舶等待引水每小时需支付4万美元，而使用直升机引水则只需 1~2h，从而节约了靠港船舶费用，引航员的作业安全、港口利用率和航线通航能力都将大大提高。

（三）通用航空将成为未来我国经济新的增长点

《国务院关于促进民航业发展的若干意见》中明确指出"加快把通用航空培育成新的经济增长点"。通用航空成为未来我国经济新增长点的客观条件已经具备。

（1）适用于我国处于不同发展阶段的区域经济社会发展需要。在东北、新疆等国家主要农林基地和东海、南海等海上石油平台，通用航空可以充分发挥各产业辅助生产工具的功能；在西南等地质条件复杂、灾害频发省份，通用航空能够快速、高效地提供公共应急服务；在东部沿海发达省份，通用航空满足个性化消费需求；在西北、内蒙古等地广人稀、交通不便区域，通勤航空、空中出租等类型的服务可以与公共运输航空形成有效互补。

（2）适用于我国未来数十年经济社会发展需要。我国经济目前处于经济总量快速发展、经济结构快速转型、社会与国民富裕程度快速提升的阶段，通用航空的多样性将与国民经济发展的不同阶段相契合，在我国经济社会发展的不同阶段持续发挥拉动消费作用，连续数十年支持和推动我国经济社会发展。在经济起飞阶段，通用航空可以为工农林业及海上石油提供作业飞行；在社会逐步发展完善阶段，通用航空可以提供抢险救灾、应急救援、医疗卫生、城市服务、海洋监测等社会综合服务飞行；步入高收入阶段，通用航空还可以提供公务航空、私人飞行、航空观光、体育娱乐等消费飞行。

（3）适用于我国区域协调发展和建设和谐社会的需要。通过发展通用航空，以较小的资金投入和较少的资源占用就可以连接老、少、边、穷地区，有利于将落后地区的经济社会融入国家的整体发展，使其能够共享国家发展成果。伴随着落后地区工业化和城市化水平的提高，将产生旺盛的人流、物流和信息流需求，通用航空为城市之间人员和物的流动提供保障。

## 单元二　农业航空

### 一、农业航空的定义

农业航空（Agricultural Aviation）是指使用民用航空器从事农业、林业、牧业、渔业生产及抢险救灾的作业飞行。1918年美国用飞机喷洒砷素剂防治牧草害虫成功，开创了农业航空的历史。随后加拿大、苏联、德国和新西兰等国也将飞机用于农业。农业航空包括播种、施肥、除草、治虫等作业。农业航空多用轻型飞机，发动机功率在110～440kW（150～600马力）。

### 二、国内外农用飞机的发展概况

美国在1918年就第一次用飞机喷洒农药杀灭棉虫，开创了农业航空的历史。随后加拿大、苏联、德国和新西兰等国也将飞机用于农业。第二次世界大战以后，化学杀虫剂、除草剂等农药相继出现，迫切需要一种高效率的喷洒机具。同时战后大量小型飞机过剩，纷纷转到农业上来。20世纪50年代以来，农业航空得到迅速发展，为农业而设计的专用和多用途农业飞机相继出现。美国的农业生产高度规模化，是世界上农业航空较发达的国家之一。

新中国成立以来，在党和政府的关怀下，我国的农用航空事业也得到了一定的发展。1952年，我国首次在黑龙江大兴安岭和小兴安岭地区进行护林飞行，1956年开始用飞机防治水稻病虫害，1958年开始用飞机灭蝗。改革开放以来，各专业航空公司和地方航空公司应运而生，1983年我国第一个企业自办的农用航空服务队在新疆生产建设兵团成立，1986年黑龙江农场总局成立了农业航空作业服务站，1992年沈阳市苏家屯农用航空服务站成立。目前，我国除民航系统有17个飞行单位从事农业航空作业外，还有近30个专业航空公司和地方航空公司也从事航空作业，飞机机型超过10种，总数超过400架，主要机型包括农-5（见图7-2）、Y-5B、Y-11、海燕650B等固定翼飞机。其中隶属全国农机系统的农用航空作业服务站共9个，主要分布在辽宁、天津、山东、四川、江苏等省市。累计作业51万小时，其中进行农化作业8133万公顷，播种造林1333万公顷，种草70.26万公顷。但我国有7000多万公顷荒山、荒地，其中许多处于人迹罕至的地区，唯有应用飞播造林才能奏效。我国的草原、草坡等天然草场共3亿公顷，几乎全部需要播种改良。现有农业航空作业能力与实际需要相差甚远，市场需求潜力巨大。

图 7-2　农-5 飞机

### 三、农业航空的优点

（1）速度快：喷洒幅度宽，如运-5飞机喷粉幅宽70m，喷雾幅宽50m，比一般地面农机具宽数十倍。1h内可播种牧草面积400～800公顷（平方百米），而用播种机则需10天。航空超低量喷洒治虫的效率更高，每天能处理12万亩农田。

（2）质量好：用飞机施肥和灭虫不损坏庄稼。在治虫时，机翼和螺旋桨造成的涡流能使农药洒在植物茎叶的背面，农药、肥料和种子的消耗都比地面作业低。

（3）成本低：使用飞机作业能大量节省人力、种子和肥料，飞机本身耗油也比拖拉机等农业机械少。按播种1公顷牧草计算，飞机耗油量仅为拖拉机的1/10。用飞机播种水稻的成本仅为地面机械播种的2/3。

（4）可进行人工促雨，解除旱情，有时还可利用人工促雨扑灭林火。

### 四、农业航空的服务项目

农业航空的服务项目主要包括以下几个部分。

1．农业

用飞机进行播种、化学除草、施肥、防病、人工影响天气、空中灾情调查、脱叶催熟干化、喷洒生长调节剂、防治鼠害、航摄土地规划等，如图7-3所示。在国外，还用飞机进行农业资源调查、喷洒土壤增温剂、防霜冻等作业。

图 7-3 农用飞机飞防作业

2．林业

用飞机播撒树种造林、防治林木病虫鼠害、护林防火、化学灭火、机降伞降、空投急救、人工影响天气、进行森林资源调查等。

3．牧业

播种、播撒草籽、草原施肥、灭鼠、治虫、化学除草、人工影响天气、防治家畜体外寄生虫和传染媒介昆虫等。在国外，还用飞机防治草原野兔、放牧畜群等。

4．副业

防治蚕区食叶性害虫、竹林竹蝗危害、果树病虫害等。在国外，还用飞机投放野鸭等。

5．渔业

运输和空投鱼、鱼苗，海洋侦察鱼鲜，渔业资源调查，海上救护等。

6．其他

用飞机参加抗旱防汛、抢险救灾、运送物资、化雪引水、探测地下水资源、消灭寄生虫、野生动物调查、卫生防疫、输电线路安装及巡护等。

在我国农业航空中，农作物病虫害防治和森林防火占有很大比重。

## 单元三 工业航空

### 一、工业航空的定义和分类

工业航空（Industry Aviation）是指使用民用航空器从事工业领域的航空探矿、航空遥感、石油开发服务、空中吊装等项目的作业飞行。目前一般按飞行作业的方式，把工业航空分为以下两类。

（1）航空观察和探测。包括航空摄影、航空遥感、航空探矿和航空观测。

（2）航空作业。包括航空救援、石油开发服务、空中吊装等。

## 二、工业航空的发展概况

1911 年意大利使用飞机进行了航空侦察和照相，1915 年英国制造了飞机上使用的半自动相机，揭开了航空摄影的序幕，这些最初的应用都是在军事方面的。第一次世界大战结束后，航空摄影和观测迅速转为民用，用于测绘地图、调查资源，并迅速发展起来。我国的通用航空也是在 1930 年由航空测绘地图开始的，在二十世纪三四十年代，航空在救援、搜索上已经广泛应用。在第二次世界大战中发展的遥测遥感技术，第二次世界大战后用于气象、地质勘察，形成航空物理探矿。

20 世纪 50 年代直升机进入通用航空，使航空服务的范围大为扩展，特别是在 20 世纪 60 年代初开始近海油田的开发，直升机成为海上石油平台和陆地联通的主要交通设备，此外还能完成过去无法进行的峡谷和江河上的架线和吊装等任务。

## 三、航空观察和探测

### （一）航空摄影

航空摄影包括使用胶片和使用磁带记录的摄像成像技术，在不同领域有着广泛的应用。首先用于地图或地形图的绘制，它代替了艰苦的野外作业，极大地提高了准确性，而且速度快、效率高，是世界上测绘地形的主要方法之一。其次用于大规模的工程建设，如城市规划、水利建设、铁路、高压输电线、输油管道勘查和选线，以及矿山、油田的建立，都需要事先经过航空摄影来取得相应的地形、地质资料，然后才能开始进行。最后用于调查土地资源、森林资源、农业土壤分布以及作物情况等。航空摄影使用的相机在成像原理上与普通相机没有区别，对它的要求是要自动化，能连续拍摄一定时间，要有长焦距和大视野，能一次拍摄地面较大的区域，要有高分辨率，畸变要小，有的相机还能在飞行中处理底片，如图 7-4 所示。

图 7-4　航空摄影

### （二）航空遥感

航空遥感又称机载遥感，是指利用各种飞机、飞艇、气球等作为传感器运载工具在空中进行的遥感技术，是由航空摄影侦察发展而来的一种多功能综合性探测技术。它是

20世纪60年代在航空摄影判读和电子计算机高速运算的基础上产生的,把遥感器装在航空器上进行探测就成为航空遥感。

航空遥感具有技术成熟、成像比例尺大、地面分辨率高、适于大面积地形测绘和小面积详查以及不需要复杂的地面处理设备等优点。缺点是飞行高度、续航能力、姿态控制、全天候作业能力以及大范围的动态监测能力较差。现代化大型的工农业建设都离不开遥感技术,1998年我国长江大洪水发生时,航空航天遥感提供的气象水情资料对抗洪斗争起到了巨大作用,是成功使用遥感技术的例子。

### (三) 航空探矿

用装有专门探测仪器的飞机从空中测量地球各种物理场(如磁场、重力场、导电性等)的变化,从而了解地下地质和矿藏分布情况的作业,称为航空探矿。它是第二次世界大战期间利用遥感技术发展起来的一种快速找矿和地质调查的方法。

航空探矿的主要方法有航空磁法、航空放射性法。航空磁法主要用来勘探具有磁性的矿藏,如磁铁矿,探矿时的飞行高度一般为 50～200m。航空放射性法是用航空能谱仪等测量地球放射性射线强度,以寻找放射性元素矿藏,飞行高度一般为 30～120m。

航空探矿与地面探矿方法比较具有一系列优点。它能克服种种不利地形条件和气候条件的限制,如在高寒地区、陡峭山区、原始森林、沼泽湖泊等人员难以到达的地区寻找矿藏和进行地质调查。航空探矿速度快、效率高、使用劳力少,能在短期内取得大面积区域的探测资料。利用航空探矿还能了解地球物理场在不同高度的变化情况,为解释地质现象和找矿提供更多的信息。航空探矿通常使用低速性能好的小型飞机,飞行速度以 150～200km/h 为宜。对飞机的要求是爬升性能好、转弯半径小、操纵灵活、低空和超低空性能好,以适应复杂的山区、丘陵地形的条件。

### 四、航空作业

国际民航组织的文件中把航空作业作为通用航空的一个单独部分,包括为各种行业提供的航空服务(包括前述的工业、农业航空),因为种类繁多,下面仅介绍其中主要几种。

### (一) 直升机海上油田服务

20世纪40年代美国已经在近海开采石油,但由于运输不便成本太高而没有太大发展。20世纪70年代初的石油危机以及直升机的使用才使海洋石油的开发有了急速发展,目前世界石油的20%左右由海上油田供应,使用的直升机达2000架以上。

直升机海上油田服务是指直升机往返于海上石油钻井平台（如图 7-5 所示）、采油平台、后勤供应船平台与陆上基地之间的运输飞行业务。直升机上多装有适用于海上飞行作业必备的设施，如救生衣、救生艇、海水淡化剂、药品、驱鲨剂、小型电台和其他救援设备，以供紧急救护之用。主要任务是运送作业平台上下班的职工、器材设备和其他后勤支援工作。自 20 世纪 70 年代以来，该项服务随着近海油田

图 7-5　直升机海上油田服务

的开发而迅速发展起来。中国于 1978 年开展直升机海上石油服务，先后使用的主要机型有 BO105、云雀 -3、贝尔 -412、贝尔 -212、贝尔 -214ST 等。

（二）空中巡逻

使用中的巡逻航空器可以是飞艇、飞机或直升机，执行的任务有对高压输电线路、输油管道沿线以及交通情况、火警情况的巡逻。空中巡逻的速度不宜太快，留空时间应该较长。上面提到的三种航空器各有优势，飞艇的速度较慢，留空时间最长；直升机速度居中，机动性好，可以就近悬停或者落地观察和处理；飞机的速度快、反应快、作业效率高。各类航空器根据其特点在不同的场合应用。

（三）空中吊装作业

直升机在各种建设项目上的主要用途之一是空中吊装（见图 7-6），它可以解决许多建设上的困难任务，大量节约成本。在建筑业中，吊装高层建筑的大型预制件，吊装高大的广播电视塔和烟囱。在电力行业中，吊装高压输电线的塔架，架设高压输电线路，特别是在深山峡谷中架设高压电线。在架设桥梁和敷设管道中也使用直升机吊运或吊装。此外，在林区或山区由直升机吊运木材或其他设施也有着广泛的应用。在吊装任务中使用的直升机通常是双发动机的大中型直升机，要求稳定性好，对驾驶员的操纵技术有较高的要求。

图 7-6　空中吊装作业

### （四）空中游览

空中游览（见图 7-7）是指游客搭乘航空器在特定地域上空进行观赏、游乐和特技体验的飞行活动。空中游览项目主要在一些风景名胜区及城市开展。开展空中游览活动需要使用小型轻便的、平稳安全的、适于超低空慢速飞行的航空器。各国使用的航空器有热气球、飞艇、特制的小型运输机、直升机，还有像自行车一样的靠旅游者自己的脚踏动力推动的"脚踏飞船"等。游客离开地面在空中鸟瞰，将美丽的风景和壮丽的城市全貌一览无余，尽收眼底。由于它的对公众营业的性质，因而它的开业受到民航当局的严格审查。

图 7-7 空中游览

2018 年，西安惠翔通用航空公司正式开通空中游览项目，机场修建在西安市秦岭环山公路旁的将军山古镇里，这是一座古色古香的民俗古镇，可乘坐直升机，赏大美秦岭。

### （五）空中广告

空中广告（见图 7-8）是以飞机、飞艇等为媒体，以天空为背景，书写或垂挂巨幅文字或图案的广告。这个方面的应用在我国还较少，在国外利用飞艇或者飞机牵引旗帜飞行，也有用飞机拉烟在天空形成文字或图像广告，都能达到很好的广告效应，因而为广告业服务的航空器在国外的通用航空中占有一定比例。

图 7-8 空中广告

### （六）航空救援作业

在发生突发事故和自然灾害时，空中救援成为减轻灾害、救助生命的重要手段之一，通用航空在其中凸显其无可替代的作用。一个国家必须有一支健全的通用航空救援机队，除应对日常的意外伤害等事故之外，还必须有一个足够大的通用航空机群以应对大规模的突发自然灾害。

1. 日常灾害救援

日常灾害救援主要包括医疗空中救援、水上救援和火灾防护救助等几个方面。

（1）医疗空中救援：将在孤立的或交通不便地区的危重病人通过空中运输送达水平先进的医疗机构进行抢救。主要使用中小型直升机，机上配有救护人员和急救设备，作为目的地的医疗机构设有直升机降落场地，在繁华地带起降场地通常设在建筑物顶部，以便及时抢救病人，如图7-9所示。

图7-9 医疗空中救援

（2）水上救援：船只在近海、河流、湖泊上失事，最迅速的救援来自空中，水上救援队主要配置中型直升机和小型飞机，由小型飞机或直升机监控和确定事发地点，通知海上和空中救援机构，再由直升机对失事人员进行救助。

（3）火灾防护救助：空中火灾防护和救助主要用于森林和草原火灾，首先通过小型飞机的巡逻、无人机或卫星监视及时发现林区和草原上的火情隐患，并及时处理，一旦形成火灾，使用喷洒灭火剂或喷水的飞机（有时使用水上飞机）或直升机进行灭火，必要时使用大中型直升机运送灭火队员进入火灾区实施火灾区隔离和灭火。

2. 重大自然灾害救援

重大自然灾害包括地震、海啸、洪水、风暴等，灾难发生时会导致大面积的交通瘫痪和通信中断，伤亡人数众多，这时通用航空就会发挥关键作用，如图7-10所示。通用航空机群除了担负医疗抢救等任务，还要担负起大量物资和人员的运输任务，以及大量的工程抢修任务。大规模自然灾害救援几乎要使用通用航空的各类机型、各类飞机、直升机，包括大型

图7-10 重大自然灾害救援

的运输飞机和垂直直升机、遥感飞机、喷洒药物的飞机等，大规模自然灾害救援是对一个国家通用航空的全面检验。

中 国 故 事

**通用航空参与汶川特大地震抗震救灾**

2008年5月12日，四川省发生了高达8级的大地震。地震发生后，灾区房屋倒

塌，道路断绝，四川8个重灾县100余乡镇通信、电力、供水完全中断。

5月14日晚，东方通用航空公司、中信海洋直升机股份有限公司、南航珠海直升机分公司、中国飞龙专业航空公司、江苏华宇通用航空公司、新疆开元通用航空公司6家通用航空企业接到民航局关于调集直升机执行空投物资和运送伤员等救灾任务的紧急通知后，公司领导高度重视、行动迅速，不计损失、不讲代价，把抗震救灾急需的、正在履行作业合同的大、中型直升机连夜调往四川广汉，参加抗震救灾工作。在此过程中，民航各地区管理局、空管局、民用直升机抗震救灾指挥部以及相关保障单位加班加点，充分发挥组织、指挥及保障作用，为参与救灾直升机的及时到位做出了积极的贡献。在征调任务下达后的24小时内，即有16架民用直升机从全国各地赶到四川广汉和绵阳。中国民航飞行学院、救捞系统、香港政府飞行服务队的直升机也陆续加入了直升机的救灾行动，到6月1日，集结在距离震中汶川只有半个小时飞行航程的民航飞行学院广汉机场的直升机达到了33架。这是中国民航有史以来规模最大的一次直升机集结。

## 单元四　驾驶员培训

### 一、概况

培养民用航空驾驶员的训练飞行是通用航空中的一个重要组成部分，因为它的特殊地位，一般把它作为一个独立的系统来考虑。驾驶员是民用航空业中重要的职位之一，特别是近些年来航空器可靠性大幅度提高，使由设备故障造成的事故占整个事故的比例下降到了10%以下，而人为事故上升到了70%以上。驾驶员的素质成为飞行安全中的主要问题之一。随着航空技术的进步，对驾驶员的知识和能力的要求也在不断提高，驾驶员培训或训练飞行就成为通用航空中的一个主要内容。据统计，世界的民用训练机为3万架左右，占整个民航飞机的7%～8%，我国在用的教练机有200多架，飞行人员的质量和数量的提高是保证民航事业顺利发展的必要前提条件。如何高效、低成本地培养合格的高质量的飞行人员是飞行培训机构的重要课题。

### 二、民航驾驶员的分级和培训要求

航空驾驶员承担着巨大的安全责任，国际民航组织对各级驾驶员都提出了相应的建议标准，各国民航当局都在此基础上制定了结合本国情况的条例或规定，只有达到规定要求的人，通过严格考核，取得执照后，才能担任驾驶员。

国际上通常把驾驶员由低到高分为五个级别：飞行学员、初级（私人）飞行员、商业飞行员、教员、航空公司航线飞行员，每升高一个级别对驾驶员的要求就要有相应的提高。驾驶员要有合格的身体条件，并要定期检查，要具有必备的航空和飞行的知识，有熟练的操纵技巧，还要有一定时间的飞行经验和处理飞行中不同情况的能力。这些具体要求在 CCAR 第 61 部中都有详细的规定。

例如，对初级飞行员有以下要求。

（1）在基本知识方面：对事故报告的要求、VFR 飞行规则、基本气象知识、如何安全和经济地操纵航空器及空气动力学的基本原理和飞行基本规则。

（2）在基本技能方面要能做如下操作：飞行前检查、按机场和飞行区的空管航线飞行、对地面障碍物的规避飞行、以临界速度飞行、不同情况下的起飞着陆、依靠仪表的单独飞行、城市上空飞行、夜间飞行和紧急情况处理。

（3）在飞行经验方面：要有 40 个小时飞行时间，其中 20 小时是教练带飞，另 20 小时是单独飞行。

其他级别的要求不再列举（有兴趣者可参看 CCAR 第 61 部），但每提高一级都会有新的要求，如商业飞行员就要求有 100 小时的飞行经验。成为商业飞行员就可以驾驶小型的通用飞机，要成为航空公司的航线飞行员还必须在公司的航线上，对要驾驶的飞行员进行一定时期的培训。

（一）教练飞机

培养民用初级飞行员（飞行学员、私人驾驶员）使用初级教练机，这种飞行是按专门要求设计的，用它培养学员掌握基本飞行技术，检验学员的飞行素质和适应飞行的能力。它的飞行速度低，起飞、降落速度小，容易操纵，有较高的安全性，一般为单发、双座的活塞式飞机。双座采用并列的驾驶员座位，操纵机构联动，教员可及时纠正学员的操纵错误。飞机的结构结实，能经受不正确操作或硬着陆的冲击，机内只装用于目视飞行规则所需要的最基本的飞行仪表。如图 7-11 所示为小鹰 -500 型教练机。

培养商业飞行员要使用高级教练机，培养

图 7-11　小鹰 -500 型教练机

飞行员掌握仪表飞行规则的飞行和多发、长距离、较大吨位的多种天气条件下的飞行技能。它的要求和公务机相近，一般选用和培训要求相近的小型公务机。这种飞机装有仪表飞行规则要求的基本仪表，能做较长距离的航线飞行，通常选用双发、座位数为6～7人的公务机。

培养航线飞行员，只能用相应的运输飞机来进行，运输飞机吨位大，使用成本高，训练飞行还要占用飞机生产的时间，因而这种飞行都要经过航空公司的精心安排。

（二）飞行模拟机

飞行模拟机是指训练和培养飞行员飞行驾驶技术的地面练习操作装置。采用先进技术的模拟器使飞行员进入驾驶舱后，处于接近真实的飞行环境，与机型使用相同的仪表及设备。高速大容量的计算机和先进的控制软件技术，先进的6自由度转动平台以及视景和音响系统共同作用，使飞行员犹如驾驶一架真飞机。通过大角度无限远距显示系统，可看到机外真实的飞行环境景物，景物角左右可达200°，上下视角为40°。可听到飞机飞行中气流及发动机的噪声，身体可感受到飞机飞行动感状况，如加速、转弯、抖动、减速、过载等。

飞行员可以在模拟机上完成全部飞行科目。按功能和复杂程度，可分为全飞行模拟机（见图7-12）和座舱系统模拟机。自1950年为波音飞机建立的第一个全电子飞行模拟机以来，飞行模拟机经历了由单一功能、单自由度到综合功能自由度全飞行模拟机的发展道路，已经成为飞行员训练的必备设施。

图 7-12 全飞行模拟机

三、驾驶员训练的进展

近20年来，对民航驾驶员的培养出现了很大变化，模拟机的出现、航空生理学和航空心理学的进展，使驾驶员技能训练和经验增长的方式由原来的只能在空中训练变为可以由地面培训和空中训练相结合的方式，学员的选拔和效果的评估由原来只凭少数人的主观判断变为综合性的科学测试，其结果是培养的成功率大为提高，成本大幅下降，进度加快。

（1）飞行模拟机的引入使空中培训的时间大为减少，特别是一些驾驶员更换机型的改型训练和航线驾驶员的飞行训练减少得尤为显著，比原来的飞行训练时间减少了一半以上。要解决的问题是如何把模拟机的训练和飞行训练组成一个整体，各自发挥应有的作用，相互很好地衔接起来。

（2）航空生理学的进展，对驾驶员的身体要求有了更为科学的依据。航空中出现的噪声、振动、运动、低气压对身体器官的影响，人对环境的适应和耐受能力这些方面的深入研究，对体格标准有了新的规定，而且对有些生理反应和已发生的症状有了预防和保护的措施，使驾驶员的选材和培养成功率都有了提高。

（3）航空心理学在这个领域中的应用发展得最为迅速，对驾驶员的心理素质和飞行能力之间关系的研究，使选拔和培训驾驶员的一整套新的方法和规定产生。飞机驾驶员的心理素质包括感知判断能力、注意力分配和转移、反应速度、手足动作的协调能力，以及判断能力和合作倾向等，这些在飞行操作中起着重要作用。对这些潜在品质的检测过去只能经过长时间的观测才能得出结论，而对于如何进一步改善和提高这方面的素质也缺少方法。航空心理学的发展，为检测驾驶员心理素质提供了具体方法，也为培养驾驶员的计划中增加了这方面的教学内容，这样使培养高级驾驶员的淘汰率从过去的超过30%降到20世纪80年代的不到10%，有的国家甚至报道其培养成功率达到了100%。

## 单元五　无　人　机

### 一、无人机的定义

无人机是无人驾驶航空器（Unmanned Aircraft）的俗称，是一架由遥控站管理（包括远程操纵或自主飞行）的航空器，又称遥控驾驶航空器，如图7-13所示。

图7-13　无人机

### 二、无人机的发展概况

无人机的诞生可以追溯到1914年，当时第一次世界大战正进行得如火如荼，英国的卡德尔和皮切尔两位将军，向英国军事航空学会提出了一项建议：研制一种不用人驾驶，而用无线电操纵的小型飞机，使它能够飞到敌方某一目标区上空，将事先装在小飞机上的炸弹投下去。1917年3月，在第一次世界大战临近结束之际，世界上第一架无人驾驶飞机在英国皇家飞行训练学校进行了第一次飞行试验。可是飞机刚起飞不久，发动机突然熄火，飞机因失速而坠毁。1927年，由 A.M. 洛教授参与研制的"喉"式单翼无人机在英国海军"堡垒"号军舰上成功地进行了首次试飞。该机载有 113 公斤炸弹，以 322km/h 的速度飞行了 480km，"喉"式无人机的问世在当时的世界上引起极大的轰动。

现代战争是推动无人机发展的动力。而无人机真正投入作战始于越南战争，主要用于战场侦察。随后，在中东战争、海湾战争、科索沃战争、阿富汗战争、伊拉克战争等局部战争中，无人机频频亮相、屡立战功。尤其在阿富汗战场上，无人机更是成为当之无愧的主角，多次成功实施"斩首"行动。

国内无人机市场一片欣欣向荣，虽然国内的无人机产业发展仍处于起步阶段，但我国无人机企业近几年厚积薄发，迅速成长，已成为全行业的佼佼者。2015年，美国消费电子展上的无人机展区中，中国企业占了一半。全球每卖出 10 架无人机，就有 7 架是中国制造。

### 三、无人机的特点

1. 建造、使用成本低

因为无人机体积比较小，重量也比较轻，造价成本很低。由于重量轻，油耗也低，与有人机相比，运行成本大大降低。在飞行方面，无人机可以在虚拟的座舱里面通过操控键盘进行训练，虚拟的训练系统使费用大大减少，而且一个人可以同时控制几架甚至数十架的无人机，所以对飞行员的培养费用也可以大大减少。所以，无人机的使用成本是很低的。

2. 地勤保障要求低，机动性强

无人机不需要专门的跑道和庞大的地勤维修，起降条件和维修保障要求都比较低，在较小场地上能够起飞和回收，甚至可以在船舶、石油平台上起飞和回收。

3. 安全风险小

由于无人机是通过地面遥控或程序飞行的，不存在人员安全的风险。

### 四、无人机的分类

无人机的分类方式非常多，常见的是按照用途或飞行平台构型进行分类。

（一）按用途分类

以用途作为划分无人机的标准，是比较常用的做法。按照用途分类，无人机可分为军用无人机和民用无人机，目前超过70%的无人机用于军事。

（二）按飞行平台构型分类

按飞行平台构型分类，无人机可分为固定翼无人机、旋翼无人机、无人飞艇、伞翼无人机、扑翼无人机。

1．固定翼无人机

固定翼无人机，顾名思义，就是机翼固定不变，靠流过机翼的风提供升力，如图7-14所示。固定翼无人机起飞时需要助跑，降落时必须要滑行，但这类无人机续航时间长、飞行效率高、载荷大。

图7-14　固定翼无人机

2．旋翼无人机

旋翼无人机，由多组动力系统组成的飞行平台，一般常见的有四旋翼、六旋翼、八旋翼甚至由更多旋翼组成，如图7-15所示。旋翼机械结构非常简单，动力系统只需要电机直接连接即可。优点是机械简单、能垂直起降，缺点是续航时间最短、载荷小。

图7-15　旋翼无人机

3．无人飞艇

无人飞艇是一种轻于空气的航空器，它与热气球最大的区别在于具有推进和控制飞行状态的装置，如图7-16所示。这类飞行器是一种理想的空中平台，既可以用来空中监视、巡逻、中继通信，又可以进行空中广告飞行、任务搭载试验、电力架线，其应用范围广泛。

图7-16　无人飞艇

4．伞翼无人机

伞翼无人机是一种用柔性伞翼代替刚性机翼的飞机，伞翼大部分为三角形，也有长方形的，如图7-17所示。伞翼可收起存放，张开后利用迎面气流产生升力而升空，起飞和着陆滑跑距离短，只需百米左右的跑道，常用于运输、通信、侦察、勘探和科学考察等。

图7-17　伞翼无人机

5．扑翼无人机

扑翼无人机是由鸟类或者昆虫启发而来的，具有可变形的小型翼翅，如图 7-18 所示。它可以利用不稳定气流的空气动力学，以及利用肌肉一样的驱动器代替电动机。扑翼无人机是探测核生化污染、搜寻灾难幸存者、监视犯罪团伙的得力工具。

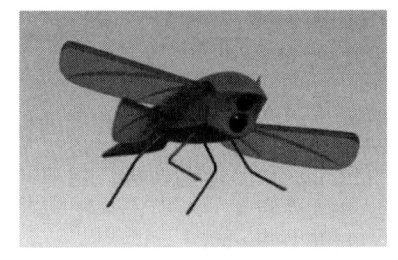

图 7-18　扑翼无人机

### 五、无人机的用途

1．航拍摄影

随着民用无人机的快速发展，广告、影视、婚礼视频记录等正越来越多地出现无人机的身影。纪录片《飞越山西》超过三分之二的镜头由航拍完成，许多镜头由无人机拍摄。该片拍摄时规划并执行无人机拍摄点近 300 个，许多近景由无人机拍摄完成，产生了意想不到的绝佳效果。

2．电力巡检

无人机电力巡检具有不受高度限制、巡视灵活、拍照方便和角度全面的优点，特别适合大跨越高塔的巡视，弥补了人工巡视的不足。

3．环保工作

无人机在环保领域的应用，大致可分为三种类型。一是环境监测，监测空气、土壤、植被和水质状况，也可以实时快速跟踪和监测突发环境污染事件的发展。二是环境执法，环监部门利用搭载了采集与分析设备的无人机在特定区域巡航，监测企业工厂的废气与废水排放，寻找污染源。三是环境治理，利用携带了催化剂和气象探测设备的无人机在空中进行喷洒，在一定区域内消除雾霾。从 2013 年 11 月起，环保部门开始使用无人机，对钢铁、焦化、电力等重点企业排污、脱硫设施运行等情况进行直接检查。

4．快递送货

无人机可实现小件货物的配送，只需将收件人的地址录入系统，无人机即可起飞前往。2015 年，阿里巴巴在北京、上海、广州三地开展为期 3 天的无人机送货服务测试，使用无人机将货物送给客户。

5．农业飞行

农业和畜牧业是艰苦的谋生行业，当农场主必须跨越数千米和成千上万亩土地来检查作物和牲畜时，这一切变得更加困难。无人机可越过难行且泥泞的道路，从空中寻找疾病的迹象，检查农作物，使用化肥或除草剂等。不仅节约了农民的成本，还能更好地管理土地，从而提高整体效率。

6．遥感测绘

利用先进的无人机技术，能够实现快速获取国土资源、自然环境、地震灾区等空间遥感信息。在北京成立的快眼应急空间信息服务中心，是我国无人机应急遥感应用的开创尝试和遥感应用典范。

**快眼应急空间信息服务中心**

快眼应急空间信息服务中心由中国科学院遥感应用研究所牵头成立，得到民政部国家减灾中心的支持。服务中心投入运营后，将为地震、火灾、防汛、气象监测等各个方面的应急机构提供及时、可靠、专业、全面的空间信息服务及相关数据分析等应急解决方案。

这个面向全国的商用空间信息服务中心具备紧急呼叫响应能力，并能提供最短1个小时续航时间的无人驾驶小飞机遥感服务，为突发事件应急决策和处置提供相关空间信息数据服务。

### 六、无人机行业发展趋势

1．民用消费级无人机持续高速增长

民用消费级无人机市场的高速增长不可避免。轻质复合材料、通信系统的发展提供了基础条件，飞控技术的成熟，使得多旋翼无人机操作更灵活、更便利。受惠于产业链成熟，传感器、磁罗盘等零配件成本减少，消费级无人机价格大幅降低，无人机与摄像头的结合在民用航拍、影视航拍等场景得到了广泛应用，实现销售级市场的突破。

2．民用工业级无人机技术突破前较难实现大规模应用

民用工业级无人机续航时间有待提升，目前有效续航时间普遍未超过30min；工业级无人机飞行稳定性有待提升，在风、雨、雪等复杂环境下无人机飞行稳定性较差，还需改进；工业级无人机负载能力有待提升，小型工业级无人机载重能力较差，制约其在农药喷洒、物流等场景的应用。农林、安防、电力三个领域，受续航、载重、稳定性因素制约，在技术突破前，较难实现民用工业级无人机的大规模应用。另外工业级无人机的价格昂贵，在追求投资收益的生产应用领域，也是需要考虑的现实问题。

3．无人机千机编队文艺演出将成为独立的商业模式

数千架无人机编队飞行表演，在广州、成都、西安、青岛等多地上演，数千架无人机可以进行复杂的编队飞行，组成不同的图案与主题，且不会发生碰撞。强烈的视觉震撼，

已经获得市场的广泛认可。无人机千机编队表演，无数"萤火虫"点亮夜空，已经成为独立商业模式，将持续扩大影响。

4．无人机相关行业监管政策将逐步趋严

无人机在推广和使用过程中，出现了一系列的安全隐患和监管漏洞，如误闯禁飞区、小区飞行干扰休息等，这类现象对公共安全和个人权益造成一定影响，政策层面在不断完善和加强无人机领域的专项管理。由于国内对公共安全领域的高度关注，无人机监管政策总体趋严。

### 疫情来袭 无人机化身战"疫"奇兵

无人机在医院和疾控中心间穿梭，实施疫情防控急救药品和标本的自动化转运；无人机在公路上盘旋，代替人工进行空中指挥的工作；"庄稼卫士"变身"消防能手"，无人机成为全国各地广大农村乃至城区防疫消杀工作的"超级神器"；隔空喊话宣传劝导，无人机成为宣传小能手……

在这场没有硝烟的战"疫"中，无人机凭借其在样本运输、物资配送、消毒防护等方面的优势，为疫情防控增添了一双翅膀，也为这场防疫战增添了一抹与众不同的底色。

民航局无人驾驶航空器管理领导小组办公室相关负责人表示，随着各地对无人机使用的不断深入，无人机已经能够满足大面积快速测试人群体温，交通管控，自动化大范围消毒消杀等场景需求。"可以说，这次疫情是检验中国无人机发展成果的试金石，为今后实现无人机行业持续健康发展提供宝贵经验。下一步，民航将积极推动无人机相关立法工作，支持基于运行风险的无人机分类监管和服务体系；加快完善无人机应用与管理相关标准的规范工作，支持无人机行业健康发展；加强国际交流合作，共同构筑新型航空生态。"

摘自：中国民用航空局网站，有改编。

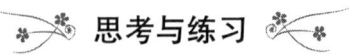

## 一、不定项选择题

1．对于通用航空的发展，下列说法不正确的是＿＿＿。

  A．早期的航空活动没有军事和商业用途，是以通用航空的形式出现的

B．第一次世界大战促进了通用航空的发展

C．第二次世界大战后，通用航空发展到了更多的领域，如救援、联络、海上石油平台服务等

D．20世纪末，通用航空发展趋缓

2．对于我国通用航空，下列说法不正确的是____。

　　A．我国通用航空开始于20世纪初我国第一所飞行学校的建立

　　B．我国通用航空开始后，有了持续快速的发展

　　C．专营通用航空的公司是我国通用航空企业的形式之一

　　D．运输航空公司下属一个通用航空部门或机队是我国通用航空企业的形式之一

3．下列不属于农业航空任务的是____。

　　A．航空监护　　B．空中吊装　　C．航空喷洒　　D．飞机播种

4．对于航空喷洒的特点，下列说法不正确的是____。

　　A．防治森林的各种虫害，解决了交通不便的问题，但效率较低

　　B．航空施肥，使作物大面积增产，大幅度提高了经济效益

　　C．航空除草及时、效率高，使作物大幅度增产

　　D．喷洒生产调节剂，提高了产量，有利于机械采摘

5．下列不属于工业航空作业的是____。

　　A．人工降水　　B．航空摄影　　C．石油开发服务　　D．航空遥感

6．海上石油开发服务适用的航空器主要是____。

　　A．气球　　　　B．飞艇　　　　C．直升机　　　　D．飞机

7．国际上通常把驾驶员由低到高分为五个等级，分别为____。

　　A．飞行学员、私人飞行员、商业飞行员、教员、航空公司航线飞行员

　　B．飞行学员、商业飞行员、私人飞行员、教员、航空公司航线飞行员

　　C．飞行学员、教员、商业飞行员、私人飞行员、航空公司航线飞行员

　　D．飞行学员、航空公司航线飞行员、商业飞行员、教员、私人飞行员

8．下列不属于飞行模拟机特点的是____。

　　A．训练成本较高

　　B．避免了飞行训练中的安全问题

　　C．制造各种飞行状况

　　D．随时适用，不考虑天气情况

9．下列说法不正确的是____。

　　A．驾驶员训练中，飞机模拟器的引入使空中培训可以省去

B. 航空生理学的进展，对驾驶员身体要求有了更为科学的依据

C. 航空心理学的引用，对驾驶员的心理素质要求有了科学依据

D. 较之先进的理论和技术出现之前，现在驾驶员培训的成功率大幅提高

10. 野生动物的监护属于下列____的任务。

    A. 航空监护      B. 航空观察和探测

    C. 航空作业      D. 工业航空

11. 下列选项中，____对考古专业起到了重要的推动作用。

    A. 航空摄影      B. 航空遥感

    C. 航空物理探测     D. 航空观察

12. 无人机第一次试飞成功的时间是____年。

    A. 1914  B. 1917  C. 1927  D. 1930

13. 下列选项中，____是无人机的特点。

    A. 建造成本低     B. 地勤保障要求低，机动性强

    C. 安全风险小     D. 使用成本低

14. 按照飞行平台构型分类，无人机的类型包括____。

    A. 固定翼无人机     B. 旋翼无人机

    C. 伞翼无人机      D. 扑翼无人机

15. 无人机拍摄影视剧属于____。

    A. 农业飞行      B. 航拍摄影

    C. 快递送货      D. 遥感测绘

二、思考题

1. 什么是通用航空？

2. 农业航空有什么特点？

3. 工业航空的航空作业内容主要有哪些？

4. 民航驾驶员的培训要求有哪些？

5. 无人机的用途有哪些？

# 参考文献

[1] 中国民用航空局发展计划司. 从统计看民航：2019[M]. 北京：中国民航出版社，2019.
[2] 刘得一，张兆宁，杨新湦. 民航概论[M]. 北京：中国民航出版社，2015.
[3] 孙继湖. 航空运输概论[M]. 北京：中国民航出版社，2012.
[4] 辜英智. 民航基础概论[M]. 成都：四川大学出版社，2015.
[5] 董淑霞，苗俊霞，李南. 民航发展简史[M]. 北京：首都经济贸易大学出版社，2017.
[6] 赵玮萍. 中国民航业管制制度变迁研究[M]. 北京：首都经济贸易大学出版社，2016.
[7] 赵晓硕，韩奋畴. 民航运输生产组织[M]. 北京：科学出版社，2019.
[8] 谭惠卓，王玫. 航空运输地理[M]. 北京：中国民航出版社，2015.
[9] 梁曼，黄贻刚. 空中交通管理概论[M]. 北京：中国民航出版社，2013.
[10] 徐婷婷，许夏鑫. 民航旅客运输[M]. 北京：科学出版社，2014.
[11] 郎德琴，张根岭. 民航地面服务基础[M]. 北京：中国劳动社会保障出版社，2019.
[12] 陈文玲. 民航货物运输[M]. 北京：中国民航出版社，2015.
[13] 汪泓，周慧艳，石丽娜. 机场运营管理[M]. 北京：清华大学出版社，2014.
[14] 吴桂平，彭本红. 航空公司运营管理[M]. 武汉：武汉理工大学出版社，2017.
[15] 罗良翌，赵晓硕. 机场运营管理[M]. 北京：国防工业出版社，2016.
[16] 张光辉. 机场航空器突发事件响应基础知识[M]. 北京：中国民航出版社，2015.
[17] 钟波兰. 民航运输管理[M]. 北京：清华大学出版社，2020.